MINI PROGRAM
BIG FUTURE

Development of WeChat mini program

小程序，大未来

微信小程序开发

吕云翔 田旺 朱子彧 郭致远 编著

電子工業出版社
Publishing House of Electronics Industry
北京 • BEIJING

内 容 简 介

本书系统、全面地介绍小程序开发的基本过程，且配合实践案例，力求让读者能真正熟练掌握基础知识，并提高个人设计和开发技巧。全书分为三部分，共 14 章。第一部分包括第 1 章至第 3 章，介绍微信小程序的基础知识，包括小程序的定义、小程序与其他 App 的区别等。第二部分包括第 4 章至第 10 章，主要介绍小程序的开发，包括框架、组件、接口，以及与服务器的交互等。第三部分包括第 11 章至第 14 章，详解 4 个小程序实例的实现过程，这 4 个实例是不同方面、不同领域的小程序应用实例，旨在帮助读者掌握更多的小程序开发技巧，学会自主学习和自主开发。

本书内容从理论到实践，由浅入深，以期使每位希望通过微信小程序开发应用的读者都可以轻松地阅读本书。

图书在版编目（CIP）数据

小程序，大未来：微信小程序开发/吕云翔等编著. —北京：电子工业出版社，2018.6
ISBN 978-7-121-34058-1

Ⅰ. ①小… Ⅱ. ①吕… Ⅲ. ①移动终端－应用程序－程序设计 Ⅳ. ①TN929.53

中国版本图书馆 CIP 数据核字（2018）第 077313 号

策划编辑：戴晨辰
责任编辑：戴晨辰　　文字编辑：刘　瑀
印　　刷：北京盛通商印快线网络科技有限公司
装　　订：北京盛通商印快线网络科技有限公司
出版发行：电子工业出版社
　　　　　北京市海淀区万寿路 173 信箱　邮编：100036
开　　本：787×1 092　1/16　印张：22　字数：521 千字
版　　次：2018 年 6 月第 1 版
印　　次：2021 年 7 月第 6 次印刷
定　　价：69.00 元

凡所购买电子工业出版社图书有缺损问题，请向购买书店调换。若书店售缺，请与本社发行部联系，联系及邮购电话：（010）88254888，88258888。

质量投诉请发邮件至 zlts@phei.com.cn，盗版侵权举报请发邮件至 dbqq@phei.com.cn。

本书咨询联系方式：dcc@phei.com.cn。

前言

小程序的时代已经来临，你做好迎接的准备了吗？

随着移动端软件应用的日渐发展，各种软件和应用层出不穷，用户的需求也无时无刻地在增加，发生着各种各样的变化。作为当代智能终端最流行的即时通信软件，微信已经占领了这一领域的绝大多数市场。除即时通信功能外，微信还提供了公众号、朋友圈、消息推送等功能。

2016 年 9 月 22 日凌晨，微信官方正式推出了小程序内测功能。2017 年 1 月 9 日，微信小程序正式上线。

近年来，随着互联网的飞速发展，从百度到各种浏览器（如 UC 浏览器、360 浏览器等）都推出了轻应用服务，各种 Web 服务及轻应用逐渐走进人们的视野。微信，这一占有巨大市场份额的通信软件，也随即推出了自己的轻应用服务——微信小程序。无须安装和卸载，无处不在的应用，均让微信小程序这一新的应用形态在上线伊始就显示出其突出的优点和不可估量的市场前景。另外，微信平台的原生支持，为优质服务提供了一个开放的平台，在这样一个新的应用形态下，用户和开发者都可以方便和自由地使用和开发。对用户来说，“所见即所得”，对开发者来说，“低入门成本”，因此，其充满独特的魅力。同时，腾讯云提供的小程序在云端服务器的技术方案和微信小程序平台自身提供的数量巨大的程序API，也在小程序的开发和推广过程中起了巨大的推进作用。通过微信小程序，针对不同的应用场景，可以实现各种各样的功能，完美实现软件服务，尤其是 O2O 服务。

在互联网时代，把握信息时代潮流，熟练掌握流行软件应用的开发技术，是当代软件工程师、软件设计师的重要素质。微信小程序的推出，向我们提出了挑战，同时也提供了巨大的机遇。入门并熟练掌握微信小程序的开发，将会对软件开发能力起到重要的提升作用，增强个人的竞争力，同时在学习和工作中收获更多的机会，走在时代的前沿。

小程序的出现，意味着一种新型软件生态环境的出现。它是一种新型的应用生态，无须下载和安装即可直接使用。微信以自己广泛的用户和巨大的线上流量，率先开启了这一领域的激烈竞争。为了帮助广大对小程序感兴趣的初学者和相关开发人员快速入门、快速学习微信小程序的开发，本书从小程序的基础知识开始分析，并从小程序的申请、创建，到小程序的内容编写、官方接口的使用等，进行一步步的详细讲解，并给出有一定代表性的小程序实例，保证每个对小程序不了解、零基础的开发人员都能够快速获得独立开发小程序的能力。当然，如果读者有一些网页、软件的开发基础，学习起来将会事半功倍。希望在本书的帮助下，读者能够真正迎来属于自己的“小程序时代”。

作为微信小程序的入门和开发教程，本书在以下几个方面具有突出特色。

定位明确：本书针对国内软件开发行业、软件相关专业的软件工程师，旨在让有一定编程基础和软件开发经验的读者学习微信小程序的开发，获得针对不同小程序应用需求的分析能力及独立开发微信小程序的编程能力。

结构合理、讲解详细：本书结构安排合理，从微信小程序的基本概念开始，对小程序的整体软件架构进行详细的讲解和具有针对性的分析，并根据具体的开发过程和实例进行详尽的分析，由浅入深，降低了阅读的难度，使读者在学习小程序开发时不会感到枯燥无味，在阅读的过程中不断学习，巩固自身知识。

理论与实践相结合：本书结合实际案例，让读者亲身实践，参与到小程序的开发中，同时加以理论知识的补充和详解，使读者真正理解微信小程序是什么，并在学习微信小程序开发过程的同时不断加深理解，真正做到熟练掌握知识，提高个人设计和开发的综合能力。

实例丰富：针对不同的实际应用场景，本书给出了4个小程序应用实例，既保证不同情景下各种应用的需求能够得到充分满足，也使读者的编程能力得到充分锻炼，给读者更多学习和参考的机会。

全书分为三部分，共14章。

第一部分，从第1章到第3章，从零开始介绍微信小程序的基础知识，包括微信小程序的定义、小程序生态的特点、小程序与其他App的区别等。

第二部分，从第4章到第10章，进入小程序的开发环节。第4章从介绍注册小程序开始，手把手教会读者如何申请注册小程序，并对小程序开发者工具进行分析，做好开发前的准备工作。第5章通过对一个简单的Hello World小程序的分析，让读者了解小程序的目录结构。并学会预览和审核小程序。第6章对小程序的结构框架进行分析，对全局配置文件进行详解。第7章和第8章对小程序平台的组件和官方API进行详解，每个实例都给出了对应的源代码，帮助读者学习。第9章和第10章则介绍小程序与服务器的交互，包括服务器的购买、配置，以及小程序安全性方面的问题。

第三部分，从第11章到第14章，给出了4个小程序开发实例，这4个实例涉及不同方面、不同领域的小程序应用，可以帮助读者掌握更多的小程序开发技巧，学会自主学习和自主开发。

本书内容从理论到实践，由浅入深，尽量使每位希望开发微信小程序应用的读者都可以轻松地阅读本书。

目前，小程序还在不断地更新当中，更多的API和组件将会被开放出来。随着时间的推移，本书介绍的知识和内容在更新的版本中也会有所更改，在内容出现错误和偏差时，希望读者能够自行查询官方文档，了解更多有关小程序的最新消息。

本书包含配套资源，读者可登录华信教育资源网（www.hxedu.com.cn）注册后免费下载。

本书由吕云翔、田旺、朱子彧、郭致远编著，曾洪立、吕彼佳、姜彦华进行了本书的素材整理、配套资源制作及部分内容的编写工作。

由于时间短暂，小程序更新频繁，再加上编者水平有限，书中内容难免有疏漏和错误之处，敬请读者加以指正（作者联系邮箱：yunxianglu@hotmail.com）。

编　者

目录

第一部分　小程序是什么

第 1 章　小程序的定义……2

1.1　走进小程序……2

1.2　小程序与微信公众号……3

1.2.1　获取方式……3

1.2.2　功能特性……8

1.2.3　在微信中的入口……8

1.3　小程序与 App……9

1.3.1　运行原理……9

1.3.2　开发推广难度……10

1.3.3　使用体验……10

第 2 章　小程序的定位……12

2.1　小程序的特点……12

2.2　小程序的使用场景……15

第 3 章　小程序的运行……17

3.1　小程序本身的生命周期……17

3.2　小程序页面的生命周期……19

第二部分　开发设计小程序

第 4 章　初次上手……26

4.1　注册小程序账号……26

4.1.1　已认证公众号快速获取小程序……26

4.1.2　个人/企业注册小程序……28

4.2　开始前的准备……35

4.2.1　快速创建门店小程序……35

4.2.2　获取小程序开发者工具……36

4.3　开发者工具的使用……37

第 5 章　一个叫 Hello World 的小程序……44

5.1　创建示例项目……44

5.2　代码文件目录结构……46

5.2.1　小程序的目录结构……46

5.2.2　探究 Hello World 的实现……47

5.3　在手机上预览小程序……56

5.3.1　Hello World 在手机上的体验……56

5.3.2　调试预览及 ES6 API 支持细节……58

5.4　审核和发布小程序……62

第 6 章　小程序结构详解……64

6.1　MINA 框架……64

6.1.1　MINA 框架简介……64

6.1.2　MINA 框架的功能……65

6.2　配置文件详解……66

6.2.1　全局配置文件……66

6.2.2　页面配置文件……71

6.3　视图层……71

6.3.1　WXML……72

6.3.2　WXSS……85

6.3.3　组件……86

6.4　逻辑层……86

6.4.1　注册程序……86

6.4.2　注册页面……88

6.4.3　文件作用域及模块化……91

6.4.4　API……92

第 7 章　小程序的基本组件……93
7.1　视图容器……95
7.1.1　view 视图容器……95
7.1.2　scroll-view 滚动视图容器……98
7.1.3　swiper 滑块视图容器和 swiper-item 滑动项目组件……101
7.2　基础内容……103
7.2.1　icon 图标……103
7.2.2　text 文本……105
7.2.3　progress 进度条……106
7.3　表单组件……108
7.3.1　button 按钮……108
7.3.2　checkbox 多选项目……109
7.3.3　form 表单……111
7.3.4　input 输入框……113
7.3.5　label 标签……116
7.3.6　picker 选择器……118
7.3.7　picker-view 嵌入页面的滚动选择器……121
7.3.8　radio 单选项目……123
7.3.9　slider 滑动选择器……125
7.3.10　switch 开关选择器……127
7.3.11　textarea 多行输入框……128
7.4　页面链接……130
7.5　媒体组件……133
7.5.1　audio 音频组件……133
7.5.2　video 视频组件……135
7.5.3　image 图片组件……137
7.6　地图组件……140
7.7　画布……143
7.8　客服会话按钮……145
第 8 章　小程序编程接口（API）详解……147
8.1　网络……147
8.1.1　发起请求……147
8.1.2　上传和下载……150
8.1.3　WebSocket……154
8.2　媒体……157
8.2.1　图片……157
8.2.2　录音……162
8.2.3　音频播放控制……162
8.2.4　音乐播放控制……168
8.2.5　音频组件控制……170
8.2.6　视频……170
8.2.7　视频组件控制……173
8.3　文件……174
8.4　数据缓存……179
8.5　位置……185
8.5.1　获取位置……185
8.5.2　查看位置……188
8.5.3　地图组件控制……189
8.6　设备……190
8.6.1　系统信息……190
8.6.2　网络状态……192
8.6.3　加速度计……193
8.6.4　罗盘……196
8.6.5　拨打电话……198
8.6.6　扫码……199
8.6.7　剪贴板……201
8.6.8　蓝牙……201
8.7　界面……213
8.7.1　交互反馈……213
8.7.2　设置导航条……216
8.7.3　导航……217
8.7.4　动画……219
8.7.5　绘图……223
8.7.6　下拉刷新……245
8.8　第三方平台……246
8.9　开放接口……248
8.9.1　登录……248
8.9.2　用户信息……252
8.9.3　微信支付……254

8.9.4　模板消息 ······255
8.9.5　客服消息 ······259
8.9.6　分享 ······267
8.9.7　获取二维码 ······268
8.9.8　收货地址 ······269
8.9.9　卡券 ······270
8.9.10　设置 ······271
8.10　数据分析 ······272
8.10.1　概况趋势 ······272
8.10.2　访问趋势 ······273
8.10.3　访问分布 ······276
8.10.4　访问留存 ······280
8.10.5　访问页面 ······283
8.11　拓展接口 ······285

第 9 章　小程序和后台服务器数据交互实例 ······286

9.1　服务器申请购买与配置 ······286
9.2　如何取得 HTTPS 认证 ······292
9.3　后台数据接口设计实例 ······294
9.4　小程序调用数据交互实例 ······298

第 10 章　小程序的安全及性能 ······302

10.1　小程序安全设置 ······302
10.1.1　数据安全 ······303
10.1.2　网络安全 ······304
10.1.3　存储安全 ······304
10.1.4　开放接口安全 ······305
10.1.5　钓鱼风险 ······305
10.2　小程序性能优化 ······306
10.2.1　网络请求接口域名的限制解决 ······306
10.2.2　应用内部支持 HTTPS 请求 ······306
10.2.3　并发的网络请求 ······306
10.2.4　多个页面的代码合用 ······306
10.2.5　小程序登录问题 ······307
10.2.6　开发目录与发布目录分开管理 ······307
10.2.7　小程序大小优化 ······308

第三部分　小程序实例

第 11 章　电商类小程序：在线商城 ······310

11.1　整体思路设计 ······310
11.1.1　页面设置 ······310
11.1.2　首页排版布局 ······311
11.1.3　商品详情页面排版布局 ······314
11.1.4　购物车页面排版布局 ······314
11.1.5　其他页面元素和相关 API 的使用 ······316
11.2　完整代码实现 ······318

第 12 章　工具类小程序：番茄时钟 ······319

12.1　整体思路设计 ······319
12.1.1　页面设置 ······319
12.1.2　主页排版布局 ······320
12.1.3　动画效果 ······320
12.1.4　历史记录页面排版布局 ······322
12.1.5　相关 API ······323
12.2　完整代码实现 ······324

第 13 章　多媒体类小程序：小相册 ······325

13.1　整体思路设计 ······325
13.1.1　布局方案 ······325
13.1.2　单页式布局 ······326
13.1.3　与服务器的数据交互 ······326
13.1.4　使用 Promise 对象编写异步计算 ······326
13.1.5　首页排版布局 ······328
13.1.6　底部菜单设计 ······330
13.1.7　预览模式页面布局 ······331
13.1.8　多媒体信息的管理 ······331

13.2 完整代码实现 ······························· 333
第 14 章 内容类小程序：新闻阅读 ····· 334
14.1 整体思路设计 ······························· 334
14.1.1 页面设置 ······························334
14.1.2 富文本信息的处理 ··········335
14.1.3 详情页面 ······························337
14.1.4 使用 Query 参数在页面间传递数据 ·············338
14.1.5 分享接口的调用 ·············338
14.1.6 订阅页面 ··························339
14.2 完整代码实现 ··························· 339
参考文献 ·· 340

Part 1

第一部分

小程序是什么

第 1 章　小程序的定义

第 2 章　小程序的定位

第 3 章　小程序的运行

第1章 小程序的定义

1.1 走进小程序

小程序，是腾讯公司推出的基于微信的一种全新形态的应用。2016 年 1 月 11 日，在广州举行的微信公开课 Pro 版活动中，微信掌门人张小龙首次在演讲中透露“应用号”的存在，并表示这是一种新形态的公众号，用户关注这样的一个公众号，就像安装了一个 App 一样。2016 年 9 月 22 日，“应用号”悄然更名为“小程序”，腾讯公司开始陆续发放内测邀请，在内测邀请函（如图 1-1 所示）中，微信官方写道：“我们提供了一种新的开放能力，开发者可以快速地开发一个小程序。小程序可以在微信内被便捷地获取和传播，同时具有出色的使用体验。”也是在当天，张小龙在自己的微信朋友圈（如图 1-2 所示）中写道：“什么是小程序：小程序是一种不需要下载安装即可使用的应用，它实现了应用‘触手可及’的梦想，用户扫一扫或者搜一下即可打开应用。也体现了‘用完即走’的理念，用户不用关心是否安装太多应用的问题。应用将无处不在，随时可用，但又无须安装卸载。”2016 年 11 月 3 日，小程序开始公测。在公测期间，所有的企业、政府、媒体和其他社会机构都可以登记注册小程序。此时，小程序开发完成后，可以提交审核，但是不能发布让大家公开使用。最终，微信小程序在 2017 年 1 月 9 日正式推出，引起了用户的高度关注。有意思的是，这一天正是苹果公司发布第一代 iPhone 的十周年纪念日。iPhone 的发布和 iOS 生态圈的建设改变了整个互联网，小程序选择在这一天发布，也被视为吹响了向传统应用挑战的号角。

图 1-1 微信小程序内测邀请函

图 1-2 张小龙朋友圈

因此，小程序可以视为一种新形态的应用。相比于已有的嵌入在微信浏览器中的 HTML5 网页应用，它拥有更高的系统权限，能访问更多的手机硬件信息，同时也拥有更加贴近于系统原生应用的交互和操作体验；相比于系统原生应用，它不占用手机的空间，无须安装和卸载，实现了应用“触手可及”和“用完即走”的梦想。

1.2 小程序与微信公众号

小程序和微信公众号都是微信生态圈（如图 1-3 所示）的重要组成部分。从定义上来说，小程序和微信公众号属于并列层级，它们互不干扰，可以说是两套几乎完全不同的体系，但是鉴于微信强大的用户数量，微信公众号和小程序之间又有一定互相转化的空间。它们之间的区别与联系可以从获取方式，功能特性和入口三个方面进行比较。

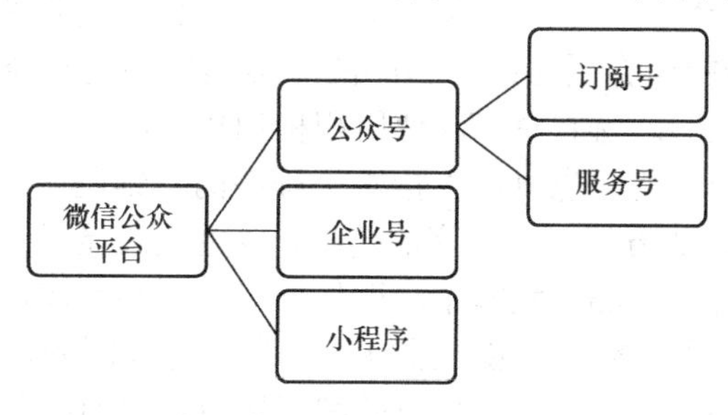

图 1-3 微信公众平台体系

1.2.1 获取方式

和微信公众号不同的是，小程序主要关注在特定场合解决特定需求。为了尽可能地减少对用户的打扰，小程序没有“关注人数”这样的指标，没有“粉丝”这样的概念，也不能向用户发送任何推送消息，可以查看的只有页面访问量。功能理念不同，使小程序在获取时和微信公众号有所不同。一般来说，获取小程序和微信公众号，主要有以下几种途径。

1. 通过搜索获取

直接搜索小程序和微信公众号的名称是比较直观的方式之一。微信允许用户对微信公众号进行模糊搜索，即只需输入部分名称，即可查询到所有名称中包含用户查询内容的全部微信公众号。小程序上线之初，只支持部分模糊查询，也就是说，如果没有在搜索时完整地输入一个小程序确切的全名，用户将无法获取任何小程序的查询结果。但是在部分情况下，某些特定的小程序也能仅通过查询名称中的部分内容而显示出来。例如，输入关键字“小程序”并不能查询到名为“小程序示例”的微信官方小程序，但是输入“京东”，却能查询到所有名称带有关键字“京东”的小程序，如图 1-4 所示。这样严格的关键字限定，一方面，是为了达到“触手可及”的目标，因为小程序设想的应用场景是，在用户不需要的时候就不会去搜索使用小程序，而在用户线下真正需要时，只需扫描身边的二维码即可

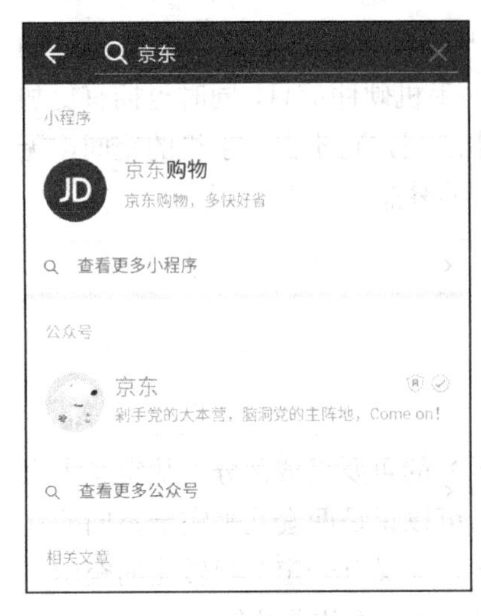

图 1-4　小程序模糊搜索

打开相应小程序，无须主动搜索；但另一方面，在线下小程序二维码还没有大面积推广时，这样的限定为众多抱着尝鲜的想法去获取小程序的用户带来了不便，并不利于在第一时间吸引用户使用小程序。

随着微信的更新，在微信 6.5.4 版本中，小程序已支持模糊搜索，直接搜索任意关键字，即可查询到相关的小程序，并且小程序在搜索列表中还会更加优先地显示。

2. 通过二维码获取

微信公众号和小程序都可以通过扫描二维码获取。二维码识别有两种途径，一种是通过"扫一扫"功能，直接扫码，另一种是长按二维码图片，在弹出的菜单中选择"识别图中二维码"。

微信公众号的二维码用这两种方式均可识别，操作后即可进入相关公众号的简介页面；小程序的二维码扫码规则经过了几次修改，在小程序推出之初，只能通过点开"扫一扫"，使用相机扫描二维码，识别进入，随着后续的更新，从微信 6.5.6 版本起，用户也可以直接对小程序的二维码图片进行长按识别操作了，如图 1-5 所示。这无疑更加方便了小程序的传播，也更加凸显了二维码在整个推广过程中的重要地位。随后，在微信 6.5.7 版本中，微信推出了"小程序码"。"小程序码"是小程序的专属二维码，它将原来的正方形二维码，变为了更为圆润、活跃的圆形二维码，如图 1-6 所示。"小程序码"使用了微信自己的编码协议，只有微信才能识别扫描，进一步加大了微信对小程序入口的管控能力。

图 1-5　长按识别二维码操作

图 1-6　小程序码

3. 通过好友分享获取

小程序可以被推荐给好友或者聊天群，如图 1-7 所示。小程序的某个单独的页面（如果页面允许）也可以分享给好友或者聊天群，如图 1-8 所示。但是，不像微信公众号的文章可以分享到朋友圈，小程序本身也好，某个小程序内的某个特定页面也好，都是不允许分享到朋友圈的。小程序的分享，不仅仅是一个传播，在很大程度上，还希望能带来一种全新的协作方式。如果是在一个群里面，用户启动了分享的小程序，小程序拥有每个人的登录状态，大家又是访问同样的任务，那么开发带有协作能力的小程序就是可行的。小程序不能分享到朋友圈的限定，也是最大限度避免干扰不需要使用相应小程序的人，从而营造一个健康的微信生态环境。

图 1-7　分享一个小程序给好友

图 1-8　分享某个小程序页面给好友

4. 通过微信公众号进入小程序

微信公众号自推出至今，凭借其丰富的内容和广大的订阅用户，俨然成了自媒体的象征。一般来说，一个比较成熟的微信公众号，往往有固定的受众群体，而这类群体，无疑是将其转化为小程序用户的首选。因此，小程序和微信公众号也有着不少关联，从而吸引用户使用。

（1）关联微信公众号和小程序

为了扩展小程序的使用场景，方便用户使用小程序，微信公众号可以关联小程序，使用户直接从微信公众号进入小程序。

关联规则如下：

- 公众号可以关联不同主体的 3 个小程序；
- 公众号可以关联同一主体的 10 个小程序；
- 同一个小程序可关联最多 3 个公众号；
- 所有公众号均可关联小程序。

已关联的小程序可被使用在公众号的自定义菜单、模板消息等场景中，运营者可以登录公众平台，在“公众号设置→相关小程序”中关联小程序，如图 1-9 所示。

关联成功后，在公众号的简介页面（如图 1-10 所示）及小程序的详情页面（如图 1-11 所示）中，可以看到关联的公众号或者小程序。

图 1-9　关联小程序操作

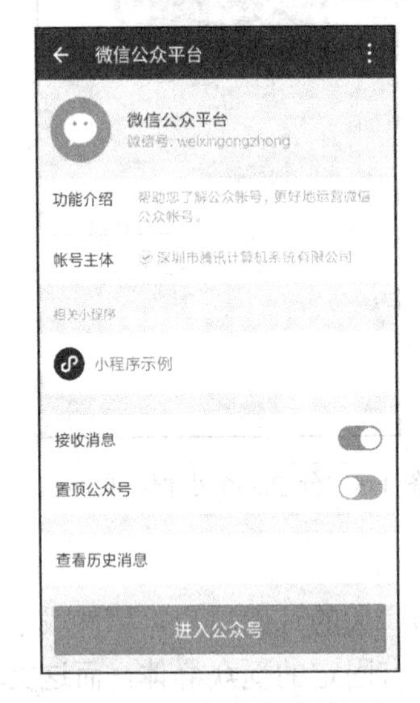

图 1-10　公众号关联小程序

图 1-11　小程序关联公众号

在公众号关联小程序时，还可以选择给粉丝下发通知，粉丝点击该通知就可以打开小程序（如图 1-12 所示），且该消息不占用原有群发条数。

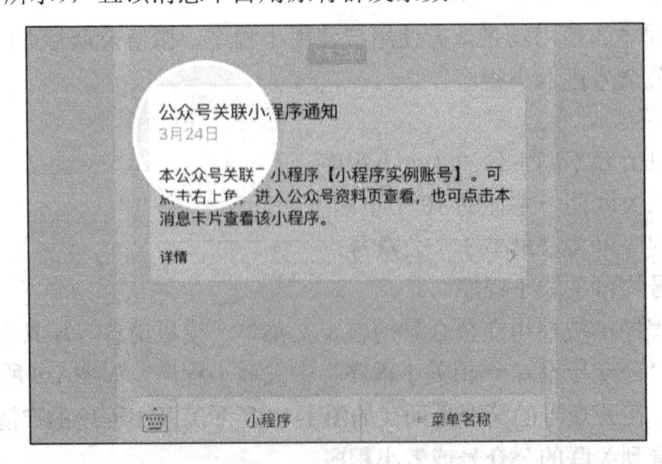

图 1-12　公众号关联小程序通知

（2）将小程序添加到公众号菜单栏

公众号可将已关联的小程序页面放置到自定义菜单中，用户点击后，即可打开该小程序页面。公众号的运营者可在公众平台上进行设置（如图 1-13 所示），也可通过自定义菜单接口进行设置。

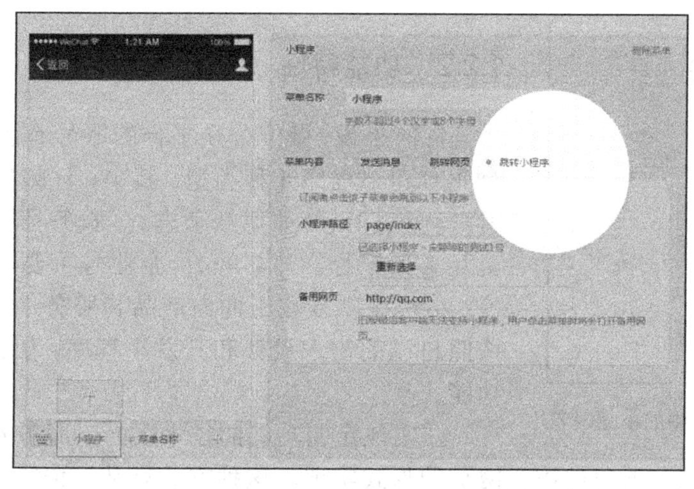

图 1-13　将小程序添加到公众号菜单栏中

（3）通过公众号模板消息打开相关小程序

公众号已关联的小程序的页面可以配置到公众号的模板消息中，用户点击公众号下发的模板消息，就可以打开对应的小程序页面。

（4）将小程序添加到公众号群发文章中

为了方便用户在阅读文章时使用公众号提供的服务，在公众号群发的文章中支持添加小程序卡片，如图 1-14 所示。公众号群发文章只能添加该公众号已关联的小程序，在添加时可以自定义小程序卡片的标题和图片，指定小程序打开的页面。目前所有公众号的群发文章均支持添加小程序卡片。用户在阅读文章时，只需点击卡片即可打开对应的小程序，如图 1-15 所示。

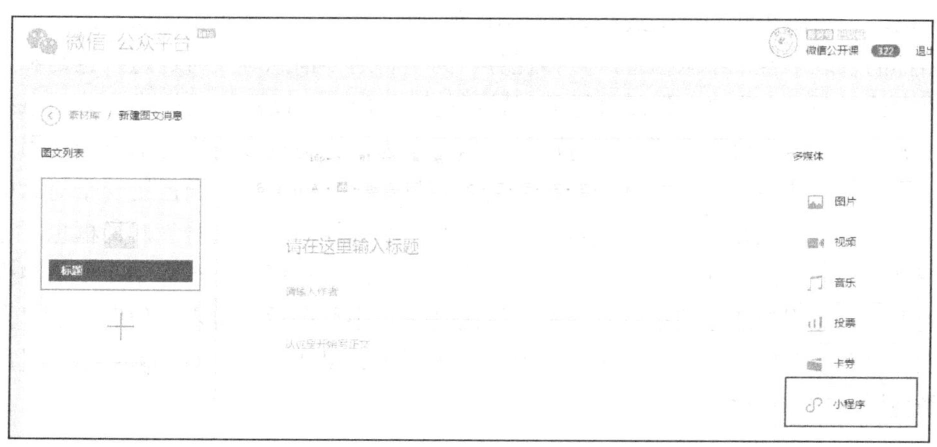

图 1-14　公众号文章支持添加小程序

通过以上几种方式，可以方便地从微信公众号中进入小程序，进一步加大小程序获取的便利程度，使更多的用户能从一个已经比较熟悉的环境（微信公众号）中，更快速、方便地接触新事物。

图 1-15　群发文章中的小程序卡片

1.2.2　功能特性

目前来说，微信公众平台的账号有服务号、订阅号、企业号和小程序 4 种类型。其中，订阅号主要偏向于为用户传达资讯（如报纸杂志）；服务号主要偏向于服务交互（如银行、114 等）；企业号主要用于公司内部通信；小程序则专注于面向产品和服务，各开发者都可以按照自己的需求设计和开发小程序，为用户提供相应的功能。

在实现定制功能的技术层面，服务号、订阅号主要依靠微信内置浏览器通过访问网页的形式实现。这种方式只是将传统网站中的网页做了移动端的适配，而小程序则是通过 WebSocket 双向通信（保证无须刷新、即时通信）、本地缓存（图片与 UI 本地缓存降低了与服务器的交互延时），以及微信底层技术优化实现接近原生应用软件的体验。系统权限方面，微信小程序能够通过微信获得更多的系统权限，如网络通信状态、数据缓存能力等。这些改进，使小程序拥有比公众号内嵌的基于 HTML5 网页的应用更好的使用体验和更加丰富的功能。

1.2.3　在微信中的入口

考虑到服务号、企业号、订阅号和小程序不同的功能特点，它们在微信中显示的地方也有所不同。服务号每个月只能群发 4 条消息，虽然限制了推广信息的发送次数，但是它和用户的聊天界面在同一个层级（如图 1-16 所示），增加了用户点击的概率；企业号作为企业内部的管理平台，不承担推广宣传任务，为了将通知消息等及时送达，也是和用户的聊天界面处于同一个层级；订阅号凭借其较低的注册门槛，以及每天都能发送 1 条推送的便利，成了各宣传平台最主要的注册账号，但是，为了避免过多的推送消息干扰用户，所有的订阅号都被放在了“订阅号”的文件夹中，只在用户的聊天界面占用一个对话框（如图 1-17 所示），如果用户没有关注过任何订阅号，那么这个“订阅号”对话框也不会出现在微信聊天界面中；同订阅号一样，如果用户没有使用过小程序，小程序在微信中也没有固定的入口，当用户通过搜索或者扫描二维码使用过小程序后，进入微信底部的“发现”栏，点击“发现”栏最下方出现的“小程序”选项（如图 1-18 所示），就可以看见所有自己曾经使用过的小程序了。

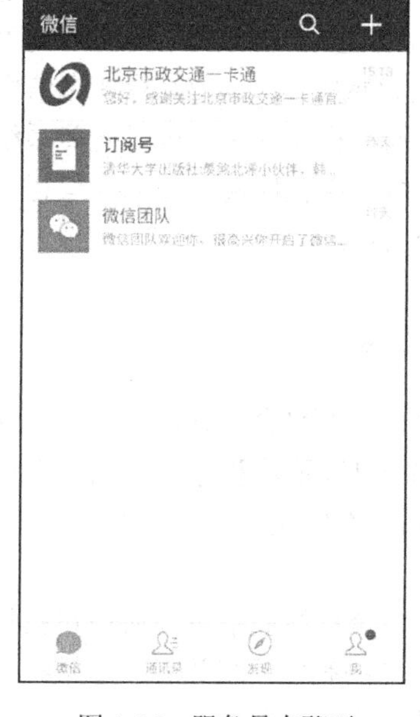

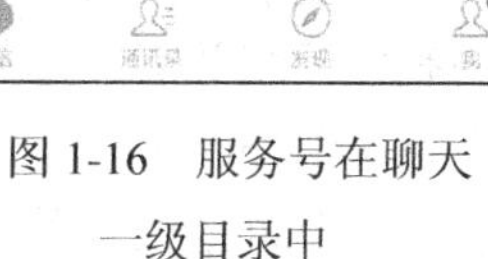
图 1-16　服务号在聊天一级目录中

图 1-17　订阅号被包含在“订阅号”二级目录中

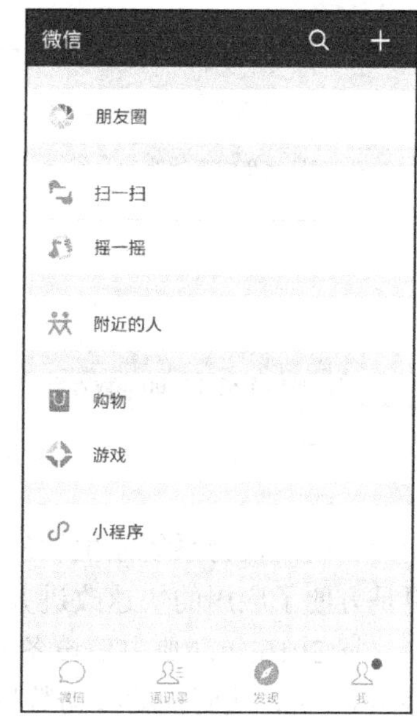

图 1-18　小程序在发现栏中

1.3　小程序与 App

小程序是以“应用号”的名字第一次出现在公众的视野中。然而，由于苹果公司对“应用”两个字的限制，准备推出“应用号”的微信没能在 App Store 通过审核。由此可见，小程序对传统应用的冲击不小。对于 Android 用户来说，可以在微信中选择将小程序发送到桌面，将小程序发送到桌面后，小程序在桌面以图标的形式存在，通过点击图标就可以不用打开微信而直接运行小程序。这样的操作方式，使小程序更像系统的原生应用。小程序一经发布，也被外界广泛评价为传统手机应用的一场革命。那么，小程序和手机系统原生软件到底有什么区别？有了小程序，是否意味着传统手机应用不再必要了呢？下面的介绍可以简略地解答以上问题。

1.3.1　运行原理

小程序基于微信运行，系统原生应用则直接运行在手机操作系统上。手机操作系统提供了统一且完整的接口来访问手机的硬件资源，通过这些接口，系统原生应用能有较高的权限和自由度来调用系统的硬件资源，相应地，它们也会占用系统空间。小程序则借助于微信，使用微信专门设计的框架，通过微信提供的接口，由微信这个系统原生软件与手机操作系统进行交互，它们之间的关系如图 1-19 所示。

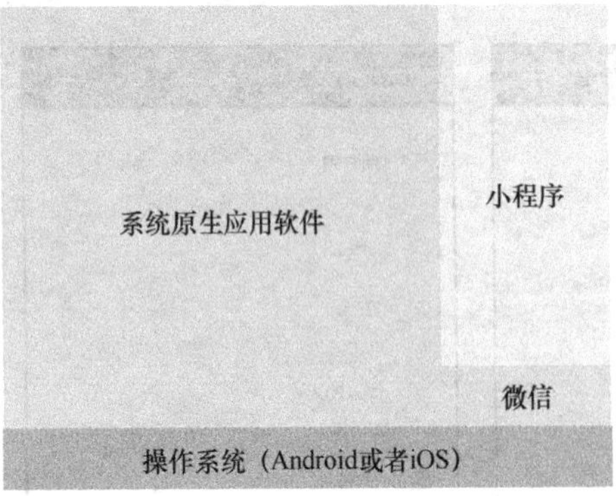

系统原生应用软件 小程序 微信 操作系统（Android或者iOS）

图 1-19 小程序系统层级

微信赋予小程序的这些权限，使小程序有一定的访问手机硬件资源的能力，如读写缓存、查询手机网络状态、使用重力感应等。这使运行在微信内部的、类似网页应用的小程序拥有了可以媲美系统原生应用的流畅度。至于小程序究竟是怎么运行在手机上的，将会在本书第 3 章着重介绍。

1.3.2 开发推广难度

据统计，一款完善的双平台系统原生应用软件平均的开发周期为 3 个月，而小程序的平均开发周期为 2 周，仅为系统原生软件的 1/6。开发周期的缩短，带来的不仅仅是开发成本的降低，更是方便了应用的快速改进并不断适应新的用户需求。

据 2016 年瑞典电信设备制造商爱立信预计，到 2022 年，全球智能手机注册用户数量将达 68 亿，从而推动移动数据流量达到目前的 8 倍。各种各样的智能手机设备，给系统原生软件开发者带来的是令人头疼的兼容和适配问题。除手机硬件的差别外，手机系统的版本不一也是一个很大的问题。要想开发一款覆盖两大智能手机平台所有机型的软件，细节上的调试和优化将会花费相当多的时间。而对于微信小程序来说，开发者只需面对一个平台——微信进行开发即可，不需要考虑不同设备和操作系统之间软件展示页面和实现功能的区别。在这一点上，小程序将会节省大量的开发时间，从而让开发者可以有更多的时间去思考如何更好地满足用户需求。

除在开发过程中更为简单统一和节省时间外，小程序在发布时也更加方便。传统的系统原生应用软件，对于 iOS 平台还好，对于 Android 平台来说，由于国内没有统一的 Android 应用商店，开发者往往需要向十几个甚至几十个应用分发市场提交材料，接受应用分发市场的审核后再进行发布。而这里，各大应用分发市场需要的材料和审核的规则不统一，使开发者在发布 Android 应用时，过程相当烦琐。而小程序只需要提交到微信公众平台进行审核，审核通过发布后，所有使用微信的用户都能使用自己开发的小程序。相对而言，小程序在发布时能简化很多步骤，节约大量时间。

在应用推广的过程中，相较于系统原生软件需要用户下载各种大大小小的安装包，在没有无线网，用户又不愿意花费流量下载的情况下，小程序凭借其无须安装的特点，使用户更加愿意使用。而且，小程序有更为方便的分享方式，如果一个小程序足够有趣，那么它很容易在朋友之间进行传播，进而获得更多的用户数量。

需要注意的是，随着移动互联网和智能手机多年的发展，原生软件的市场已经趋于饱和，几乎所有的领域都已被覆盖，而小程序的市场则是一片蓝海，在新的使用场景下，还有很多瓜分市场大蛋糕的机会。对于各类初创团队来说，小程序是一个可以考虑的选择。

1.3.3 使用体验

对于普通的消费者而言，无论使用小程序还是系统原生软件，如何在硬件条件有限的情况下最优地实现自己的需求才是他们最关心的。

在获取方面，系统原生应用需要在相应的应用市场下载、安装后才可以使用。这不可避免地会占用手机的内存空间。随着人们使用手机产生的数据越来越多，如果手机本身的存储空间不够宽裕，那么很快就会出现因空间不足而不能再安装新应用的尴尬。而小程序则几乎不占用系统空间，随手可得，用完即走，不用担心小程序驻留在手机中消耗手机资源的问题。小程序在硬件资源有限的情况下，给了普通用户另外的一个选择。

在功能方面，系统原生应用能实现完整的功能，小程序则仅限于使用微信提供的接口。目前而言，小程序完整地覆盖了购物、出行、饮食、资讯浏览等常见使用场景，基本能满足普通用户的日常需求。但是对于一些对动画和展示要求较高的应用，暂时还无法使用小程序实现，如大型 3D 游戏、模拟动画渲染等。

在安全性方面，由于接口功能有限和微信的审核机制，小程序比系统原生应用软件要好一些。这一点，尤其是 Android 用户可能体验得更为深刻。由于 Android 的开放性，加上国内对 Android 系统原生软件的审核规则不一，一些不良的 Android 系统原生软件往往会给用户带来隐私泄露、资费消耗等损失。而小程序被限制不能推送消息，也就不会有广告或者垃圾营销信息打扰用户，而且它也不会在后台偷跑流量或者进行一些涉及手机系统安全的操作。用户使用小程序，能使手机的负担进一步减轻。

在展示效果方面，小程序虽然不如系统原生应用那样有充足的自由定制页面，但是相比于网页，可以说进步了不少。目前，小程序已经达到可以媲美系统原生应用的流畅程度，用户将小程序发送到桌面生成相应图标后，就和使用一个独立的软件无异。由于微信小程序的限制，小程序的整体风格相比于系统原生应用软件更加统一和简约，能带给用户一致的视觉体验。

第2章 小程序的定位

作为一种新兴的网络应用形式，小程序无疑有着它的独到之处。小程序刚刚上线时，多种功能的小程序就已经面向用户开放了，如旅游、交通、购物、生活工具等，这些已经开放了的小程序大多都有一些共同的特性，即面向用户的服务类，尤其是针对线下提供生活服务类的功能。作为微信小程序的开发者，我们在开发之前应当仔细了解小程序的特点，同时利用其特点，在合适的情景下设计开发方案，针对不同环境和场景，进行具有适应性和针对性的开发工作。

2.1 小程序的特点

对用户来说，小程序的最大特点就是无须下载安装直接使用，且无须担心应用安装太多的问题。而对开发者来说，小程序最值得注意的特点有以下几个。

1. 与微信连通

小程序与微信是紧密结合在一起的。小程序可以通过微信进行直接的管理和登录，与开发者已有的 App 后台数据交互，使用已有的数据接口。这样的特点，降低了开发过程的复杂度，实现了将开发者已有的数据基础通过十分简单的方式进行移植，并在小程序上使用。例如，需要开发一个校车时刻表查询小程序的某高校单位，在此之前可能已经有了一套完整的从数据库、后台到前端的网页查询服务模式或者手机客户端的查询方式，此时如果进行小程序的开发，就可以方便地使用已有资料和数据库所提供的数据接口，在此基础上进行开发，无须进行更多的工作。但是，需要注意的是，小程序平台不支持小程序与用户 App 之间的直接跳转，这一点与手机原生应用是有极大不同的。

另外，在互联网时代，企业获取用户和线上流量所需要的成本越来越高，各种宣传手段层出不穷，但微信巨大的安装量带来了巨大的网络流量，通过重新开发一项手机应用，想要获取如此巨大的网络流量，不投入大量的时间、人力及推广资源，是不可能办得到的。由于微信平台的支持，小程序通过微信平台登录使用，也就是给每个小程序的开发者提供了一个巨大的潜在用户群体，小程序的开发者可以对自己所开发的小程序进行最简单、快速的推广，而且这种简单、快速、有效的推广方式所消耗的人力、物力等资源与传统手机原生应用相比是非常少的。当然，作为开发者不能只一味地考虑微信平台的传播优势和流量基础，更多的是要把重点放在开发和打磨更好的产品上。只有更好的产品，才能吸引更多的用户。由于小程序的入门门槛低，可以预见其竞争的激烈程度也会较高，因此就必须让自己的小程序在其他类似或者同类产品中脱颖而出，占有更多的用户。

2. 低开发难度

小程序开发的入门门槛低，有一定网页开发经验的开发者基本都能做到快速入门。其类似于 HTML 的前端开发方式，能让有技术基础的开发人员快速掌握、快速开发。但需要注意的是，小程序自身并不支持直接的 HTML+CSS。在此之前，百度也曾经推出过百度轻应用，采用 HTML5 的网页形式，目的是实现一键打开应用的快捷操作，然而对于 HTML5 的每个页面，都需要加载时间，因此在使用中出现缓慢、白屏等问题，同时每次返回后之前的页面就需要被重新加载，大大影响了用户的使用体验。小程序的开发有所不同，它不再是一个 HTML5 的页面，而是与 FaceBook 的 React Native 技术类似，平台自身自定义功能模块及各类按钮，如图 2-1 所示。

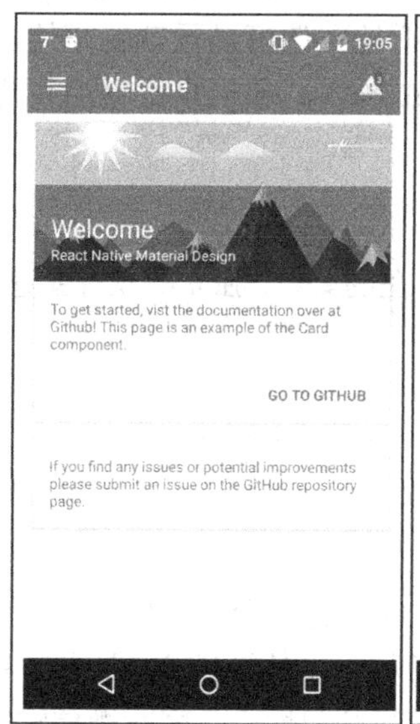

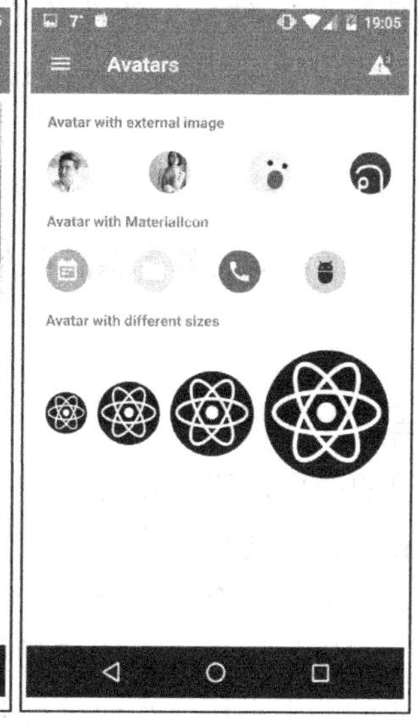

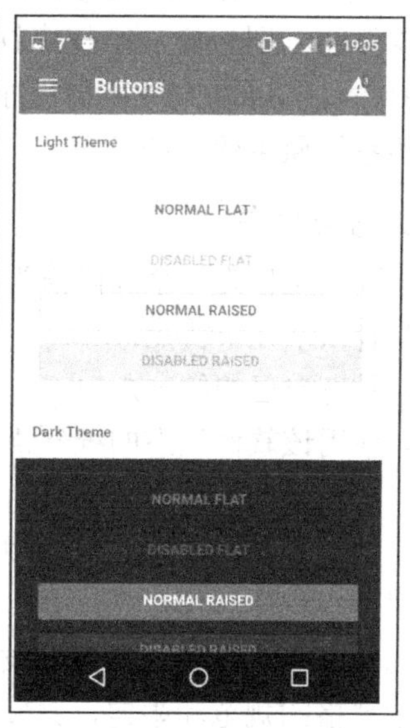

图 2-1　React Native

同时，小程序自身提供了大量的 API（如图 2-2 所示），如果能够熟练使用这些 API，将会对开发工作有巨大的帮助，进一步简化小程序的开发过程。

另外，由于基于微信平台，小程序的开发者不再需要考虑用户多种多样的手机机型，也不需要考虑开发多平台的 App。在这一方面，小程序开发大大降低了难度和成本，我们在开发原生 App 时需要考虑的问题将不复存在。例如，在 iOS 平台所开发的系统原生软件可能在审核上需要花费大量的时间，而开发 Android 平台的 App 可能需要担心发行版本的问题。同时，小程序也不需要在两个不同的平台上分别进行开发，这就意味着无须两套完全不同的开发方式。

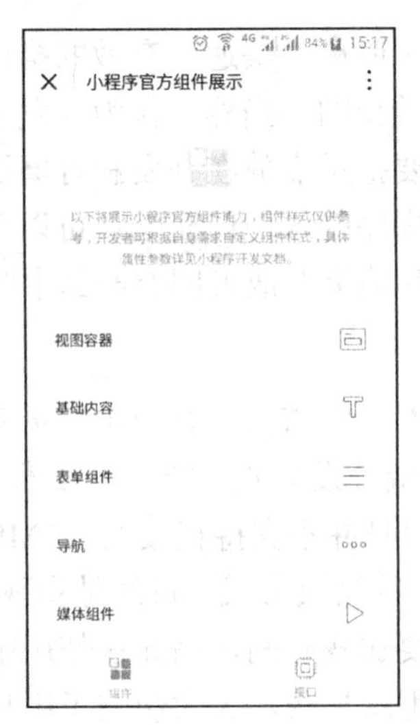

图 2-2　小程序接口和组件

小程序的低开发难度与我们开发系统原生 App 并不矛盾，正如上文所谈论的微信与原生软件的区别一样，小程序彻底取代系统原生软件并不是一件可以预期的事情。对于开发商，我们可以先进行小程序的推广，在获取一定的市场资源和用户数据后再进行更完善的系统原生软件的开发。

3. 独立生态

小程序是作为一个以微信为核心的独立软件生态而存在的。一个独立的软件生态系统，需要具有以下几个特点：

- 具有自己的统一入口；
- 使用该软件生态的统一语言；
- 在平台的管理之下具有自己的严格规范和开发模式；
- 开发者和平台本身是互相支持、互利共赢的关系。

对于小程序软件生态来说，以上特点均有所满足，它的官方平台是微信，以微信作为软件的统一入口，利用微信开发语言进行软件的设计和开发，并对其开发、运营、审核方面做了严格的规范和限定，开发者借助于小程序平台进行开发和推广，同时微信官方也通过各种各样的小程序获取到更多的线上和用户资源。虽然在直接获取利润方面，目前并没有相关的微信与开发者如何分成的文档发布，但这是完全有可能实现的。

在这样的一个软件生态环境中，以前各种长尾需求由于开发者自己的时间资源等条件限制无法得到满足，而现在有了小程序，除本身自己想要实现的主要目标和需求之外，对长尾需求也可以在这样一个标榜“轻量级”应用的小程序平台中做简单和直接的重新尝试。即使是一个很小的需求点，一个简单的功能，作为开发者，我们也可以以小程序的形式实现，其平台生存空间也十分可观。这样一个应用生态系统一旦完善起来，相当于在微信平台上实现了一个新的 App Store。在这个 App Store 中需要完成什么目标，实现怎么样的需求，就完全取决于作为开发者的我们了。

4. 安全性

小程序的审核发布并不是完全没有限制，它基于微信体系开发，也就被微信限制和管控，以防止微信自身或者开发者的自身利益受到损害。由于微信平台的关联及限制，小程序完全处在微信的控制之下，其开发者需要严格按照微信的规范进行开发和操作，上线也需要通过到微信的审核。不符合微信要求的小程序及页面内容是不能发布的，甚至要面临被直接封杀的风险。用户在使用小程序时，小程序的后台只能获得用户的昵称、头像等非隐私数据，而这些小程序内获得的数据大多停留在微信平台上，不能掌握在开发者手中。这也就意味着，小程序如果被封杀，其积累的用户流量和数据也无法保留。

同时，小程序不能实现跳转的功能，包括跳转到外部网站、外部链接、其他小程序。这与各种 Web 应用及系统原生的 App 有很大不同，如图 2-3 所示。在保护开发者方面，各项小程序都有属于自己的 AppID，用来防止恶意开发者伪造、仿制安全的小程序进行诈骗等行为。但这些特点，在保证小程序安全性的同时，也约束了小程序的功能性，使原生的系统应用有一些小程序注定做不到的事情。

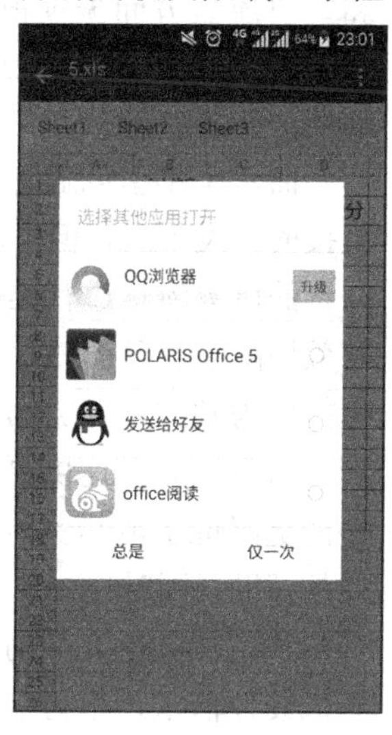

图 2-3　程序的跳转

2.2　小程序的使用场景

目前，已有的小程序包括但不仅限于以下几类。

- 高频使用：美团外卖、滴滴公交查询、摩拜单车、滴滴出行、携程酒店、豆瓣电影（如图 2-4 所示）。
- 工具：汇率 e、二手车 e、记账 e、翻译 e、100 房贷助手。
- 天气查询：天气 e、智慧气象服务、精准天气预报、30 天天气预报。
- 旅行：驴妈妈门票预订、飞常准查航班、南航 e 行、去哪儿出行、去哪儿酒店预订。

从小程序上线开始就已经有很多开发公司推出了大量小程序，更多的小程序正在开发之中。

微信官方给出的小程序的应用场景是“更多的线下场景”。而小程序作为一种轻量级的应用服务形式，在线下场景中的确能发挥更大的作用，通过简单搜索、扫码等进入小程序并使用，方便了人们的生活。对于开发者来说，要根据自己的定位和需求的使用场景制定合适的开发计划。

图 2-4　豆瓣电影小程序

对于大企业、大公司等开发方来说，由于小程序平台的限制，无法沉淀用户数据，也无法在App之间实现直接的跳转，因此将用户吸引到自家App以实现用户分流几乎是不可能的。在这样的条件限制下，我们应当采取什么样的对策呢？大企业、大公司有自己的开发和宣传方案，在经过一定时间的市场积累后，其在知名度和客户流量方面无须担心，这时需要的就是在小程序平台上进行最快速的获利，用小程序带来的流量直接实现变现，将核心服务最直接地提供给用户，以换取利润。上文提到的美团外卖、酒店预订都是这样的开发使用方式，快速实现用户在平台上的服务需求。

而对于小型创业者或者普通实体开发者来说，虽然小程序无法作为开发者理想中的最直接的开发形式，但可以以小程序为“试点”，开发具有某一方面功能的小程序，利用微信平台的巨大流量进行推广，在获取到一定的使用数据后，再开发具有完善功能性的App，有效地防止自己的软件开发出来成为冷门应用的情况；另外，前期在小程序平台上的开发，也能作为独立开发App的宝贵经验，在取得有效的宣传效果的同时，也可以获取一定的利润，为后期开发提供更好的帮助。而对于提供简单实体店服务的小程序开发者来说，小程序能更好地实现其实体店线下模式的运作，在预约、支付、通知、用户管理等方面提供有效的帮助，同时也可以让自己的实体店借微信小程序平台得到更好的推广。通过“扫一扫”等形式直接获得客户的使用流量并提供服务，可以大大降低各项宣传和运营成本，并大大降低硬件需求，不再需要较高要求的带宽及服务器等成本，借助于微信和二维码等方式进行宣传，有效提升自己的知名度从而获取更多的利益。以餐馆为例，管理者可以开发出有针对性的小程序，实现用户的远程预约、远程点单等功能，让用户不用再受排队和等待之苦，只需拿出手机扫一扫二维码即可。

微信正在不断更新小程序，尝试开放更多的功能，小程序的功能和定位不断更迭，未来小程序可能无法完全取代App，但其潜力也绝不能低估。

第3章 小程序的运行

虽然开发微信小程序的主要语言 WXML，WCSS，JavaScript 和前端标准三件套 HTML，CSS，JavaScript 几乎完全相同，但这并非代表小程序是以 Web 形式在微信中运行的。在编译小程序的过程中，编译器会根据配置和不同的组件生成 Web 对象或者原生控件，在配置文件中配置的 tabBar 等更是完全以原生控件的形式运行的，这给小程序带来了远超 HTML5 的用户体验。事实上，在小程序的官方文档中，并没有明确指出小程序是以何种方式运行的，这为其未来的进一步优化提升了空间。在开发小程序时，应严格按照文档中的注意事项进行开发（如在 input 组件中提到，不要将 input 放入 scroll-view 组件中）。

和原生应用一样，小程序从用户进入到用户使用完毕，也存在一个生命周期。不同的是，小程序的生命周期包含小程序本身的生命周期和小程序页面的生命周期。小程序完整的生命周期如图 3-1 所示，下面分别进行介绍。

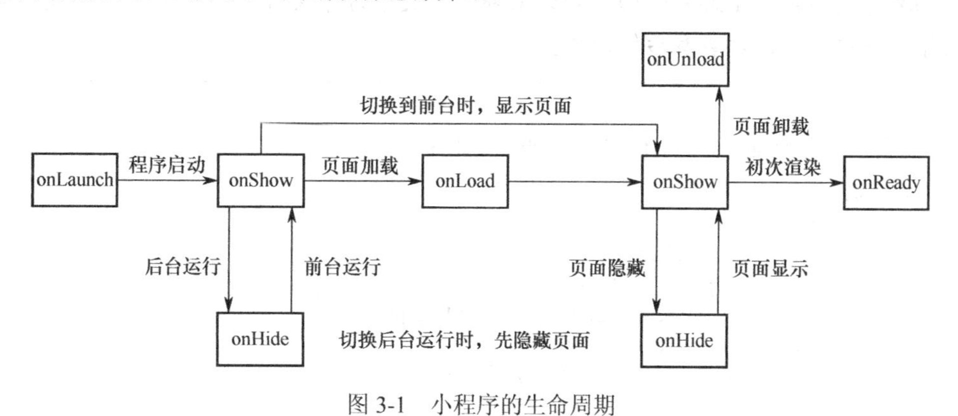

图 3-1　小程序的生命周期

3.1　小程序本身的生命周期

对小程序本身来说，有以下两种状态。

- 前台运行状态：在这个状态下，小程序在前台运行，为用户提供服务，能够调用所有系统 API。

- 后台运行状态：当用户点击左上角关闭小程序，或者按设备 Home 键离开微信时，小程序并不直接销毁，而是进入后台。当用户再次进入微信或打开小程序时，又会从后台进入前台。此时小程序只能调用部分 API，并随时可能销毁。只有当小程序进入后台一定时间，或者系统资源占用过高时，它才会真正地销毁。

为了便于开发者控制小程序在各个生命周期的行为，小程序框架在小程序和页面状态发生变化时提供了若干事件。在相应的事件发生时会调用对应的回调函数进行处理。开发者需要做的只是将页面的数据、方法、生命周期函数注册进框架内，其他一切复杂的操作都交由小程序的框架来处理。

小程序的生命周期管理函数通过构建 App 时传入对象的属性构建，将事件名对应的属性设置为相应的函数即可注册，可以注册的事件如表 3-1 所示。

表 3-1　小程序生命周期变化监听函数

事　件	类　型	描　述	触发时机
onLaunch	Function	生命周期函数，监听小程序初始化	当小程序初始化完成时，会触发 onLaunch（全局只触发一次）
onShow	Function	生命周期函数，监听小程序显示	当小程序启动，或从后台进入前台显示时，会触发 onShow
onHide	Function	生命周期函数，监听小程序隐藏	当小程序从前台进入后台时，会触发 onHide

注　意

为了真实地展现小程序生命周期的变化，我们在这里使用代码实例讲解。如果你是一位没有了解过小程序的初学者，那么你大可不必纠结于读不懂这部分代码，你只需查看代码运行的图片，了解具体的运行结果即可。关于每个文件具体的作用，以及开发者工具等的详细介绍，请参看后续内容。

下面演示小程序后台运行时生命周期的变化：

```
//app.js
App({
  onLaunch: function () {
    console.log("小程序加载。")
    var logs = wx.getStorageSync('logs') || []
    logs.unshift(Date.now())
    wx.setStorageSync('logs', logs)
  },
  onShow: function (options) {
    console.log("小程序显示。")
  },
  onHide: function () {
    console.log("小程序隐藏。")
  },
  onError: function (msg) {
    console.log(msg)
  },
})
```

在代码运行过程中，首先启动小程序，触发 onLaunch 和 onShow 函数，在控制台输出“小程序加载”和“小程序显示”，如图 3-2 所示。再将小程序从前台转入后台，触发 onHide 函数，控制台输出“小程序隐藏”，如图 3-3 所示。再转回前台，触发 onShow 函数，在控制台输出“小程序显示”，如图 3-4 所示。

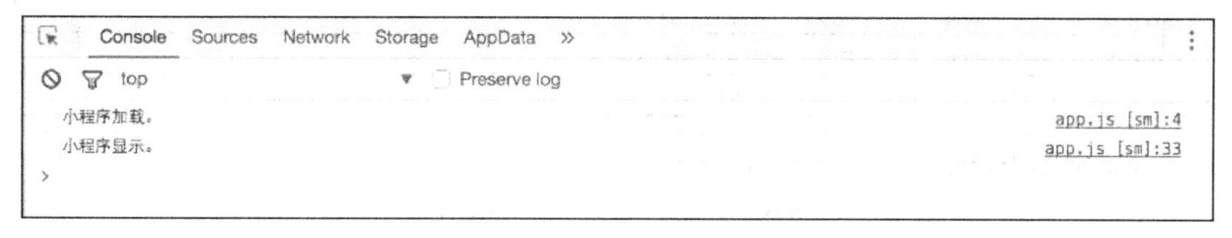

图 3-2　小程序加载和小程序显示

Console　Sources　Network　Storage　AppData　»
top　Preserve log
小程序加载。　app.js [sm]:4
小程序显示。　app.js [sm]:33
小程序隐藏。　app.js [sm]:36

图 3-3　小程序转入后台隐藏

top　Preserve log
小程序加载。　app.js [sm]:4
小程序显示。　app.js [sm]:33
小程序隐藏。　app.js [sm]:36
小程序显示。　app.js [sm]:33

图 3-4　小程序再次转入前台显示

3.2　小程序页面的生命周期

对页面来说，小程序框架管理了整个小程序的页面路由，可以做到页面间无缝切换，并赋予页面完整的生命周期。关于框架的管理，可参考 6.1.2 节中 MINA 页面管理功能部分的介绍。

页面的生命周期主要包括以下几个状态。

- 未加载状态：当用户没有访问该页面时，该页面属于未加载状态。
- 前台运行状态：当用户访问该页面时，该页面处于前台运行状态。
- 后台运行状态：当用户从当前页面进入新页面时，或者小程序本身进入后台状态时，当前页面即进入后台运行状态。后台运行中的页面不会立即响应数据变化，当用户回到该页面时，该页面回到前台运行状态。当用户从当前页面返回，或者重定向到当前页面，或者在切换（Tab）时，该页面会被销毁。

同小程序本身具有各种监听生命周期变化的函数一样，小程序页面也具有很多可以注册监听生命周期变化的函数，如表 3-2 所示。

表 3-2　小程序页面生命周期变化监听函数

事　件	类　型	描　述
onLoad	Function	生命周期函数，监听页面加载
onReady	Function	生命周期函数，监听页面初次渲染完成
onShow	Function	生命周期函数，监听页面显示
onHide	Function	生命周期函数，监听页面隐藏
onUnload	Function	生命周期函数，监听页面卸载，这种情况发生在页面返回或者重定向时

下面演示小程序页面生命周期的变化。

首先，新建一个首页 fordemo，页面前端文件内容如下：

```
<!--fordemo.wxml-->
<navigator url="/pages/binddemo/binddemo">点击跳转</navigator>
```

页面后端逻辑文件内容如下：


```
// fordemo.js
Page({
  data: {
    text: "This is page data."
  },
  onLoad: function (options) {
    console.log("页面加载")
  },
  onReady: function () {
    console.log("页面准备")
  },
  onShow: function () {
    console.log("页面显示")
  },
  onHide: function () {
    console.log("页面隐藏")
  },
  onUnload: function () {
    console.log("页面卸载")
  }
})
```

同时，再新建一个 binddemo 页面，用于跳转，其前端文件内容如下：

```
<!--binddemo.wxml-->
<view class="container">
   进入另一个页面
</view>
<button bindtap="bindRedirect">Redirect</button>
```

其后端逻辑处理文件内容如下：

```
// binddemo.js
Page({
  bindRedirect(e) {
    wx.redirectTo({
      url: '/pages/fordemo/fordemo',
```

```
    })
  },
  onLoad:function(options){
    // 页面初始化 options 为页面跳转所带来的参数
  },
  onReady:function(){
    // 页面渲染完成
  },
  onShow:function(){
    // 页面显示
  },
  onHide:function(){
    // 页面隐藏
  },
  onUnload:function(){
    // 页面关闭
  }
})
```


运行代码，显示首页，可以看到如图 3-5 所示的页面，这个过程依次触发了小程序的 OnLaunch 函数、onShow 函数和页面的 onLoad 函数、onShow 函数、onReady 函数。

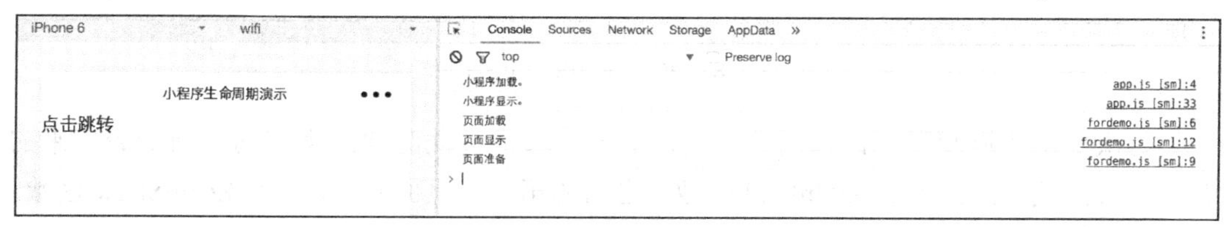

图 3-5　显示首页

单击“点击跳转”按钮，将跳转到新的 binddemo 页面。此时，第一个页面被隐藏，触发 onHide 函数，如图 3-6 所示。

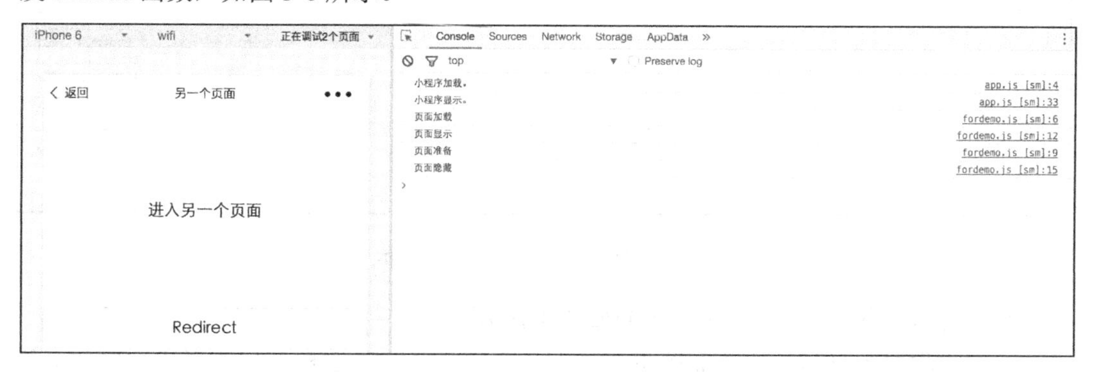

图 3-6　第一个页面被隐藏

单击“返回”按钮，回到之前的第一个页面，可以看到该页面的 onShow 函数再次被触发，如图 3-7 所示。

如果在第二个页面（binddemo）中，不是使用“返回”按钮返回第一个页面，而是单击页面上的“Redirect”按钮，重定向到第一个页面，则第一个页面加载时，会依次触发 onLoad 函数、onShow 函数、onReady 函数，如图 3-8 所示，相当于新建了一个页面，但原来的页面还保留在栈中，不会销毁。

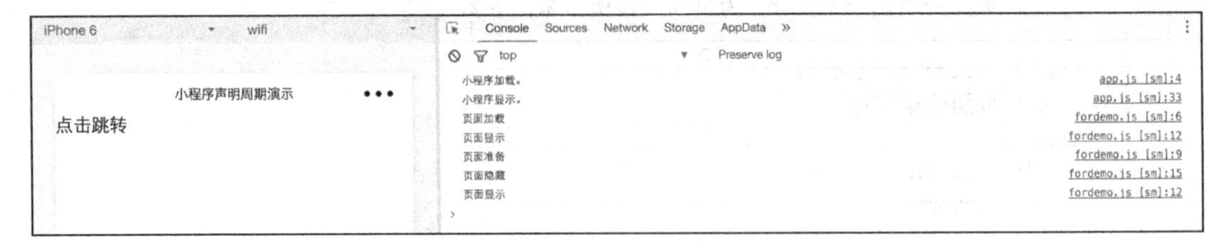

图 3-7　返回到第一个页面

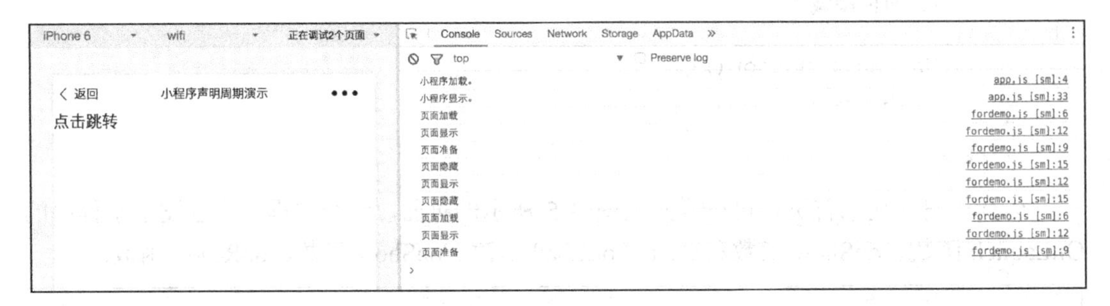

图 3-8　重定向到第一个页面

再次单击“返回”按钮，离开新建的第一个页面，此时通过重定向，新加载出来的第一个页面被销毁，触发 onUnload 函数，之前的第一个页面被显示，触发 onShow 函数，如图 3-9 所示。

图 3-9　新页面销毁，原页面显示

综上所述，小程序页面的生命周期如图 3-10 所示。

关于小程序本身和具体页面的生命周期函数的介绍就是这样。理解了小程序生命周期的变化过程，读者就能在开发时注册必要的监听函数，设计出更加便于用户使用的小程序。

学习了第一部分关于小程序的介绍，相信读者已经对小程序有了初步的认识，接下来，就让我们进入小程序的开发阶段吧！

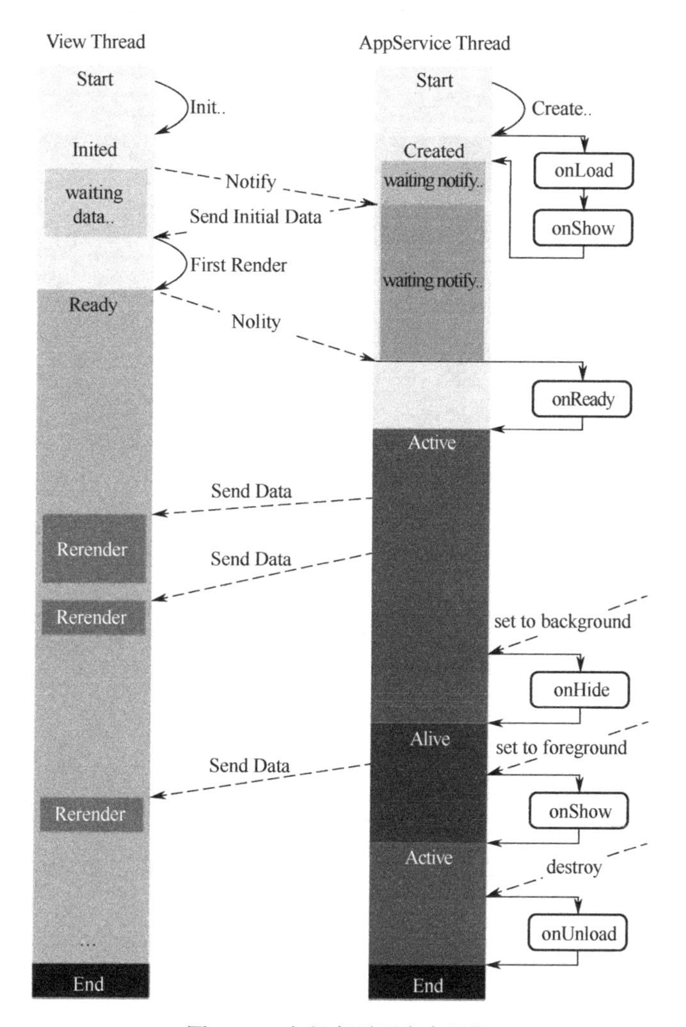

图 3-10　小程序页面生命周期

Part 2

第二部分

开发设计小程序

第 4 章　初次上手

第 5 章　一个叫 Hello World 的小程序

第 6 章　小程序结构详解

第 7 章　小程序的基本组件

第 8 章　小程序编程接口（API）详解

第 9 章　小程序和后台服务器数据交互实例

第 10 章　小程序的安全及性能

第4章 初次上手

正所谓“工欲善其事，必先利其器”。作为一名“准”小程序工程师，我们先要做好开发之前的准备工作，以方便更快地进入开发的正式流程，快速地上手开发。所以，在本章中，首先介绍小程序开发的前期准备工作，完成开发前所必须准备的账号管理和开发工具部署。同时，在本章的学习中，读者也可以对开发者工具的基本页面有简单的了解。

4.1 注册小程序账号

以前，需要为小程序单独进行账户的申请注册。现在，对于在微信平台上已经有已认证的企业类型公众号的开发者来说，可以复用公众号的主题信息，快速注册小程序，无须再提交主体材料或者对公打款。

4.1.1 已认证公众号快速获取小程序

对于已认证的企业类型公众号，可以使用公众号快速完成小程序的注册，无须再进行额外注册、认证等操作。

微信为了方便公众号快速介入小程序，并在各功能中使用小程序的服务，上线了复用公众号资质注册小程序流程。我们可以快速注册认证小程序，无须重新提交主体材料、无须对公打款、无须支付 300 元的认证费用。已认证的企业类型公众号一个月可以复用资质注册 5 个小程序。但也有一些相关规则约束，复用资质创建的小程序默认与该公众号关联，不下发模板消息，不默认出现在公众号资料页面；如果公众号存在待完成注册的小程序，也不可发起复用资质创建小程序。小程序的开发者限定为公众号主体，可以选择公众号运营者作为小程序的管理员。通过使用复用认证资质创建的小程序，在完成注册后便是“已认证”状态。

在公众号关联小程序时，可选择向粉丝下发通知消息，粉丝点击该消息可以打开小程序。该消息不占用原有群发条数，如图 4-1 所示。

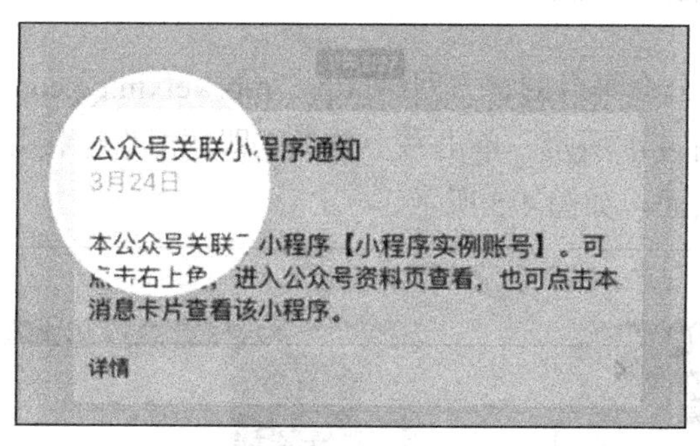

图 4-1　公众号关联小程序通知

下面，我们来看看如何快速注册和认证小程序吧！

首先，通过微信公众号平台，登录已有的认证公众号，依次选择“小程序→小程序管理→添加→快速注册并认证小程序”，如图 4-2 所示。

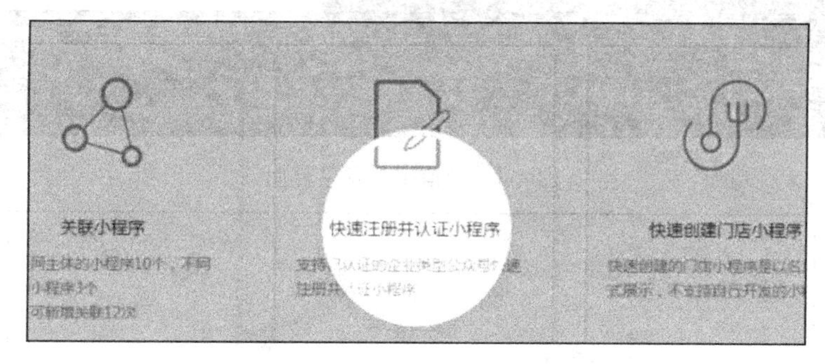

图 4-2　快速注册并认证小程序

在网页显示快速创建小程序说明之后，阅读相关协议并同意协议。随后需要使用管理员账号扫码。在完成小程序注册的资料填写（包括选择快速创建小程序的资质和填写小程序账号信息）之后，通过邮箱激活小程序，并绑定小程序管理员，这样，申请创建过程就完成了。以上流程所创建注册的小程序，无须再走打款验证的流程，创建后的小程序如图 4-3 所示。

图 4-3　小程序详情

4.1.2 个人/企业注册小程序

首先，登录到微信公众平台的官方网站https://mp.weixin.qq.com/，这是进行小程序开发时最重要的网站，如图 4-4 所示。单击右上角“立即注册”链接并单击“小程序”进入微信小程序的申请登录页面，如图 4-5 所示。

图 4-4 微信平台登录界面

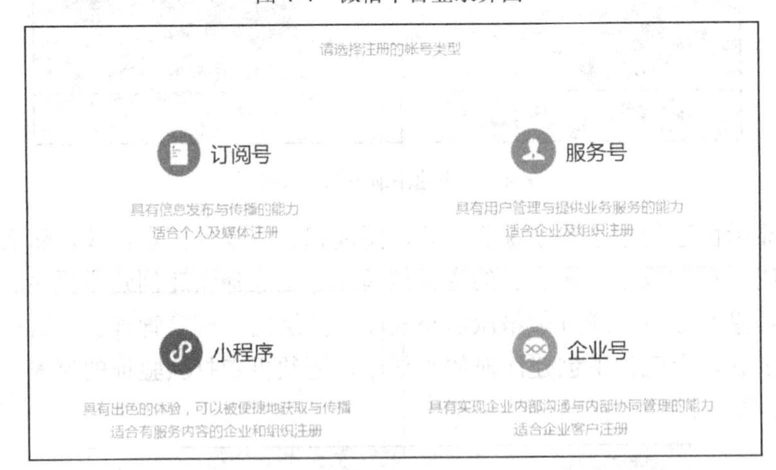

图 4-5 微信平台功能选择界面

然后进入小程序的注册环节，如图 4-6 所示，此处需要按照网页提示输入必要的注册信息，需要注意的是，每个邮箱仅能申请一个小程序。填写完成后，勾选“你已阅读并同意《微信公众平台服务协议》及《微信小程序平台服务协议》”，并单击“注册”按钮，如图 4-7 所示。

单击“注册”按钮之后，小程序网站会发送一封确认邮件到注册邮箱，如图 4-8 所示，用户需要通过邮箱中的确认邮件对申请注册的公众平台账号进行激活。如果没有收到邮件，可以进行重新发送或者返回之前的资料填写页面检查填写的信息是否正确，如图 4-9 所示。

小程序注册

① 帐号信息　② 邮箱激活　③ 信息登记

每个邮箱仅能申请一个小程序

已有微信小程序？立即登

邮箱

作为登录帐号，请填写未被微信公众平台注册，未被微信开放平台注册，未被个人微信号绑定的邮箱

密码

字母、数字或者英文符号，最短8位，区分大小写

确认密码

请再次输入密码

验证码　换一张

你已阅读并同意《微信公众平台服务协议》及《微信小程序平台服务条款》

注册

图 4-6　注册界面

图 4-7　注册填写完成

图 4-8　邮箱提醒

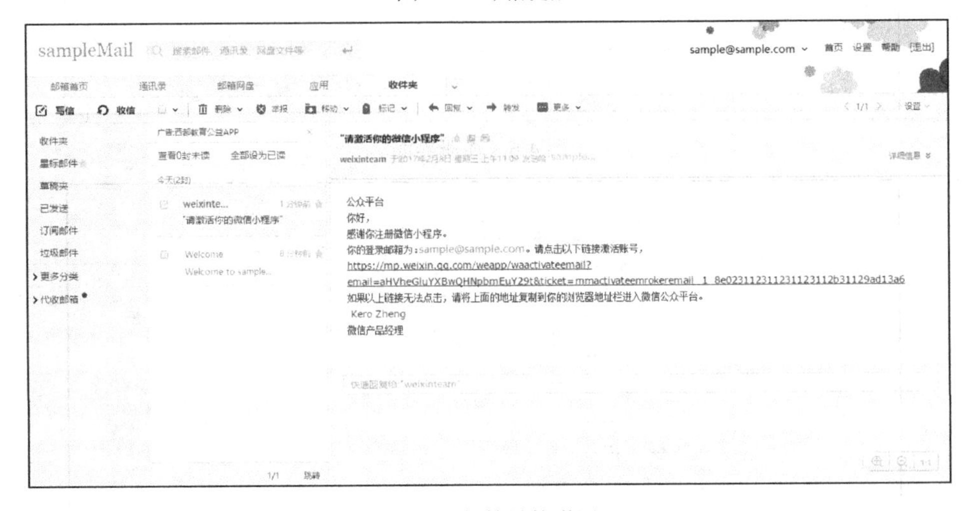

图 4-9　邮箱链接激活

单击邮件中的激活链接之后，便进入小程序的用户信息登记页面，需要进行小程序账号的信息认证。选择需要注册的主体类型时，需要按照不同的注册身份选择对应的主体类型，如图 4-10 所示。

官方提供的可供选择的主体类型有 5 种，每种类型的具体说明如表 4-1 所示。

2017 年 3 月 21 日，小程序平台开放了个人身份的小程序申请注册。个人用户通过访问微信公众平台，扫码验证个人身份后，可完成小程序账号申请并进行代码开发。个人类型是由自然人注册和运营的公众账号，如图 4-11 所示。但个人类型相比于企业等主体类型，还有部分功能无法使用（包括微信认证、微信注册等）。

个人用户进行申请注册的过程与企业申请过程类似，但简单得多。完成邮箱激活之后，在主体类型中选择个人，填写主体相关资料，并用绑定主体银行卡的微信扫描二维码进行验证，个人申请就可以通过了。

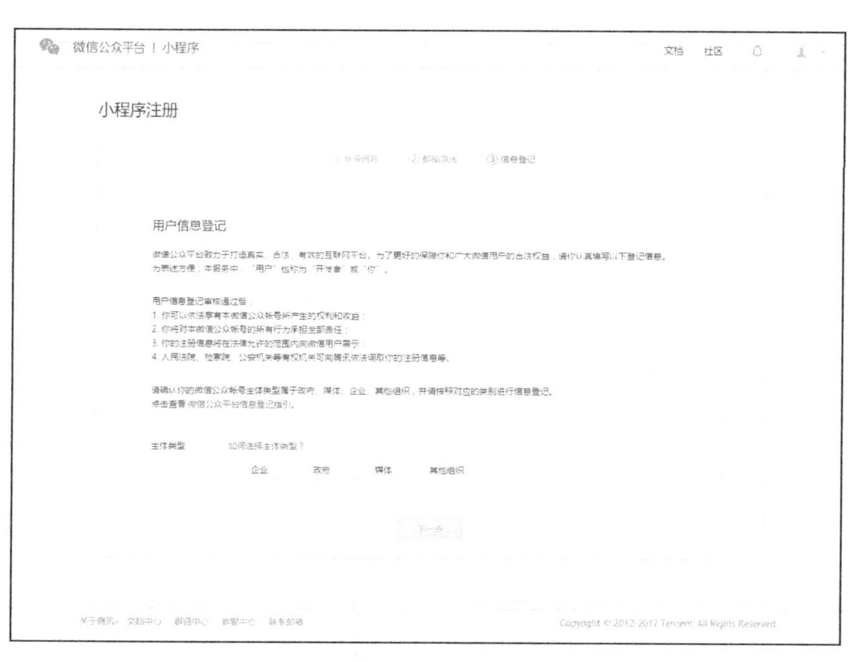

图 4-10　主体类型选择

表 4-1　主体类型说明

账号主体类型	说　明
企业及个体工商户	企业、企业的分支机构及相关品牌/个体工商户经营者
政府	国内的各级政府机构、各类事业单位和具有行政职能的社会组织等，主要涵盖范围有公安机关、党团机构、司法机构、交通机构、旅游机构、工商税务机构及市政机构等
媒体	报纸、杂志、电视、电台及其他媒体
其他组织	不属于企业、政府、媒体或个人的类型
个人（新增加）	自然人注册和运营的公众账号

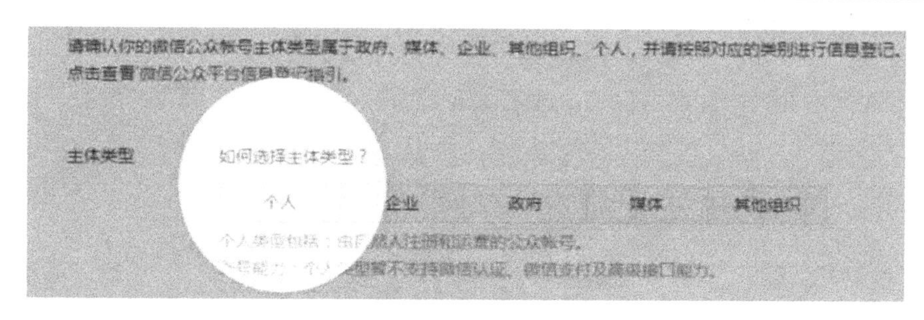

图 4-11　个人主体类型

选择主体类型之后单击“下一步”按钮，进入信息填写页面。信息填写页面由 3 个部分组成，分别是用户信息登记、主题信息登记和管理员信息登记。

用户信息登记显示的是已确认的主体类型，如图 4-12 所示。

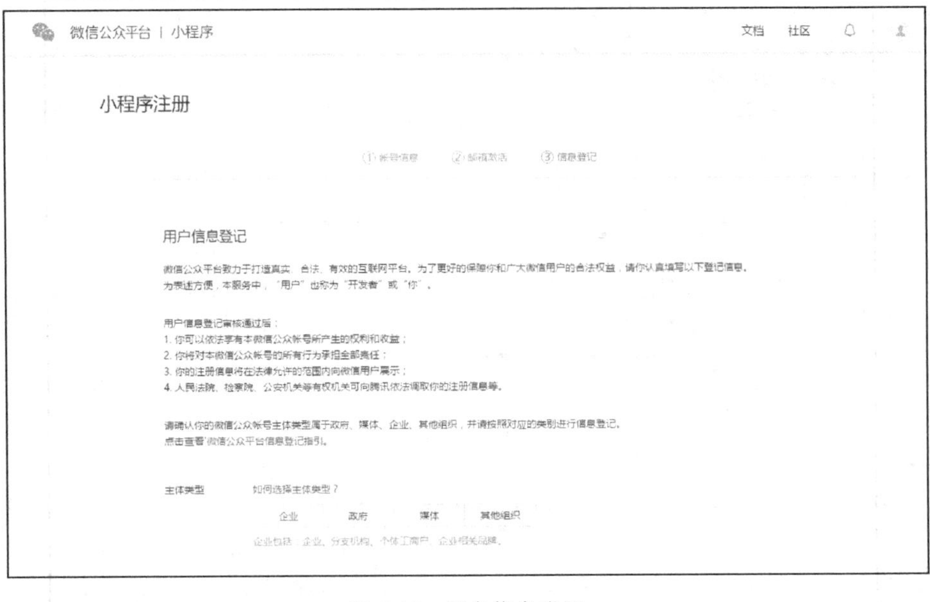

图 4-12　用户信息登记

主体信息登记部分，需要根据自己的实际信息进行信息登记，如图 4-13 所示。企业用户需要填写营业执照注册号，同时，企业类型账号有两种注册方式：一是向腾讯公司小额打款验证，该认证方式需要通过微信认证验证主体身份，同时需要支付 300 元认证费用；

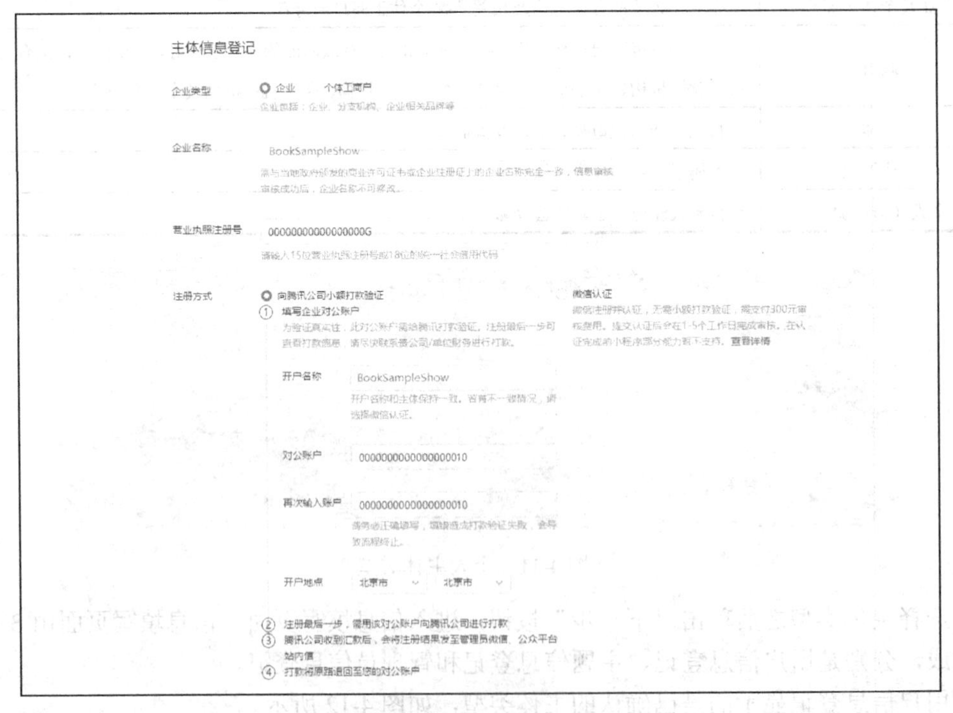

图 4-13　主体信息登记

二是填写企业对公账户，需要用到公司的对公账户向腾讯公司打款来验证主体身份，打款信息在提交主体信息后可以查看到。以上两种认证方式，在通过审核和认证之前，我们虽然能够进行小程序的开发，但都不可以完全地使用小程序平台的所有功能。

而媒体、政府及其他组织类型的账号，需要通过微信认证来验证主体身份。微信认证的入口在“登录小程序→设置→微信认证详情”中。此处以“企业－企业”对公账户为例进行小程序的申请注册工作。

第三部分是管理员信息登记，需要如实填写小程序的管理员身份，如图 4-14 所示。

图 4-14　管理员信息登记

在填写完全部内容之后，单击“继续”按钮，网页会自动弹出提示窗口。提示主体信息提交后不可更改，如图 4-15 所示。所以需要认真填写，同时在提交前进行仔细核查。

图 4-15　提示提交后不可更改

在单击“确定”按钮提交主体信息之后，网页会弹出企业打款的提示信息，需要用户在 10 天之内完成打款，如图 4-16 所示。

图 4-16　企业打款提示

最后进入打款信息的详细页面，需要用户填写汇款账号，同时记录下收款账号信息，并在 10 天内完成汇款，如图 4-17 所示。

图 4-17　填写汇款信息

单击“已完成打款验证”按钮之后，小程序的申请注册过程就完成了，然后只需要静静等待认证审核通过即可。

在完成注册之后，为了让我们的资料更加完整，也让小程序更加美观，还可以补充小程序名称信息、上传小程序头像、填写小程序介绍和选择服务范围等。

4.2 开始前的准备

现在，我们已经拥有了一个小程序的账号，但这还远远不够，接下来，还需要通过小程序账号对小程序进行开发管理，创建真正可用的小程序。微信提供了极为简便的开发者工具，即使没有任何开发经验的用户也可以迅速创建自己的小程序。但是，如果想创建属于自己的专属小程序，实现独特需求，建立功能更强大、更复杂的小程序，就需要自己下载小程序开发者工具来进行开发了。

4.2.1 快速创建门店小程序

微信公众平台在 2017 年 4 月新增了快速创建小程序的功能。在公众平台里可以快速创建门店小程序。运营者只需要简单填写自己企业或者门店的名称、简介、营业时间、联系方式、地理位置和图片等信息，不需要复杂的开发，就可以快速生成一个类似店铺名片的小程序，并支持放在公众号的自定义菜单、图文消息和模板消息等场景中使用，如图 4-18 所示。

图 4-18　快速创建门店小程序

在公众平台后台申请开通后即可支持快速生成门店小程序，如图 4-19 所示。

图 4-19　快速生成小程序

如果已经开通了门店管理功能，我们可以在公众平台将其升级为门店小程序，如图 4-20 所示。

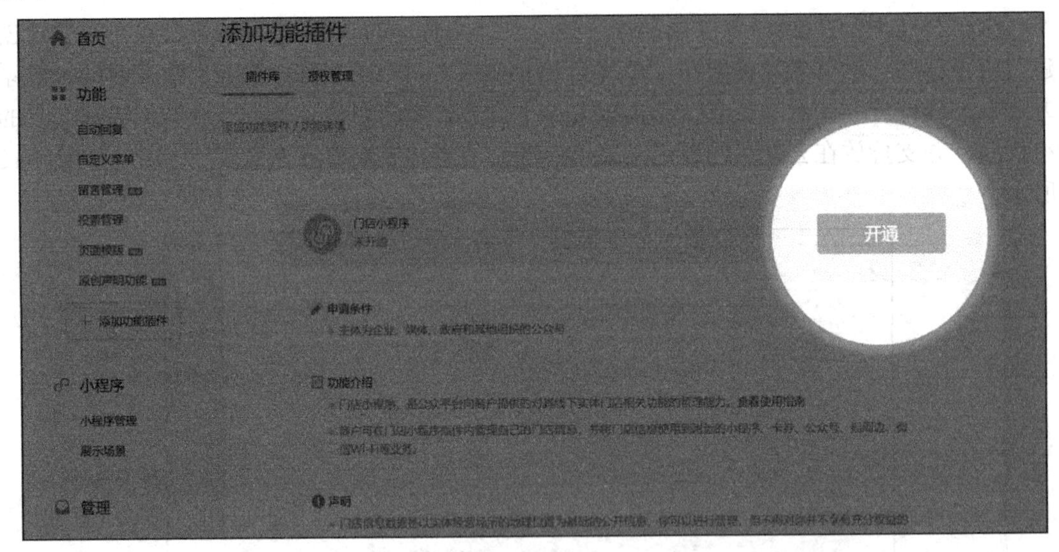

图 4-20　快速升级为门店小程序

4.2.2　获取小程序开发者工具

如果不具备前面介绍的快速创建小程序的条件，或者想要完全重新开发小程序，那么，我们就从头开始。首先，需要下载安装微信官方的开发者工具。打开微信官方网站，登录已有的微信公众平台小程序账号，进入“用户身份→开发者”的选项，在这里可以进行开发者管理，新增绑定开发者，可以向自己或者其他开发者的微信账号发送绑定为管理员的申请。已认证的小程序可以绑定不多于 20 个开发者，未认证的小程序可以绑定不多于 10

个开发者。另外，在“设置→开发设置”中，可以获取到小程序项目的 AppID 信息，需要将它记录下来，在后期开发中它是开发者工具连接的唯一凭据。

开发者在微信客户端收取绑定邀请并确认后，就可以在本地进行开发和预览了。开发者获取本地开发者工具可以在小程序官方网站中的“开发→工具”页面（如图 4-21 所示）进行下载，提供 Windows 64、Windows 32 和 Mac 三种操作系统的工具下载。下载地址为 https://mp. weixin.qq.com/debug/wxadoc/dev/devtools/download.html。

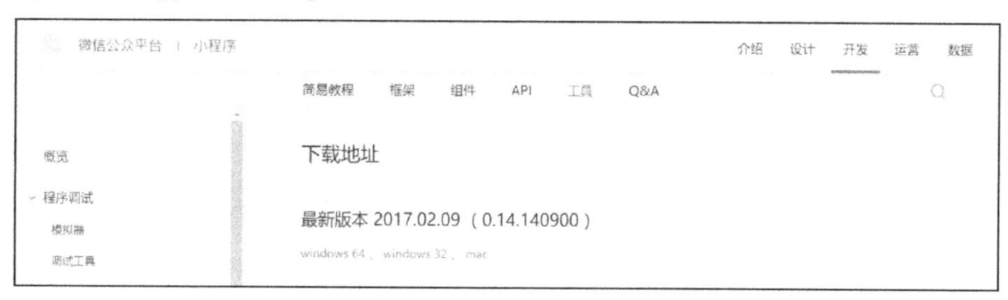

图 4-21　开发者工具下载界面

下载并完成安装之后，使用开发者工具的管理员或者绑定的开发者可通过手机微信扫码进行登录，登录后就可以进入调试类型页面，开始本地小程序的项目调试，如图 4-22 所示。

小程序的管理员或已绑定的开发者可以创建项目，这里就需要用到之前记录的 AppID 了。我们需要填写项目名和项目的本地存储目录，如图 4-23 所示。小程序项目先在本地进行开发编译，完成后再进行发布。

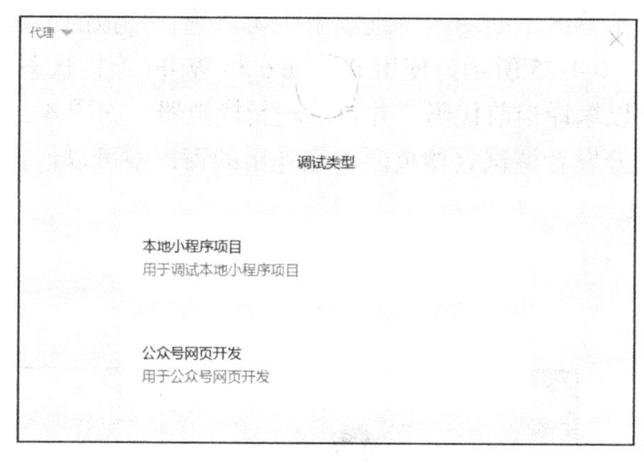

图 4-22　开发者工具调试界面

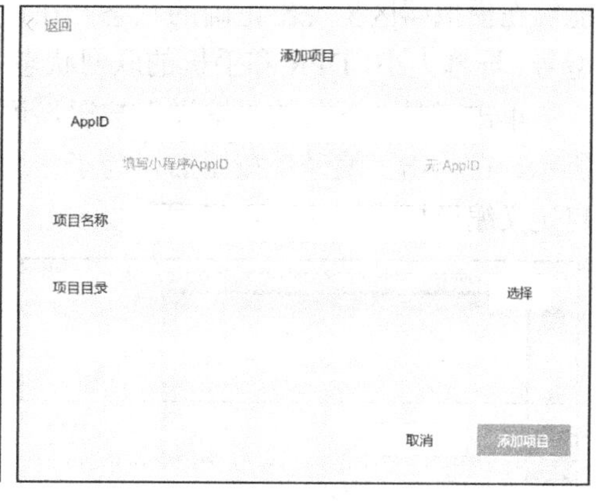

图 4-23　添加项目

4.3　开发者工具的使用

微信为小程序开发者提供了统一的开发者工具，它集成了开发调试、代码编辑及程序发布等功能。在这里，我们会对开发者工具页面的主要部分进行简单介绍，如图 4-24 所示。

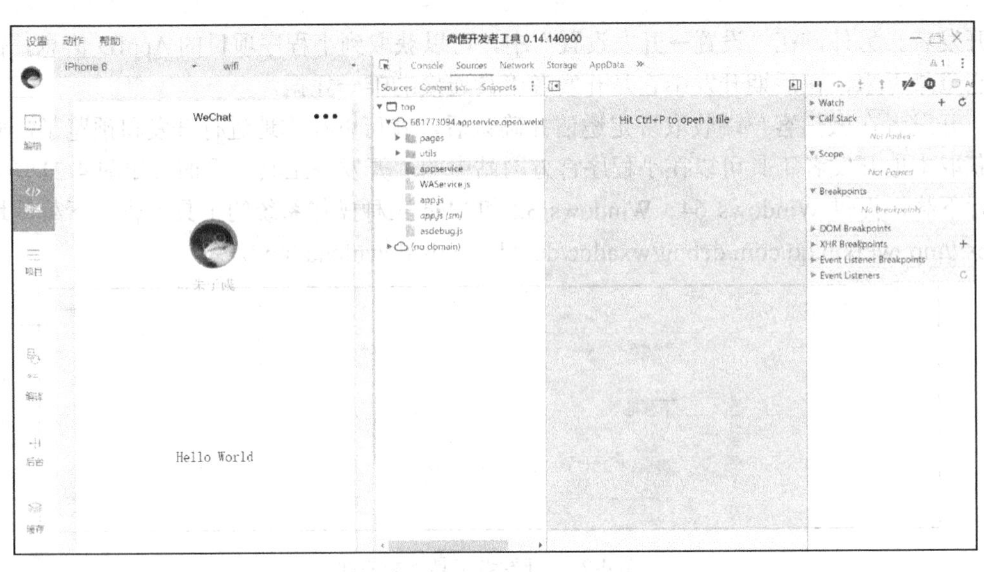

图 4-24　开发者工具

小程序开发者工具页面主要有三大功能区：模拟器区、调试工具区和小程序操作区，下面分别进行介绍。

1. 模拟器区

页面左侧为模拟器区，模拟微信小程序在客户端真实的逻辑表现，绝大部分的 API 均能够在模拟器区呈现出正确的状态。在模拟器区上面的两个选项卡中可以选择模拟的手机型号、屏幕大小、DPR 和手机的联网状态。图 4-25 所示为使用 iPhone 6 和 Wi-Fi 连接状态。

单击工具左下角的“编译”按钮，可以编译当前代码，并自动刷新模拟器，如图 4-26 所示。在单击“编译”按钮后，为了帮助开发者调试具体页面，在弹出的窗口中可以选择自定义编译模式，如图 4-27 所示。

图 4-25　模拟器区

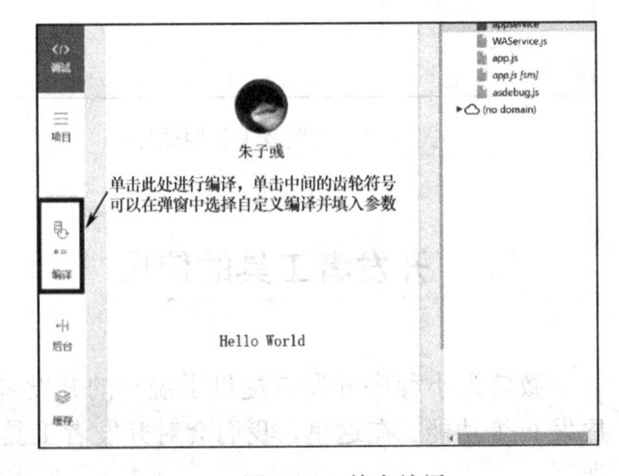

图 4-26　单击编译

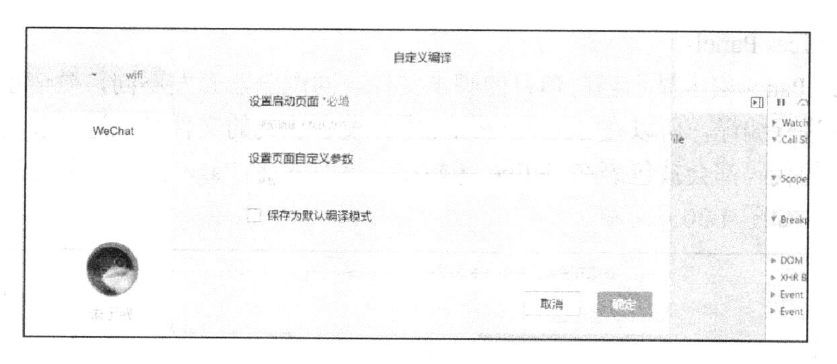

图 4-27　自定义编译

2. 调试工具区

调试工具区分为七大功能模块，分别是 Wxml、Sources、Network、AppData、Storage、Console、Sensor，分别处于图 4-28 所示位置的选项卡中。

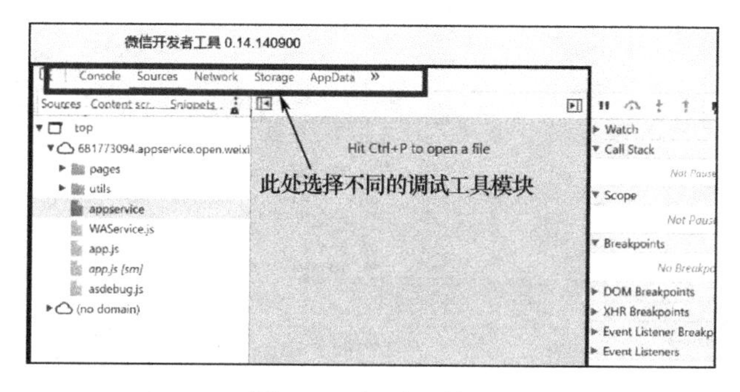

图 4-28　调试工具区

（1）Wxml Panel

Wxml Panel 用于帮助开发者开发 WXML 转化后的界面。在这里可以看到真实的页面结构及结构对应的 WXSS 属性，同时可以通过修改对应 WXSS 属性，在模拟器中实时看到修改的情况。通过调试模块左上角的选择器，还可以快速找到页面中组件对应的 WXML 代码，如图 4-29 所示。

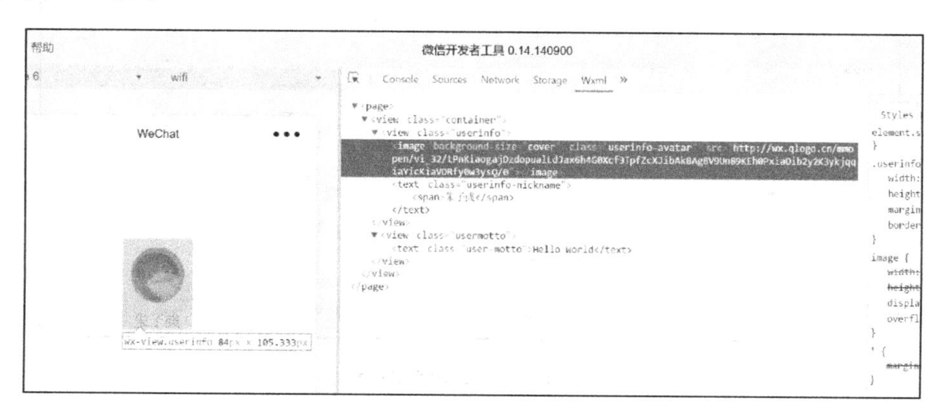

图 4-29　Wxml Panel

（2）Sources Panel

Sources Panel 用于显示当前项目的脚本文件，同浏览器开发不同，微信小程序框架会对脚本文件进行编译，所以在 Sources Panel 中开发者看到的文件是经过处理之后的脚本文件，开发者的代码都会被包裹在 define 函数中，并且对于 Page 代码，在尾部会有 require 的主动调用，如图 4-30 所示。

图 4-30　Sources Panel

（3）Network Panel

Network Panel 用于观察和显示 request 和 socket 的请求情况，如图 4-31 所示。

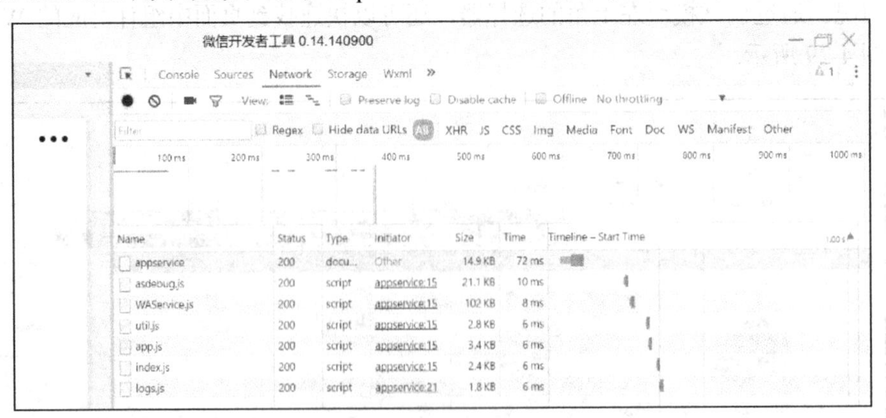

图 4-31　Network Panel

（4）AppData Panel

AppData Panel 用于显示当前项目当前时刻 AppData 的具体数据，实时地反馈项目数据情况，可以在此处编辑数据，并及时地反馈到页面上，如图 4-32 所示。

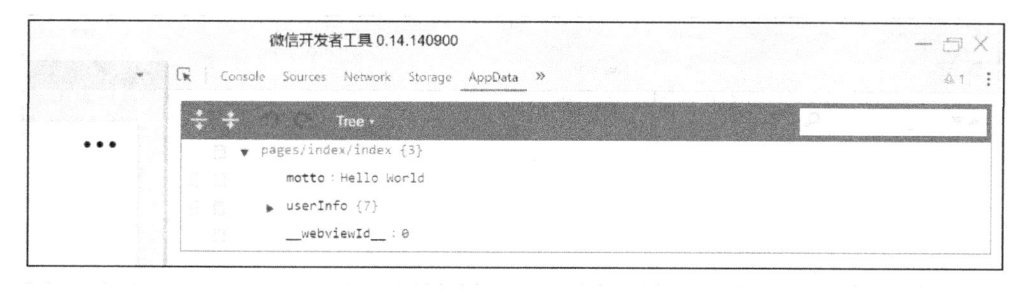

图 4-32　AppData Panel

（5）Storage Panel

Storage Panel 用于显示当前项目使用 wx.setStorage 或者 wx.setStorageSync 后的数据存储情况，如图 4-33 所示。

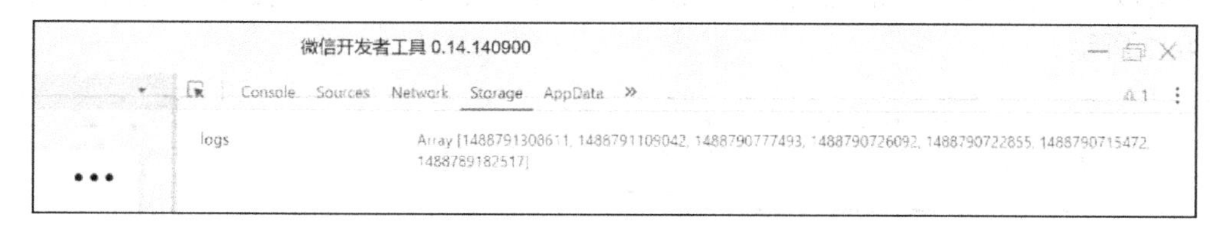

图 4-33　Storage Panel

（6）Console Panel

Console Panel 主要包括两大功能，代码输入和报错信息，如图 4-34 所示。

图 4-34　Console Panel

开发者可以在 Console Panel 中进行调试代码的输入，如图 4-35 所示。

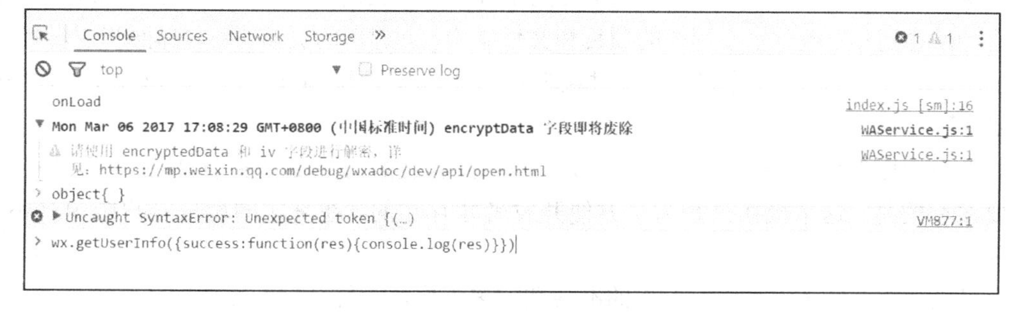

图 4-35　调试代码输入

同时，小程序的报错信息也会在此处显示，如图 4-36 所示。

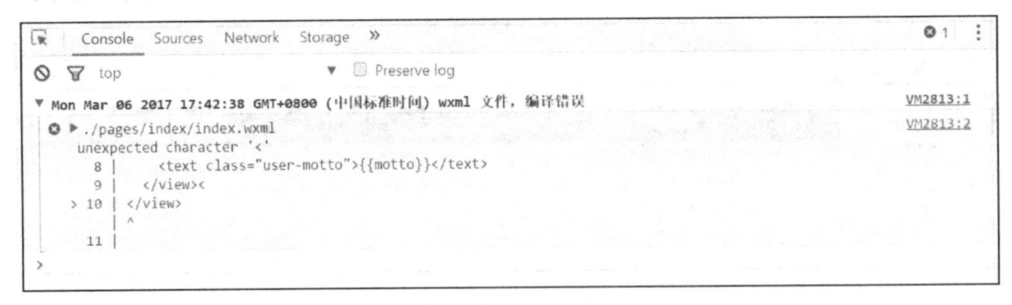

图 4-36　报错信息

（7）Sensor Panel

Sensor Panel 主要包括两大功能，一是调节手机所处位置的经纬度，对手机地理环境进行模拟；二是调节手机的摆放位置，模拟移动设备表现，可用于调试重力感应 API，如图 4-37 所示。

图 4-37　Sensor Panel

3. 小程序操作区

除了模拟器区、调试工具区，更主要的是开发者工具的编辑界面，如图 4-38 所示，在这里可以看到并更改整个小程序的项目和文件结构，创建新的页面，编写界面和逻辑代码，实现功能。这里编辑小程序包含的文件类型包括 wxml、js 和 json 等，是编辑开发小程序的主要区域。

当小程序使用了多个窗口时，可以在顶部操作区进行页面切换，如图 4-39 所示。需要注意的是，这个操作只是为了方便开发者才存在的，在真实的微信客户端中是不存在的。

以上内容介绍了小程序开发前的准备和部署工作，做好了这些前期准备，熟悉了开发者工具的基础功能之后，就可以开始尝试项目的编写和调试了。

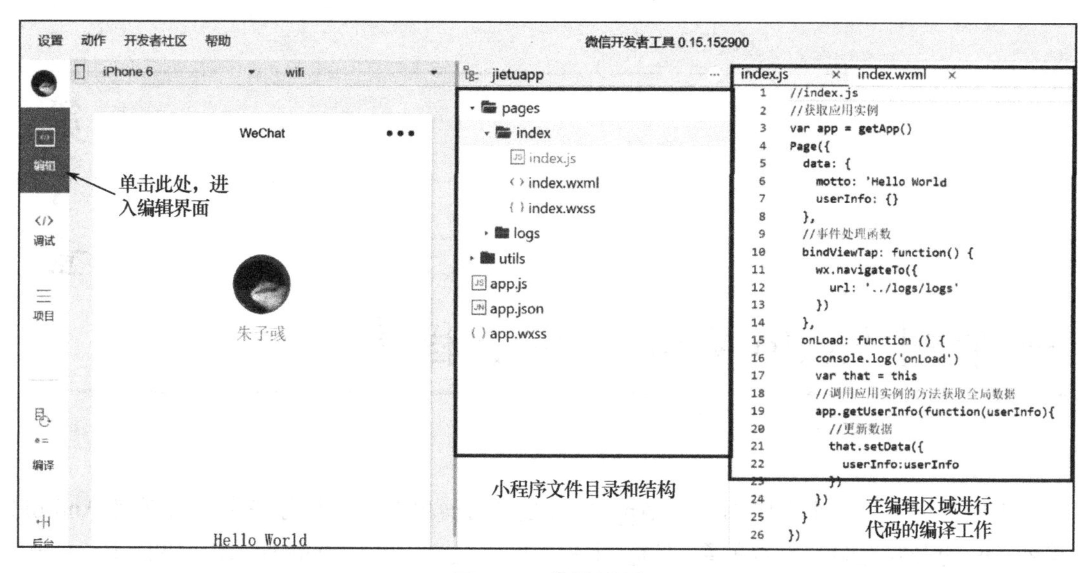

图 4-38 编辑界面

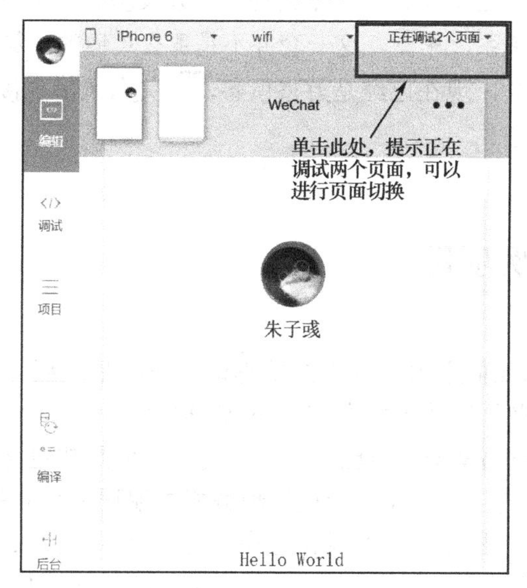

图 4-39 页面切换

第5章 一个叫 Hello World 的小程序

正如前文所述，小程序相比于 App 来说是非常简单的。哪怕你完全没有任何 Android 或者 iOS 的开发经验都没有关系。但是，小程序的开发方式和网页的 HTML+CSS+JavaScript 这一套比较像，因此最好还是要有一点相关的网页开发基础。不过，即使没有相关基础或者说是不太熟悉也没有关系，毕竟，这一套并不是那么难懂的。第 4 章我们熟悉了小程序的账号申请及开发者工具，现在已经是万事俱备，只欠东风了。接下来，就让我们真正地开始编写第一个小程序吧！

5.1 创建示例项目

按照惯例，每次当我们学习一种新的编程语言或者是编程工具时，往往都是从一个叫 Hello World 的文件或者项目开始的。Hello World 非常简单，一般来说也就仅仅是向输出设备输出一行文本 Hello World 而已。它虽然简单，但是却包含了一种新的编程语言或者编程工作最基本的结构，能够让我们很快理解相关编程工具的基本实现方式。在这里，我们也不例外，第一个小程序，我们就让它在屏幕上显示一行 Hello World 吧！

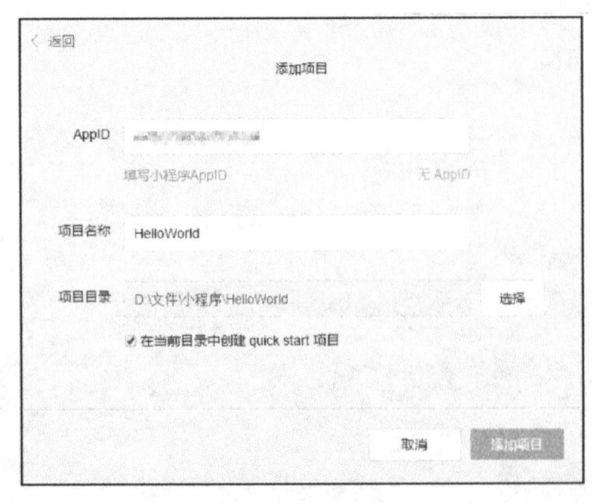

图 5-1　添加新项目

打开微信 Web 开发者工具，使用手机微信扫描二维码登录后，选择“本地小程序项目”，用于在本地创建代码文件并调试。接下来，填写项目相关信息，单击“添加项目”按钮，如图 5-1 所示。

其中，AppID 来自微信公众平台后台，如果没有，可以选择“无 AppID”方式，不过无 AppID 的方式不允许对代码进行上传操作，其余在本地开发的功能都没有限制，“项目名称”和“项目目录”按照自己的实际情况填写即可。“在当前目录创建 quick start 项目”选项是默认勾选的，考虑到是第一次上手使用，就不去动它。接下来，单击“添加项目”按钮，进入开发者工具页面，如图 5-2 所示。在页面左侧，一个小程序的预览页面已经开始加载。因为我们使用了 AppID，所以会出现登录允许授权请求，单击“允许”按钮，就能在计算机上看到第一个小程序的预览页面了。

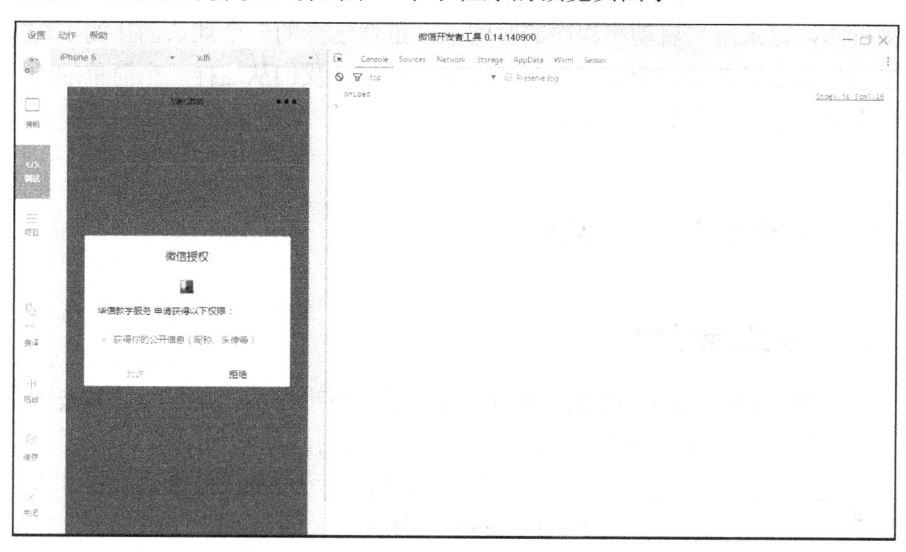

图 5-2　开发者工具页面

可以发现，图 5-3 所示的页面上已经出现了 Hello World 字样，而且还有刚刚登录的用户的头像和昵称。如果能看到这个画面，那么恭喜你，我们的第一个小程序已经成功地完成了。

或许你会奇怪，我们明明一行代码都还没有编写，一个小程序怎么就完成了呢？还记得之前默认勾选的那个 quick start 选项吗？这个选项的意思是，如果勾选，那么开发者工具将会自动创建一个简单的小程序，如果不勾选，那就会创建一个空白的项目。因此，微信开发者工具已经为我们创建了一个能够在页面上显示当前用户头像、昵称，以及输出一行 Hello World 的小程序。单击页面中的头像部分，还能看见一个新的“查看启动日志”的页面，如图 5-4 所示。

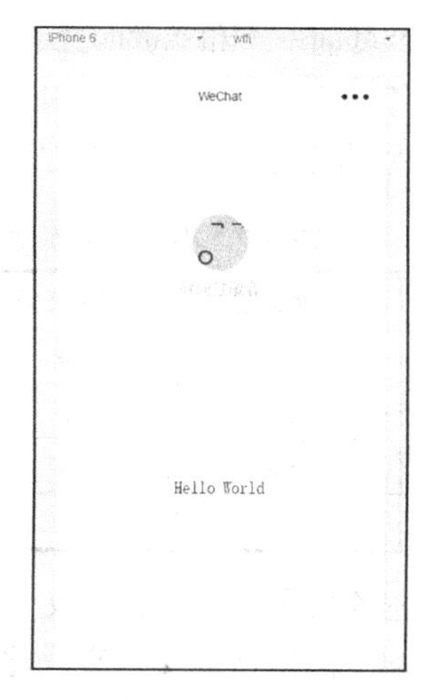

图 5-3　小程序预览

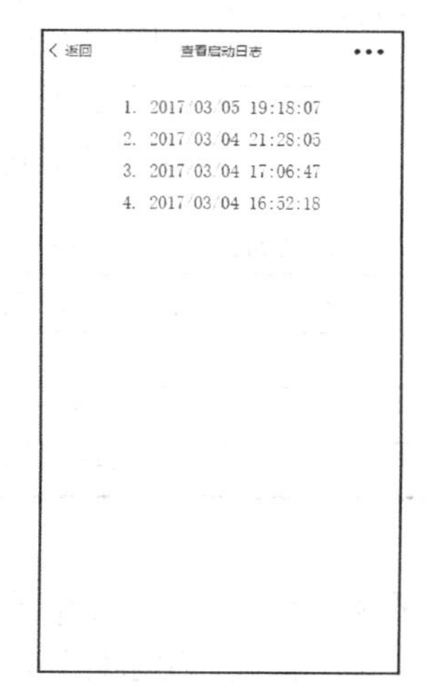

图 5-4　查看启动日志

这个页面中，显示的是启动小程序的时间戳，图 5-4 中共显示了记录的 4 条启动日志。单击“返回”按钮，就又回到了图 5-3 所示的页面。因此，这个默认创建的小程序，其实就只有两个页面。一个页面显示用户头像、昵称和文本 Hello World，另一个页面显示小程序的启动日志，记录用户启动小程序的时间点。虽然这样的一个默认创建的小程序看起来十分简单，但是它包含了一个小程序的基本要素，就让我们从这样一个简单的项目开始，来研究一下小程序是怎么实现的吧！

5.2　代码文件目录结构

5.2.1　小程序的目录结构

在开始探究 Hello World 的实现之前，先来看看小程序的通用目录结构及各文件的作用。以当前的 Hello World 小程序为例，Hello World 的目录结构如图 5-5 所示。

HelloWorld
pages
index
index.js
index.wxml
index.wxss
页面一
logs
logs.js
logs.json
logs.wxml
logs.wxss
页面二
utils
util.js
公共代码
app.js
app.json
app.wxss
全局文件

图 5-5　工程文件结构

小程序包含描述整体程序的 app 全局文件和多个描述各自页面的 pages 文件夹。

描述整体程序的 app 文件部分由 3 个文件组成，分别是 app.js、app.json、app.wxss。必须放在项目的根目录中，其作用如表 5-1 所示。

除这 3 个文件构成了小程序的主体外，小程序还需要描述各页面的文件。如图 5-5 所示，pages 目录下的 index 文件夹和 logs 文件夹就代表了两个页面。每个小程序页面由 4 个文件组成，如表 5-2 所示。

需要注意的是，用于描述页面的这 4 个文件，必须具有相同的文件名及路径。为了方便代码的阅读，推荐开发者将这4个文件的文件名命名为包含这4个文件的文件夹的名字。例如，在图 5-5 中，“页面一”和“页面二”中文件的文件名，都和其所属文件夹名保持了一致。这样的话，小程序在编译时，就能自动地寻找到相关文件，并正常运行。

表 5-1　app 全局文件组成说明

文　件	是否必须	作　用
app.js	是	小程序逻辑
app.json	是	小程序公共设置
app.wxss	否	小程序公共样式表

表 5-2　小程序页面文件类型说明

文件类型	是否必须	作　用
js	是	页面逻辑
wxml	是	页面结构
wxss	否	页面样式表
json	否	页面配置

除以上提到的描述整体程序的 app 和多个描述各自页面的 pages 文件之外，小程序还根据需要，有一些用于存放公用事件处理代码的全局 js 文件的文件夹，比如本例中的 utils 文件夹，以及存放小程序资源（如 image 素材等）的文件夹。这些都可以灵活地配置，并

且在需要时通过相对路径的方式进行访问。

小程序的整体目录结构还是非常简单和清晰明了的。现在，有了一个大概的了解，我们就趁热打铁，探究 Hello World 的具体实现吧！

5.2.2 探究 Hello World 的实现

想要探究 Hello World 的实现，就要了解页面上我们看到的每个部分到底是怎么出现的。在开发者工具左侧切换到“编辑”选项，就能看到如图 5-6 所示的项目工程文件及相关文件的编辑页面。

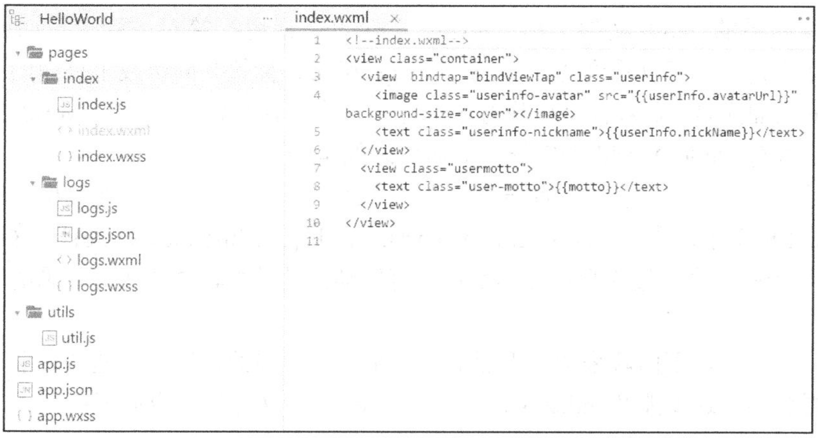

图 5-6 开发者工具编辑页面

小程序的结构其实和传统的网站建设 HTML+CSS+JavaScript 这一套非常相似，在图 5-6 的目录及文件中，可以看到以下 4 种文件类型：js 文件、wxml 文件、wxss 文件和 json 文件。其中，js 文件就是我们熟知的 JavaScript 文件，它用来定义函数、数据，处理页面逻辑等；wxml 文件和 wxss 文件则类似于 html 和 css 文件，分别用于编写页面显示的元素及使用相关样式对元素进行美化；json 文件用来存储一些与页面定义相关的数据，例如页面标题、导航栏风格、全局页面注册等。每种文件的具体内容和作用在后面再进行完整的讲解，现在先来看一下目前这个项目文件中的内容都代表什么意思，以及它们是怎样组合成小程序的。

目前，我们知道这个示例小程序共有两个页面，一个是一启动我们就能看见的带有用户信息和 Hello World 文字的“首页”，一个是记录了所有启动小程序时间戳的“日志页”。这两个页面，分别对应的就是 pages 文件夹下的 index 文件夹和 logs 文件夹。

1. index 文件夹

首先来看 index 文件夹下面的 3 个文件。从最直观的编辑页面显示的内容开始，index.wxml 文件的内容如下：

```
<!--index.wxml-->
<view class="container">
  <!--用于展示用户头像和昵称的 view-->
```

```
    <view  bindtap="bindViewTap" class="userinfo">
      <!--显示用户头像-->
      <image class="userinfo-avatar" src="{{userInfo.avatarUrl}}" background
                                                        -size="cover"></image>
     <!--显示用户昵称-->
     <text class="userinfo-nickname">{{userInfo.nickName}}</text>
   </view>
   <!--用于显示文本"Hello World"的 view-->
   <view class="usermotto">
     <text class="user-motto">{{motto}}</text>
   </view>
 </view>
```

和大家熟悉的 html 文件一样，wxml 文件也是使用标签对来标记页面元素的。在 index.wxml 文件中，可以看到几个 view、image 和 text 标签共同组成了页面的相关内容。它们对应的页面元素已经在注释中进行了标注。在本应该是输出 Hello World 文本的 text 标签中，却没有 Hello World 的字样，取而代之的是一个{{motto}}的标记。这其实是一种接收后端数据，并动态在前端进行渲染显示的方式。同样地，我们也在输出头像和昵称的 image 和 text 标签中，看到了{{userInfo.avatarUrl}}和{{userInfo.nickName}}，这样的标记表明 "{{}}" 中的内容是接收自后端的数据，可以动态地改变，这和我们熟悉的动态网站开发非常相似。

谈到动态更新，下面就来看一下后端代码是如何编写的，以及这些送往前端显示的数据是怎么得到的。这就涉及 index.js 这个文件，index.js 文件的内容如下：

```
//index.js
//获取应用实例
var app = getApp()
//Page 函数，接收一个 object 参数
Page({
  //data 表示页面的初始数据，其中设置了 motto 的内容为字符串"Hello World"，
  userInfo 为一个 object，内容暂时为空。
  data: {
    motto: 'Hello World',
    userInfo: {}
  },
    //一个点击事件处理函数，触发后会调用微信内置 navigateTo 函数跳转到 logs 页面
  bindViewTap: function() {
    wx.navigateTo({
      url: '…/logs/logs'
    })
  },
    //生命周期函数，监听页面加载
  onLoad: function () {
    console.log('onLoad')
    var that = this
      //调用应用实例的方法获取全局数据
    app.getUserInfo(function(userInfo){
```

```
            //更新数据，填充之前 data 中空白的 userInfo
             that.setData({
               userInfo:userInfo
             })
           })
         }
       })
```

整个页面最重要的主体内容就是一个 Page 函数。Page 函数是小程序用来注册一个页面的，它接收一个 object 参数，而这个 object 参数可以包含页面初始数据、生命周期函数、事件处理函数等重要内容（可参见 6.4.2 节对页面注册函数的介绍）。就当前 index.js 文件中的 Page 函数来说，它的 object 参数包含了页面初始数据 data，其中 data 又是一个 object，包含了 motto 和 userInfo 两项内容。motto 的内容就是我们在前端看到的{{motto}}的来源，即文本字符 Hello World；userInfo 也是一个 object，不过在定义之初是空白的。接下来是一个事件点击函数 bindViewTap，一旦触发这个点击事件，那么 bindViewTap 函数里的动作就将执行，在这里，是通过调用微信内置的全局数据 wx 的 navigateTo 函数指定跳转到日志页面的。

那么，在哪里使用到了这个监听事件呢？我们回到 index.wxml 文件中，可以看到，在用于展示用户头像和昵称的 view 标签中，有一个属性是 bindtap="bindViewTap"。在小程序中，事件绑定的写法同组件的属性，由“key+value”组成，也就是这里的 bindtap 属性。其中，若 key 为 bind 绑定的事件，则不会阻止冒泡事件往上冒泡，若 key 为 catch 绑定的事件，则可以阻止冒泡事件往上冒泡。至于什么是冒泡事件，什么是冒泡事件的上冒，我们会在后面的 6.3.1 节中提到。这里的 value 为 tap，表示触发该事件的条件为“手指触摸后离开”。当然还有更多的事件类型，在这里，我们只需要知道 bingtap 表示为该 view 组件绑定了一个点击事件就可以了。那么 bindtap 属性的值 bindViewTap 就对应了 index.js 文件中的 bindViewTap 函数，也就是执行跳转页面动作。这也就是我们在体验 Hello World 小程序时，通过点击头像或者昵称能够跳转到日志页面的实现原理。

紧跟在后的，是一个名为 onLoad 的函数。这个函数在每次页面加载的时候就会被调用。在这个函数中，除第一步使用 console.log 在控制台打印了一行文本 onLoad 之外，更重要的是通过代码第一行获取到的小程序应用实例 app，调用 getUserInfo 函数，获取到用户信息，并且将其赋值给 data 对象中的 userInfo 部分。getUserInfo 函数是我们的自定义函数，它的实现将在后文的 app.js 文件中给出，目前可以不用了解。为了能在第二层函数 getUserInfo 中使用上下文的 this 对象，我们在 getUserInfo 函数外进行了一次 this 对象的复制，将其赋值给变量 that，这样 that 代表的就是外层函数的上下文对象并且能在内层函数中使用了。需要注意的是，若想修改当前上下文 this 的值，不能直接对 this.data 进行赋值，而是需要使用 setData 函数，并传入以 key:value 形式组成的 object 作为参数才能实现。这个 object 参数，会将 this.data 中的 key 对应的值改变成 value。setData 函数在改变对应的 this.data 值的时候，还有一个非常重要的功能，那就是还负责将数据从后端逻辑层发送到前端视图层，可以理解为，当数据有变化时，它将“通知”前端动态更新数据，这也就实现了第一个首页的内容。

结合这个 index.js 文件和 index.wxml 文件，我们大概知道了首页内容是怎么前后端配合显现出来的了。在 index 这个文件夹里，还有一个文件是 index.wxss。这个文件就跟普通的 css 文件一样，是通过选择器的方式，对 wxml 中的各类元素的样式进行定义，包括每个元素的位置，文字大小等，相对来说比较简单，这里不再赘述。

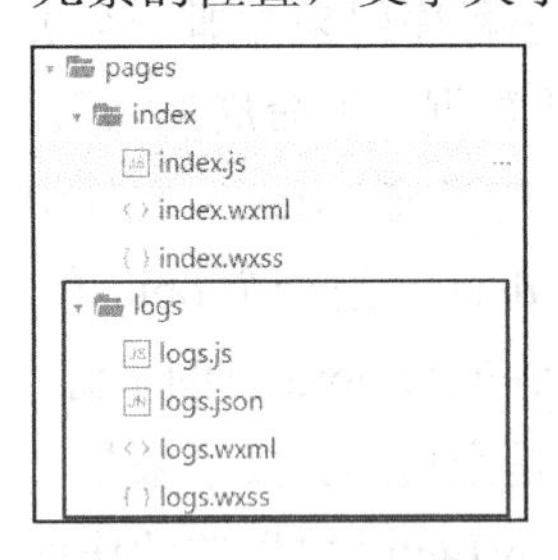

图 5-7　logs 文件夹

2. logs 文件夹

接下来，看一下这个小程序的第二个页面，也就是日志显示页面，如图 5-7 所示，可以看到 logs 文件夹下的内容。

很容易就能发现，logs 文件夹相比较于 index 文件夹，多出来了一个名为 logs.json 的文件。前面提到过，json 文件在小程序的页面组成中，属于配置文件，它用来配置一些页面属性等。打开 logs.json 文件，能看到短短的 3 行代码：


```
{
    "navigationBarTitleText": "查看启动日志"
}
```

和 json 数据以键值对形式进行赋值一样，logs.json 文件将 navigationBarTitleText 的值设为了“查看启动日志”，意思也就是说，小程序的这个日志页面，导航栏标题为“查看启动日志”，如图 5-8 中矩形框位置所示。和首页的导航栏标题（如图 5-9 所示）相比，很容易就能看出其中的区别。

图 5-8　日志页导航栏标题

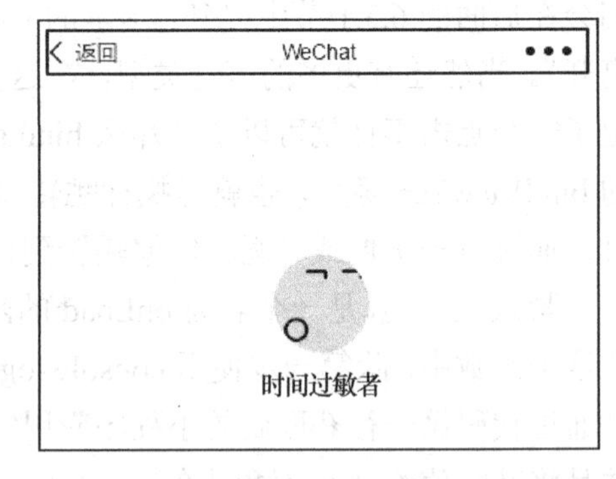

图 5-9　首页导航栏标题

既然发现，index 文件夹里并没有 index.json 这个文件，那首页上的这个导航栏标题里面的内容是哪儿来的呢？

其实，虽然 index 文件夹里没有单独对首页导航栏标题进行相关的配置，但是它是和整个小程序的所有页面配置设定在一起的，那就是在最外层的 app.json 文件中，如图 5-10 所示。app.json 中也配置了一个相同的键值对，只不过在这里，navigation BarTitleText 的值被设定为 WeChat，这也就是在“首页”导航栏标题内容的来源。

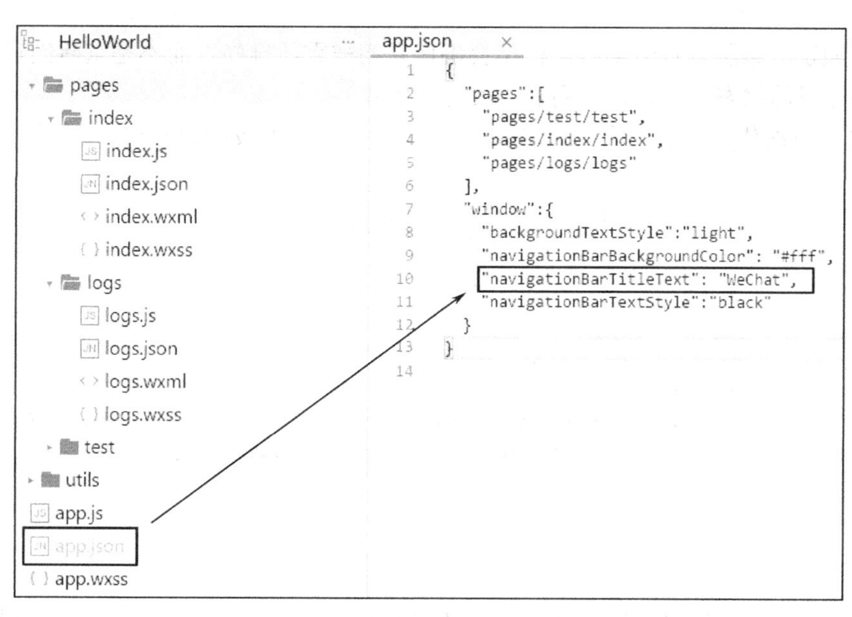

图 5-10　导航栏标题修改

需要注意的是，app.json 配置的是整个小程序所有页面的相关属性，如果在 app.json 和具体页面配置文件如 logs.json 中，都对同一个键进行了赋值，那么某个具体页面的配置文件将会覆盖掉 app.json 全局配置文件中同一个键的值。这也就是为什么上面提到的日志页面单独配置了一个 logs.json 文件，从而达到让导航栏标题内容和其他页面不一样的效果（可参见 6.2 节中对小程序配置文件的详解）。

说完了 logs.json 文件的不同，我们继续看 logs.wxml 文件和 logs.js 文件。

在了解过 index 页面的文件组成及相互关系后，再看 logs 页面会简单很多。但是 logs 页面仍然有一些新东西，值得注意。

logs.wxml 文件的内容如下：

```
<!--logs.wxml-->
<view class="container log-list">
  <block wx:for="{{logs}}" wx:for-item="log" wx:key="*this">
    <text class="log-item">{{index + 1}}. {{log}}</text>
  </block>
</view>
```

相比于 index.wxml，logs.wxml 从内容上看起来要简单不少。整个页面，就只有一个 view 元素，其中 block 并不属于组件，不会在页面中渲染，仅用于接收控制属性。logs 页面使用<block/>控制标签来组织代码，在<block/>上使用 wx:for 绑定 logs 数据，并将 logs 数据循环展开节点。在组件上使用 wx:for 控制属性绑定一个数组，即可使用数组中各项的数据重复渲染该组件。默认数组当前项的下标变量名默认为 index，数组当前项的变量名默认为 item。在这里，已经指定了 wx:for-item="log"，因此 log 将作为每次渲染时数组某一单独项的变量名。wx:key 则用来指定列表中项目的唯一标识符，当它的值为保留关键字*this 时，代表在 for 循环中的 item 本身。这种表示需要 item 本身是一个唯一的字符串或数字。这里的日志作为小程序启动的时间戳，自然每项都是唯一的。带有 wx:key 属性的组件，当数据改变触发渲染层重新渲染时，框架会确保它们被重新排序，而不是重新创建，以确保组件保持自身的状态，并且提高列表渲染时的效率。

看完了前端代码，再来看看后端的 logs 数据是怎么生成的，logs.js 文件的内容如下：

```
//logs.js
var util = require('.../.../utils/util.js')
Page({
  data: {
    logs: []
  },
  onLoad: function () {
    this.setData({
      logs: (wx.getStorageSync('logs') || []).map(function (log) {
        return util.formatTime(new Date(log))
      })
    })
  }
})
```


对比 index.js，可以看到，其实 logs.js 文件的内容结构和 index.js 差不多。同样是 Page 函数接收一个 object 参数，这个 object 参数包含了页面初始数据 data，其中 logs 初始值是空数组。同样包含了一个在页面加载时就会调用的函数 onLoad，在 onLoad 函数中，调用了 setData 函数，修改 data 中 logs 的值的同时，还将后端逻辑层改变发送到前端视图层。其中，在修改 logs 值的时候，分别调用了微信自带的全局变量 wx 的 getStorageSync 函数，来获取本地缓存中以 logs 为键存储的数据，以及使用了自定义的 formatTime 函数来按照一定的时间格式处理获取到的时间。至于本地缓存的启动时间数据是从哪儿来的，可以参见后面 app.js 文件的部分内容。目前来说不用深究，因为这并不影响我们对当前内容的理解。

经过简单分析整个 logs 文件夹下的文件，我们大概完整地理解了日志页面是如何通过编码实现的。其中，logs.js 文件里，自定义函数 formatTime 来自文件开头的一行代码，表示引用自 utils 文件夹下 util.js 公共代码。接下来，我们继续查看 utils 文件夹的内容。

3. utils 文件夹

如图 5-11 所示，utils 文件夹的内容非常简单，只包含一个 util.js 文件，其文件内容如下：

```
function formatTime(date) {
  var year = date.getFullYear()
  var month = date.getMonth() + 1
  var day = date.getDate()

  var hour = date.getHours()
  var minute = date.getMinutes()
  var second = date.getSeconds()

  return [year, month, day].map(formatNumber).join('/') + ' ' + [hour,
  minute, second].map(formatNumber).join(':')
}
```

```
function formatNumber(n) {
  n = n.toString()
  return n[1] ? n : '0' + n
}

module.exports = {
  formatTime: formatTime
}
```

util.js 中的代码总的来说还是比较简单，其中最主要的就是 formatTime 函数。它将传入的日期，按照设定的格式，在年月日之间分别添加了“/”，在日期和时间之间添加了空格，在时、分、秒之间添加了“:”，并且将所有的时、分、秒都补成了两位数表示（不够两位数的在前面加 0）。通过对获取的时间信息进行这样的一个处理，也就生成了在小程序日志界面看到的统一的时间格式。

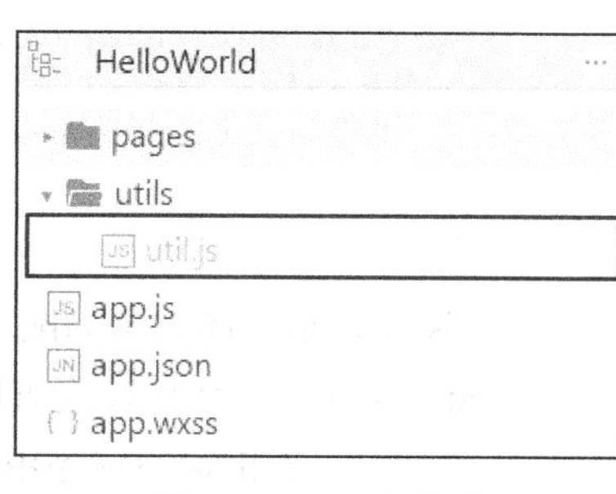

图 5-11　utils 文件夹

util.js 文件并不像任何我们之前看到的文件夹下的 js 文件，它不是小程序页面的组成部分，而是作为公共代码的形式存在，方便其他 js 文件进行代码的复用。因此，可以将一些所有页面都用得到的代码逻辑放在这个文件夹下，并在其他需要使用相关代码的地方进行引用，这其实体现的就是一种模块化的思想（可参见 6.4.3 节）。

如 util.js 代码最后一部分 module.exports={formatTime: formatTime}，模块只有通过 module.exports exports 才能对外暴露接口。exports 是 module.exports 的一个引用，因此，在模块里随意更改 exports 的指向会造成未知的错误。所以更推荐开发者采用 module.exports 来暴露模块接口。这样，util.js 文件中，formatTime 函数就是其他 js 文件能够引用的公共函数了，而 util.js 文件中的 formatNumber 函数，则不能被其他 js 文件引用。在其他需要使用公共代码的 js 文件中，使用 require(path)将公共代码引入，正如 logs.js 代码中第一行 var util = require('…/…/utils/util.js')所示，进行了 require 引用后，后续只需要使用 util.formatTime 函数就可以调用 util.js 文件中的 formatTime 函数了。

4. app.js、app.json 和 app.wxss

最后，再来看看最外层文件夹下的 3 个文件：app.js、app.json 和 app.wxss，如图 5-12 所示。

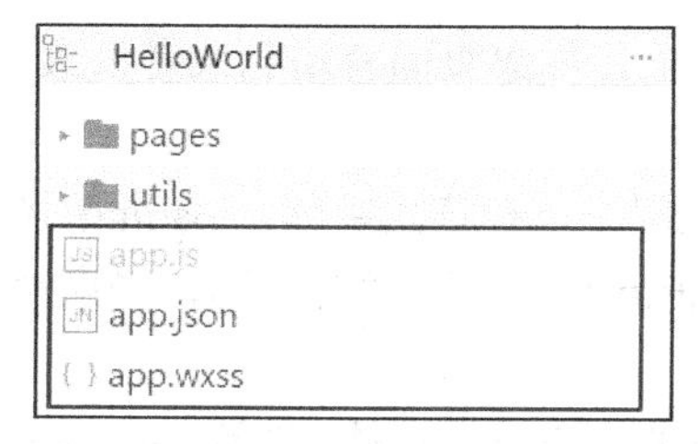

图 5-12　app.js、app.json 和 app.wxss

与之前各个页面下的 js、json、wxss 文件不同，这里的 3 个文件是对整个小程序起作用的。在这 3 个文件中的配置文件和样式文件，将会对整个小程序的所有页面生效，除非在各个页面的文件夹下，又给同样的内容定义了不同的值，使其覆盖了最外层的配置或样式。其中，app.wxss 和 css 一样，就是使用选择器，针对相关元素进行页面样式定义的，内容比较简单，读者可以自行参考或尝试修改，并查看不同的效果。然后我们再来查看一下 app.json 文件，它的内容如下：

```
{
  "pages":[
    "pages/index/index",
    "pages/logs/logs"
  ],
  "window":{
    "backgroundTextStyle":"light",
    "navigationBarBackgroundColor": "#fff",
    "navigationBarTitleText": "WeChat",
    "navigationBarTextStyle":"black"
  }
}
```

app.json 是小程序的全局配置文件，它主要配置了页面文件的路径及窗口表现这两项内容。在 app.json 中，还可以设置网络超时时间、多 tab 等。其中，pages 接收一个数组，每项都是字符串，来指定小程序由哪些页面组成（参见 6.2.1 节全局配置文件）。每项代表对应页面的“路径+文件名”信息。目前，我们的这个小程序只有两个页面（一个首页、一个日志页），那么相应的页面路径也正如代码中所示。需要注意的是，小程序执行时，正是在这里查找有哪些页面，因此，每当新增一个页面或者删除一个页面时，都需要在这里进行添加或删除一个对应的数组元素。如果新增了一个页面文件夹而没有在 pages 数组里添加一行页面文件路径信息，那么新的页面将不会生效，也无法访问。如果删除了一个页面文件夹或者是修改了页面文件夹的名称，而没有在 pages 数组里进行相应的更改，那么在编译时将会报错。例如，如果我们将原来的 logs 文件夹重命名为 logsbackup，而不去修改 app.json 中 pages 数组里面的内容，那么在编译时，我们将在 Console 控制台发现如图 5-13 所示的报错信息。

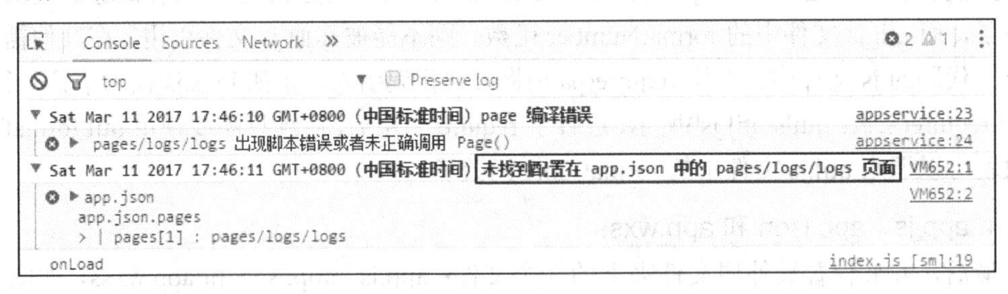

图 5-13　报错信息

因此，pages 数组这里“登记”着整个小程序的所有页面，如果页面有增删或者修改，pages 数组的内容也必须进行相应的修改。

至于窗口表现的部分，也就是 window 部分，则依次配置了下拉背景字体，loading 图的样式为浅色，导航栏背景颜色为用十六进制表示的颜色值#fff（也就是纯白色），导航栏标题文字内容为 WeChat，导航栏标题颜色为黑色。

针对目前这个小程序的 app.json 全局配置文件，它大概的内容就是这些。当然，app.json 文件里面可以配置的东西还有很多，在后面的章节中再做全面介绍。

接下来，再来看看比较重要的 app.js 文件，它的内容如下：

```
//app.js
App({
  onLaunch: function () {
    //调用 API 从本地缓存中获取数据
    var logs = wx.getStorageSync('logs') || []
    logs.unshift(Date.now())
    wx.setStorageSync('logs', logs)
  },
  getUserInfo:function(cb){
    var that = this
    if(this.globalData.userInfo){//判断用户信息已存在
      typeof cb == "function" && cb(this.globalData.userInfo)//如果参数 cb
      的类型为函数，则将用户信息作为参数传给 cb，并执行
    }else{//用户信息为空
      //调用登录接口
      wx.login({
        success: function () {
          wx.getUserInfo({
            success: function (res) {
              that.globalData.userInfo = res.userInfo//将通过登录接口获取到的
              用户信息赋值给当前上下文的 globalData 中的 userInfo
              typeof cb == "function" && cb(that.globalData.userInfo)//如
              果参数 cb 的类型为函数，则将用户信息作为参数传给 cb，并执行
            }
          })
        }
      })
    }
  },
  globalData:{//用于保存用户信息
    userInfo:null
  }
})
```

app.js 文件中，主体为 App 函数。这和各个分页面中的主体函数 Page 在结构上有些类似。在各个分页面的 js 文件中，Page 函数用来注册单独的页面，而这里的 App 函数，则是用来注册整个小程序的。App 函数同样接收一个 object 对象，里面包含小程序的生命周期函数，以及开发者自己添加的任意函数或者数据（参见 6.4.1 节中对小程序注册函数的介绍）。

在 app.js 代码中，可以看到函数 App 的参数 object 包含 3 个部分。

第一部分，是监听小程序初始化的函数 OnLaunch，当小程序初始化完成时，会触发 onLaunch 函数（全局只触发一次）。在 OnLaunch 函数中，首先通过 getStorageSync 函数读取存储在本地缓存中的 logs 信息，再通过 unshift 函数向 logs 数组中添加一条当前时间点的信息，最后又将新增一条启动时间信息的 logs 数组，通过 setStorageSync 函数写回到本地缓存的 logs 数据中。由于 OnLaunch 函数只在小程序启动时执行一次，将数据缓存在本地，

就不会随着小程序的销毁而丢失，因此也就记录下了每次启动小程序的时间戳，这也就是前面 logs.js 的代码中，获取到的本地缓存记录的来源。

第二部分，是一个用户自定义函数 getUserInfo，在首页的 index 文件夹中，为了在页面上显示用户信息用到了它（参见 index.js 文件）。它接收一个类型为函数的参数 cb，首先判断用于存储用户信息的全局数据 globalData.userInfo 是否为 null，如果不是，则将其值传给函数 cb 作为参数，并执行函数 cb；如果为 null，则调用微信的登录接口，将获取到的用户信息的值赋值给 globalData.userInfo，再将 globalData.userInfo 传给函数 cb 作为其参数。在其他需要使用到此函数的地方，需要通过 getApp().getUserInfo (function (userinfo){//函数体})这种方式调用，来获取用户信息，其中， getApp()是全局函数，通过调用它可以获得小程序实例，进而访问 app.js 文件中的函数或者数据。在 index.js 文件中，我们就曾这样获得了小程序实例并将其赋值给 app，然后通过 app.getUserInfo (function(userInfo){that.setData({userInfo:userInfo})})获取用户信息并将其传递给前端页面进行显示。

第三部分，是一个很简单的全局数据 globalData，包含一个默认值为 userInfo 的键，用于存储用户的信息。前面已经提到了它的使用，这里不再赘述。

至此，我们的第一个 Hello World 小程序就分析完成了。现在回过头来，再仔细思考各个页面、文件的含义、作用和它们之间的相互关联，不知道你有没有一种云开见日的感觉呢？通过对小程序目录结构的介绍和对 Hello World 小程序各文件的分析，现在，如果让你在创建新项目时，不勾选 quick start 选项，新建一个空白项目，你知道新建哪些文件才能运行一个小程序吗？当然，如果你暂时还不会也没有关系，在后面的实例中，我们将展示如何手动地从一个空白的工程文件中创建小程序。不过，仍然强烈建议读者自己先尝试一下，毕竟“纸上得来终觉浅，绝知此事要躬行”。

5.3 在手机上预览小程序

上一节中，我们成功地在计算机上的微信小程序开发者工具中完整地体验了新建一个小程序的过程，并且通过分析，理解了小程序的运行方式。不过，小程序最终是要运行在手机上的，我们在计算机上进行开发时预览的显示画面，是以 iPhone 6 的屏幕为推荐标准显示的，但是我们仍然希望能将小程序运行在自己的手机上进行实际的体验。接下来就将介绍如何让小程序在手机上运行，以及一些在手机上运行和在计算机模拟器上运行时的不同之处。

5.3.1 Hello World 在手机上的体验

在开发者工具左侧，切换到“项目”选项卡，可以看到如图 5-14 所示的页面。

在项目页面中，主要显示了以下 3 部分内容。

（1）显示当前项目细节：包括图标、AppID、目录信息，以及上次提交代码的时间和代码包的大小。

（2）提交预览和提交上传：单击“预览”按钮，工具会上传源代码到微信服务器，成功后将会显示一个二维码，开发者用新版微信扫描二维码即可在手机上看到相应项目的真实表现。单击“上传”按钮，工具会上传源代码到微信服务器，开发者可以在微信公众平台管理后台看到本次提交的情况。需要注意的是，代码上传功能仅限管理员微信号操作。

（3）项目配置：项目配置共包括以下 5 个选项。

图 5-14　项目详情信息

• 开启 ES6 转 ES5

在 0.10.101000 及之后版本的开发者工具中，会默认使用 babel 将开发者代码 ES6 转换为三端都能很好支持的 ES5 代码，帮助开发者解决环境不同所带来的开发问题，开发者可以在项目设置中关闭这个功能。

需要注意的是，这种转换只会帮助开发者处理语法上问题，新 ES6 的 API 如 Promise 等，需要开发者自行引入 Polyfill 或者别的类库。同时，为了提高代码质量，在开启 ES6 转换功能的情况下，默认启用 JavaSctipt 严格模式。

• 开启上传代码时样式文件自动补全

开启此选项，开发者工具会自动检测并补全缺失样式，保证在 iOS 8 上的正常显示。

• 开启代码压缩上传

开启此选项，开发者工具在上传代码时候将会帮助开发者压缩 JavaScript 代码，减小代码包体积。

• 监听文件变化，自动刷新开发者工具

开启此选项，当当前项目相关的文件发生改变时，会自动帮助开发者刷新调试模拟器，从而提高开发效率。

• 开发环境不校验请求域名及 TLS 版本

图 5-15　开发人员扫码预览

开启此选项，开发者工具将不会校验安全域名及 TLS 版本，帮助开发者在开发过程中更好地完成调试工作。

了解了这些，按自己的需要勾选好配置，单击“预览”按钮，使用登录了开发者账号微信的手机，打开微信，使用“扫一扫”扫描弹出的二维码（如图 5-15 所示）即可。

接着，我们就能在手机上看到小程序的运行效果了，如图 5-16 和图 5-17 所示。

可以看到，在手机上的预览效果和我们在计算机模拟器上看到的效果是有部分不一样的。除了外观样式上，更深层次的原因是它们的运行环境不一样。在手机上，点击屏幕右上角菜单选项，还能开启调试模式，如图 5-18 所示。

开启调试模式后，如图 5-19 所示，可以看到很多 Console 控制台的输出信息，方便查看代码运行情况。

图 5-16　在手机上预览的首页

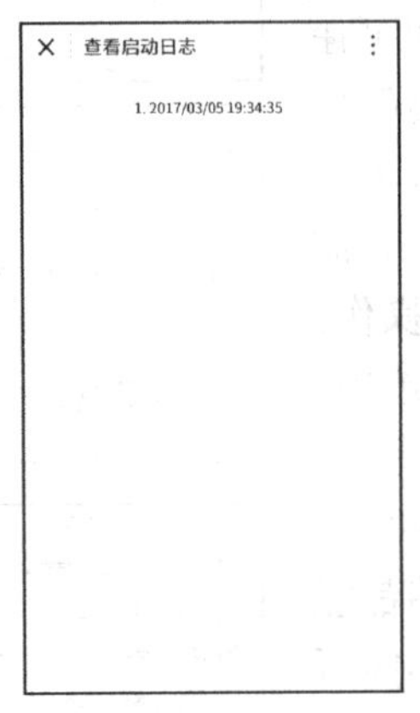

图 5-17　在手机上预览的日志页

图 5-18　打开调试模式

图 5-19　重启小程序后点击可打开控制台

在 Log 页面（如图 5-20 所示），可以看到小程序的页面注册信息、小程序生命周期运行信息、数据加载信息等，切换 Log 页面下的不同选项卡，还能看到不同级别的日志信息，方便进行筛选和查看。

在 System 页面（如图 5-21 所示），列出了设备的各种信息，包括浏览器版本、微信版本、手机系统版本、页面加载时间信息等。

在 WeChat 页面（如图 5-22 所示），列出了一个清除本地缓存数据的函数，点击执行后，存储在本地的登录日志信息将会被清空，再访问日志页面时，页面就是一片空白。按照我们代码中的逻辑，只有这个小程序下一次启动触发 OnLaunch 函数时，我们才能获取到新的登录日志时间戳。

Hello World 在手机上的预览体验，大概就是这些。因为它本身非常简单，因此还没遇到在计算机模拟器上和在手机上看起来有什么不一样的地方。但是，我们最好还是了解一些在手机（包括 Android 和 iOS）上预览和在计算机上预览不一样的地方，在开发过程中，注意这些细节能避免很多可能会遇到的问题。

5.3.2　调试预览及 ES6 API 支持细节

1. JavaScript && WXSS

微信小程序可运行在三端：iOS、Android 和用于调试的开发者工具。三端的脚本执行环境和用于渲染非原生组件的环境各不相同。在 iOS 上，小程序的 JavaScript 代码运行在 JavaScriptCore 中，由 WKWebView 渲染，环境有 iOS 8、iOS 9、iOS 10；在 Android 上，小程序的 JavaScript 代码通过 X5 JSCore 解析，由 X5 基于 Mobile Chrome37 内核渲染；在开发者工具上，小程序的 JavaScript 代码运行在 nwjs 中，由 Chrome Webview 渲染。

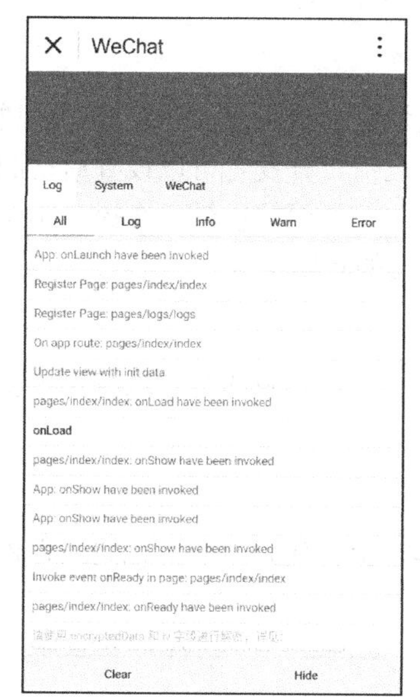

图 5-20 Log 页面

图 5-21 System 页面

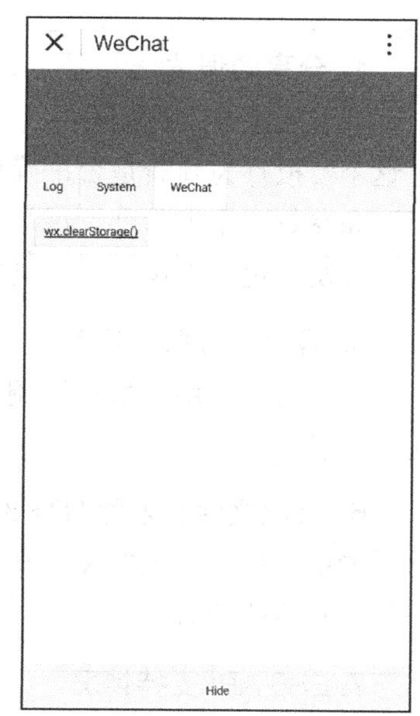

图 5-22 WeChat 页面

尽管三端的环境十分相似，但还是有一些区别，具体如下。

- ES6 语法支持不一致。语法上，开发者可以通过开启 ES6 转 ES5 的功能来规避，参考图 5-14。
- ES6 API 支持不一致。考虑到代码包大小的限制，API 上目前需要开发者自行引入相关的类库来进行处理，可以通过 caniuse 或者 X5 兼容查询到相关 API 的支持情况。caniuse 参考链接为 http://kangax.github.io/compat-table/es6/，X5 兼容参考链接为 http://res.imtt.qq.com/tbs/incoming20160819/home.html。
- WXSS 渲染表现不一致。尽管可以通过开启样式补全来规避大部分问题（如图 5-14 所示），但还是建议开发者需要在 iOS 和 Android 设备上检查小程序的真实表现。

2. 扫码接口的调试

同手机端直接调用摄像头来扫码不同，在 PC 上调用摄像头来扫码完成调试是一个低效的行为，所以在开发者工具上调用二维码扫码 API 后，开发者可以选择一个本地的图片进行后续的逻辑调试，而不是真正启用摄像头扫码。流程有所不同，但是接口的输入和输出是一致的。

3. 微信支付的调试

最新版本的开发者工具已经支持微信支付的调试，但为了兼顾安全，同手机上直接调用微信支付有所不同，具体如下：

- 新绑定的开发者需要 24 小时后才有权限进行微信支付的调试；
- 开发者在工具上调用微信支付的 API 后，开发者工具页面会出现一个二维码，开发者必须使用当前开发所使用的微信号扫码后在手机上完成支付流程；
- 工具会同步移动端微信支付的回包到工具中，开发者自行进行后续的操作。

4. 分享的调试

开发者工具上调用分享是一个模拟的行为，并不会真实地分享给用户，开发者可以通过这个模拟行为判断是否正确调用了分享 API。编译小程序之前，开发者可以设置启动的页面和参数，用于帮助调试被分享者打开的小程序并定位到相关页面的场景。在提交预览时，开发者也可以设置启动页面和参数，用于帮助调试移动端的真实表现。

5. 客户端可信域名校验

在开发者使用手机扫码调试的场景下，打开调试模式之后，最新版的客户端将不检查可信域名。

6. 代码文件必须为 UTF8 编码格式

iOS 下仅支持 UTF8 编码格式，最新版本的开发者工具在上传代码时会对代码文件做一次编码格式校验。

7. ES6 API 支持情况

在 6.5.3 及之前版本的微信中，小程序的 ES6 API 支持情况如表 5-3～表 5-8 所示。

表 5-3　String 类支持情况

String	iOS 8	iOS 9	iOS 10	TBS 2.0	TBS 3.0
codePointAt	×			×	
normalize	×	×			
includes	×			×	
startsWith	×			×	
endsWith	×			×	
repeat	×			×	
String.fromCodePoint	×			×	

注：TBS（Tencent Browser Service），全称腾讯浏览服务，TBS 2.0、TBS 3.0 是 X5 内核版本。微信已在 2017 年 2 月完成了 TBS 3.0 的内核全量升级。

表 5-4　Array 类支持情况

Array	iOS 8	iOS 9	iOS 10	TBS 2.0	TBS 3.0
copyWithin	×			×	
find				×	
findIndex				×	
fill				×	
entries				×	
keys				×	
values	×			×	
includes	×			×	
Array.from	×			×	
Array.of	×			×	

表 5-5　Number 类支持情况

Number	iOS 8	iOS 9	iOS 10	TBS 2.0	TBS 3.0
isFinite	×				
isNaN	×				
parseInt	×				
parseFloat	×				
isInteger	×				
EPSILON	×				
isSafeInteger	×				

表 5-6　Math 类支持情况

Math	iOS 8	iOS 9	iOS 10	TBS 2.0	TBS 3.0
trunc				×	
sign	×			×	
cbrt				×	
clz32	×			×	
imul					
fround				×	
hypot				×	
expm1				×	
log1p				×	
log10				×	
log2				×	
sinh				×	
cosh				×	
tanh				×	
asinh				×	
acosh				×	
atanh				×	

表 5-7　Object 类支持情况

Object	iOS 8	iOS 9	iOS 10	TBS 2.0	TBS 3.0
is	×				
assign	×			×	
getOwnPropertyDescriptor					
keys					
getOwnPropertyNames					
getOwnPropertySymbols	×			×	

表 5-8　其余 API 支持情况

Other	iOS 8	iOS 9	iOS 10	TBS 2.0	TBS 3.0
Symbol	×			×	
Set				×	
Map				×	
Proxy	×	×		×	
Reflect	×	×		×	
Promise		×			

到目前为止，已经完成了小程序在计算机上的开发，以及在手机上的预览体验，没有问题后，最后一步就是将小程序提交到微信进行审核，审核通过后即可发布给所有用户使用。我们的第一次小程序之旅终于来到了最后一步，还等什么，一鼓作气，来看看如何提交审核小程序吧！

5.4　审核和发布小程序

打开之前的工程文件，在开发者工具页面左边，切换到“项目”选项卡，单击“上传”按钮，这时，会要求管理员使用微信扫码进行上传确认，如图 5-23 所示。取得授权后，目前版本的小程序将被上传到平台上。注意，这里不是开发人员扫码，必须是该小程序主体的管理员扫码授权。

图 5-23　管理员扫码授权上传代码

上传完成后，登录小程序后台，可在管理后台查看到刚刚提交的代码，如图 5-24 所示。单击“提交审核”按钮，在弹出的提示框中单击“下一步”按钮，并经由管理员再次扫码授权，即可完成提交，如图 5-25、图 5-26 所示。

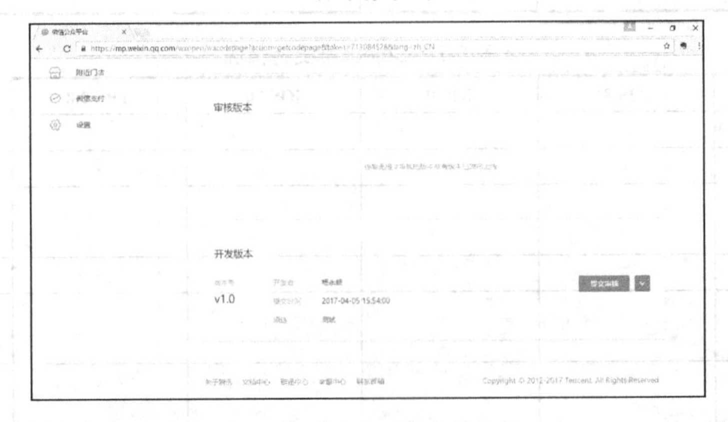

图 5-24　后台查看提交的代码

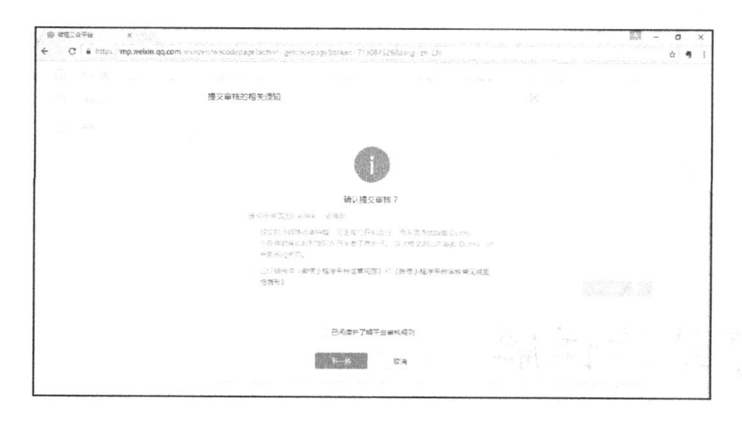

图 5-25　阅读须知

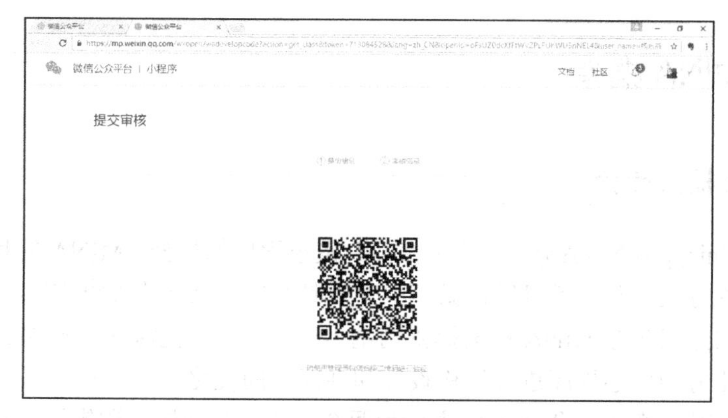

图 5-26　管理员再次扫码授权

完成这些操作后，小程序将被提交到微信进行审核。类似于 App Store，小程序也有一套严格的审核规范，有任何不满足要求的地方，都可能会被退回。被退回的话，可在站内查看具体原因并进行相应修改。如果审核通过，那么就意味着小程序可正式上线，供所有人使用了。

第6章 小程序结构详解

 6.1 MINA 框架

6.1.1 MINA 框架简介

MINA（Miniapp Is Not App）框架是微信开发小程序的框架。MINA 的目标是通过尽可能简单、高效的方式让开发者可以在微信中开发具有原生 App 体验的服务。在开发小程序的过程中，必须熟练掌握 MINA 框架提供的基本机制，如果能深入了解 MINA 框架的运行方式，便能够更好地对小程序进行结构设计和性能上的优化。

MINA 框架中，整个小程序的内容分为两个层次：视图层、逻辑层。视图层是小程序的“外观”，规定了小程序页面的结构和样式，是小程序内容的展示；逻辑层是小程序的“内涵”，控制了小程序的生命周期和数据处理等。除处理本地的业务逻辑之外，在开发小程序的过程中，逻辑层往往还需要通过 HTTP 与远程服务器进行数据交互。

MINA 框架提供了自己的视图层描述语言规范 WXML 和 WXSS，以及基于 JavaScript 的逻辑层框架，并在视图层与逻辑层之间提供数据传输和事件系统，可以让开发者将重点放在数据与视图的编写上。

整个框架最核心的部分就是视图层和逻辑层之间的数据绑定和事件绑定系统。这个系统实现了视图层和逻辑层的基于数据绑定和事件机制的数据交互：在逻辑层传递数据到视图层的过程中，逻辑层使两个方向的数据传递都尽可能地简单，易于开发。

接下来，通过一个具体的例子来展示数据绑定和时间绑定是如何在视图层和逻辑层之间传递信息的。

在视图层中使用事件绑定向逻辑层传递数据的代码如下：

```
<!--bindInput.wxml-->
<view class="container">
    <text class="label">{{bindVar}}</text>
    <button catchtap="changeText" size="big">Change Text</button>
</view>
```

在逻辑层中使用数据绑定向视图层传递数据的代码如下：

```
Page({
  data:{
    bindVar: "Content"
  },
  changeText() {
    this.setData({bindVar: "Another Content"})
  },
  // …
})
```

运行结果如图 6-1 所示，点击页面中的“Change Text”按钮，按钮上方显示的文字将由最开始的 Content 更改为 Another Content，实现了视图层和逻辑层的数据交互。

视图层中的信息及其参数通过事件绑定向逻辑层传递，逻辑层中的数据通过数据绑定向视图层传递，这是整个框架运行的核心。整个绑定过程中，MINA 框架负责完成同步更新视图层和逻辑层中的数据，无须开发者手动更新。

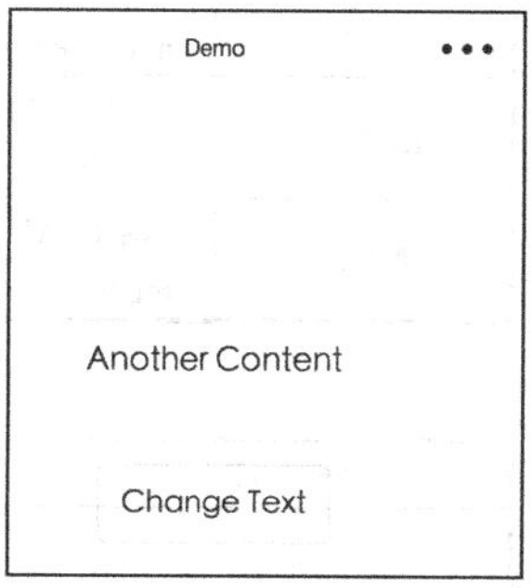

图 6-1　点击按钮更换文字

6.1.2　MINA 框架的功能

MINA 框架主要提供了以下三方面的功能。

1. 页面管理

MINA 框架管理了整个小程序的页面路由，可以做到页面间的无缝切换，并给页面完整的生命周期。开发者需要做的只是将页面的数据、方法、生命周期函数注册进框架中，其他的一切复杂操作都交由框架处理。

框架以栈的形式维护了当前的所有页面。当发生路由切换时，页面栈的表现如表 6-1 所示。

表 6-1　路由管理页面栈

路由方式	页面栈表现
初始化	新页面入栈
打开新页面	新页面入栈
页面重定向	当前页面出栈，新页面入栈
页面返回	页面不断出栈，直到目标返回页，新页面入栈
Tab 切换	页面全部出栈，只留下新的 Tab 页面
重加载	页面全部出栈，只留下新的页面

我们可以使用 getCurrentPages 函数获取当前页面栈的实例，结果将以数组形式按栈的顺序给出，第一个元素为首页，最后一个元素为当前页面。

路由的触发方式及页面生命周期函数的关系说明如表 6-2 所示。例如，我们以 A、B 页面为 tabBar 页面，C 页面是从 A 页面打开的页面，D 页面是从 C 页面打开的页面，那么 Tab 切换对应的生命周期如表 6-3 所示。

表 6-2　路由触发页面生命周期函数变化

路由方式	触发时机	路由前页面	路由后页面
初始化	小程序打开第一个页面		onLoad，onShow
打开新页面	调用 API wx.navigateTo 或使用组件<navigator open-type="navigateTo" />	onHide	onLoad，onShow
页面重定向	调用 API wx.redirectTo 或使用组件<navigator open-type="redirectTo" />	onUnload	onLoad，onShow
页面返回	调用 API wx.navigateBack 或使用组件<navigator open-type="navigateBack" >或用户按左上角返回按钮	onUnload	onShow
Tab 切换	调用 API wx.switchTab 或使用组件<navigator open-type="switchTab" />或用户切换 Tab		各种情况请参考表 6-3
重启动	调用 API wx.reLaunch 或使用组件<navigator open-type="reLaunch" />	onUnload	onLoad，onShow

表 6-3　Tab 切换路由示例

当前页面	路由后页面	触发的生命周期（按顺序）
A	A	无
A	B	A.onHide()，B.onLoad()，B.onShow()
A	B（再次打开）	A.onHide()，B.onShow()
C	A	C.onUnload()，A.onShow()
C	B	C.onUnload()，B.onLoad()，B.onShow()
D	B	D.onUnload()，C.onUnload()，B.onLoad()，B.onShow()
D（从转发进入）	A	D.onUnload()，A.onLoad()，A.onShow()
D（从转发进入）	B	D.onUnload()，B.onLoad()，B.onShow()

使用路由切换时需注意，navigateTo、redirectTo 只能打开非 tabBar 页面，switchTab 只能打开 tabBar 页面，reLaunch 则可以打开任意页面。调用页面路由时的参数可以在目标页面的 onLoad 函数中获取。

2. 基础组件

MINA 框架提供了一套基础的组件，这些组件自带微信风格的样式及特殊的逻辑，开发者可以通过组合基础组件，创建出强大的微信小程序。大量的预置组件如文本组件<text>，轮播组件<swiper>等，能够使开发者专注于业务逻辑的编写，使快速开发成为可能。

3. 丰富的 API

MINA 框架提供了丰富的微信原生 API，可以方便地调用微信提供的能力，如获取用户信息、本地存储、支付功能等。

6.2　配置文件详解

6.2.1　全局配置文件

小程序全局配置文件即为 app.json 文件，它决定了页面文件的路径、窗口表现，以及设置网络超时时间、设置多标签页等。app.json 的使用可以参考本书第三部分小程序实例的部分章节。

一个包含所有配置选项的 app.json 文件内容如下：

```
{
  "pages": [
    "pages/index/index",
    "pages/logs/index"
  ],
  "window": {
    "navigationBarTitleText": "Demo"
  },
  "tabBar": {
    "list": [{
      "pagePath": "pages/index/index",
      "text": "首页"
    }, {
      "pagePath": "pages/logs/logs",
      "text": "日志"
    }]
  },
  "networkTimeout": {
    "request": 10000,
    "downloadFile": 10000
  },
  "debug": true
}
```

其中，pages 键对应一个字符串列表，该列表配置了小程序中出现的页面，其内容是该页面中的文件地址，即该页面的 json、js、wxss 文件去掉后缀名的地址。小程序开发者工具中，只要在 app.json 中输入页面地址之后，小程序开发者工具会自动在对应的路径创建空白的页面模板。debug 键对应一个布尔值变量。windows 键对应一个对象，控制窗口相关的设置。tabBar 键对应一个数组，其中的每项都是一个对应的 tab 配置，包含了该 tab 对应的页面路径（格式和上面的页面路径部分相同）和对应在该 tab 上显示的名称。关于底部 tab 栏的样式的配置则需要在 app.js 中完成。

app.json 的完整配置项说明如表 6-4 所示。

表 6-4　app.json 配置项说明

属　性	类　型	必　填	描　述
pages	String Array	是	设置页面路径
window	Object	否	设置默认页面的窗口表现
tabBar	Object	否	设置底部 tab 的表现
networkTimeout	Object	否	设置网络超时时间
debug	Boolean	否	设置是否开启 debug 模式

每个配置项的详细说明如下。

1. pages

pages 属性接收一个数组，每项都是字符串，指定小程序由哪些页面组成。每项代表对应页面的路径与文件名信息，数组的第一项代表小程序的初始页面。小程序中新增/删除的页面，都需要对 pages 数组进行修改。

文件名不需要写文件后缀，因为框架会自动去寻找路径为 json、js、wxml、wxss 的 4 个文件进行整合。

开发目录如图 6-2 所示，我们需要在 app.json 中的 pages 部分写入如下内容：

```
{
  "pages":[
    "pages/index/index"
    "pages/logs/logs"
  ]
}
```

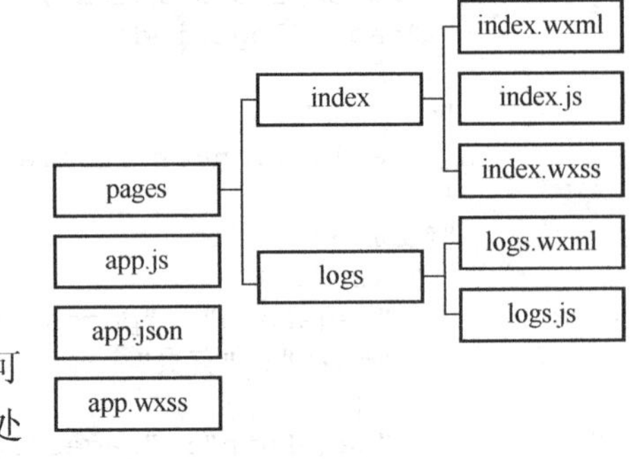

图 6-2　开发目录

如此配置后，这里的两个页面 index 和 logs 即可被识别。如果页面有增加或者删除，也必须要在此处进行编辑。

2. window

window 属性用于设置小程序的状态栏、导航条、标题和窗口背景色。需要注意的是，一个页面背景的颜色同时由多种因素决定。在大部分的条件下我们需要设置顶层对象 Page 的 background 属性来控制页面的背景颜色。

导航栏位于小程序的顶部，相当于传统应用中的页面标题。小程序中导航栏显示当前页面的标题、分享按钮和返回按钮。

这里的背景是下拉刷新中显示的背景颜色，在实际使用中，通常根据元素的背景颜色，以及 Page（相当于传统基于 HTML 对象中的 HTML 对象）的背景颜色进行配置。

window 属性可以设置的内容如表 6-5 所示。

表 6-5　window 配置项说明

属　性	类　型	默认值	描　述
navigationBarBackgroundColor	HexColor	#000000	导航栏背景颜色，如#000000
navigationBarTextStyle	String	white	导航栏标题颜色，仅支持 black/white
navigationBarTitleText	String		导航栏标题文字内容
backgroundColor	HexColor	#ffffff	窗口的背景色
backgroundTextStyle	String	dark	下拉背景字体、loading 图的样式，仅支持 dark/light
enablePullDownRefresh	Boolean	false	是否开启下拉刷新，详见页面相关事件处理函数

注：颜色值使用 HexColor（十六进制颜色值），如#ff00ff。

在 app.json 中，可以写入如下内容配置 window 属性：

```
{
  "window":{
    "navigationBarBackgroundColor": "#ffffff",
    "navigationBarTextStyle": "black",
```

```
    "navigationBarTitleText": "window 配置",
    "backgroundColor": "#eeeeee",
    "backgroundTextStyle": "light"
  }
}
```

运行后，页面显示效果如图 6-3 所示。

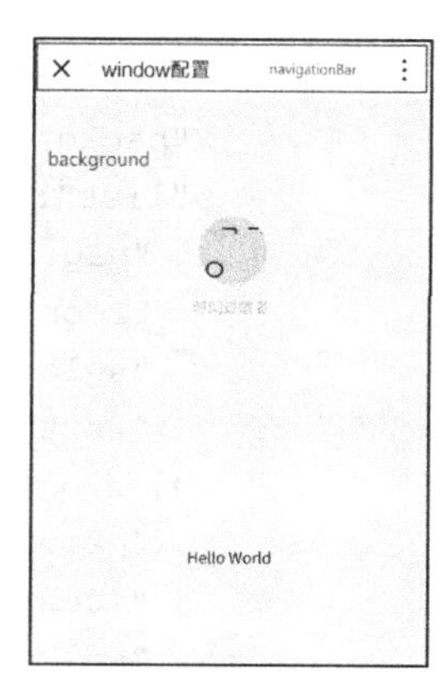

图 6-3　window 配置

3. tabBar

如果小程序是一个多 tab 应用（客户端窗口的底部或顶部有 tab 栏可以切换页面），那么可以通过 tabBar 配置项指定 tab 栏的表现，以及 tab 切换时显示的对应页面。

在这里，通过页面跳转（wx.navigateTo）或者页面重定向（wx.redirectTo）所到达的页面，即使它是定义在 tabBar 配置中的页面，也不会显示底部的 tab 栏。

tabBar 是一个数组，只能配置 2～5 个 tab，tab 按数组的顺序排列，其包含的配置项如表 6-6 所示。

表 6-6　tabBar 配置项说明

属　性	类　型	必　填	默认值	描　述
color	HexColor	是		tab 上的文字默认颜色
selectedColor	HexColor	是		tab 上的文字选中时的颜色
backgroundColor	HexColor	是		tab 的背景色
borderStyle	String	否	black	tabBar 上边框的颜色，仅支持 black/white
list	Array	是		tab 的列表，详见 list 属性说明（表 6-7），最少 2 个、最多 5 个 tab
position	String	否	bottom	可选值 bottom、top

其中，list 接收一个数组，数组中的每项都是一个对象，其属性值如表 6-7 所示。

表 6-7　list 属性说明

属　性	类　型	必　填	说　明
pagePath	String	是	页面路径，必须在 pages 中先定义
text	String	是	tab 上按钮文字
iconPath	String	是	图片路径，icon 大小限制为 40kB，建议尺寸为 81px×81px
selectedIconPath	String	是	选中时的图片路径，icon 大小限制为 40kB，建议尺寸为 81px×81px

使用时，通常使用和文字选中状态对应的两张图片来表示标签栏目的选中状态。配置 tabBar 的一个示例如下：

```
{
  "tabBar": {
    "color": "#7A7E83",
    "selectedColor": "#3cc51f",
```

```
    "borderStyle": "black",
    "backgroundColor": "#ffffff",
    "list": [{
      "pagePath": "page/component/index",
      "iconPath": "image/icon_component.png",
      "selectedIconPath": "image/icon_component_HL.png",
      "text": "组件"
    }, {
      "pagePath": "page/API/index",
      "iconPath": "image/icon_API.png",
      "selectedIconPath": "image/icon_API_HL.png",
      "text": "接口"
    }]
  }
}
```


运行后，页面显示效果如图 6-4 所示。

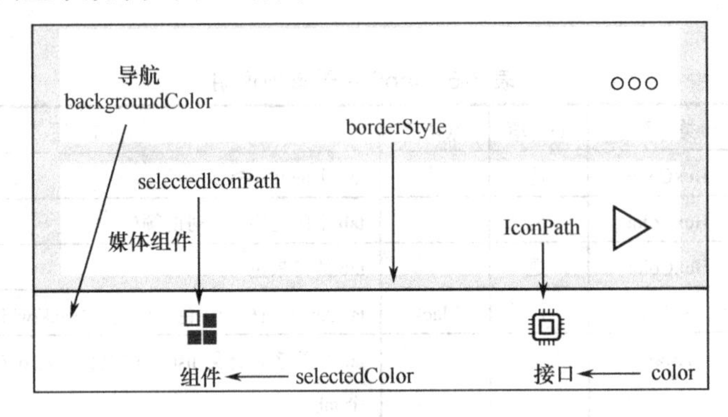

图 6-4　tabBar 配置

4. networkTimeout

networkTimeout 配置项可以设置各种网络请求的超时时间，其包含的配置项如表 6-8 所示。

表 6-8　networkTimeout 配置项说明

属　性	类　型	必　填	说　明
request	Number	否	wx.request 的超时时间，单位毫秒，默认为 60000
connectSocket	Number	否	wx.connectSocket 的超时时间，单位毫秒，默认为 60000
uploadFile	Number	否	wx.uploadFile 的超时时间，单位毫秒，默认为 60000
downloadFile	Number	否	wx.downloadFile 的超时时间，单位毫秒，默认为 60000

5. debug

可以在开发者工具中开启 debug 模式，则在开发者工具的控制台面板，调试信息以 info 的形式给出，包括 Page 的注册、页面路由、数据更新、事件触发，可以帮助开发者快速定位一些常见的问题。

6.2.2 页面配置文件

每个页面中的page.json文件可以用来配置本页面的窗口表现。它的页面配置比app.json全局配置简单得多，只是设置 app.json 中的 window 配置项的内容，页面中的配置项会覆盖 app.json 的 window 中相同的配置项，其包含的配置项如表 6-9 所示。

表 6-9 页面配置项说明

属 性	类 型	默认值	描 述
navigationBarBackgroundColor	HexColor	#000000	导航栏背景颜色，如#000000
navigationBarTextStyle	String	white	导航栏标题颜色，仅支持 black/white
navigationBarTitleText	String		导航栏标题文字内容
backgroundColor	HexColor	#ffffff	窗口的背景色
backgroundTextStyle	String	dark	下拉背景字体、loading 图的样式，仅支持 dark/light
enablePullDownRefresh	Boolean	false	是否开启下拉刷新，详见页面相关事件处理函数
disableScroll	Boolean	false	设置为 true，则页面整体不能上下滚动；只在 page.json 中有效，无法在 app.json 中设置该项

相比于 app.json 文件，page.json 主要增加了 disableScroll 属性。由于页面的 page.json 文件只能设置 window 相关的配置项，以决定本页面的窗口表现，所以无须写 window 这个键。需要注意的是，这里的背景颜色和背景字颜色是指载入过程中和下拉刷新时出现的颜色。在通常使用过程中，页面的背景颜色需要配合 WXML 中的顶层元素 Page 的颜色进行配置。页面配置的一个示例如下：

```
{
  "navigationBarBackgroundColor": "#ffffff",
  "navigationBarTextStyle": "black",
  "navigationBarTitleText": "window 配置",
  "backgroundColor": "#eeeeee",
  "backgroundTextStyle": "light"
}
```

运行后，显示效果如图 6-3 所示，与前面相同。

6.3 视图层

框架的视图层由 WXML（WeiXin Markup Language）和 WXSS（WeiXin Style Sheet）编写，由组件进行展示。WXML 用于描述页面的结构，WXSS 用于描述页面的样式，组件（Component）是视图的基本组成单元。WXML 和 WXSS 可以类比为 Web 开发中使用的 HTML 和 CSS，它们负责将逻辑层的数据反映成视图，同时将视图层的事件发送给逻辑层。

6.3.1 WXML

WXML 是 MINA 框架设计的一套标签语言，结合基础组件、事件系统，可以构建页面的结构。组件是 MINA 框架中一些预置的标签，同时也是视图的基本组成单元。大部分标签将在第 7 章组件中介绍。其中，作为组件的大部分标签在 MINA 中有预制样式，在使用时需要注意样式和目标样式的冲突。

下面将分别介绍 WXML 的数据绑定、列表渲染、条件渲染、模板、事件等能力。

1. 数据绑定

在 WXML 中，文档中的顶层对象是 page（类比于 HTML 文档中的 body），而最常用的容器元素是 view（类比于 HTML 文档中的 div）。除渲染成不同文档的组件之外，WXML 同时定义了用于控制的、不会进行渲染的 block 标签。

WXML 通过数据绑定的方法和逻辑层交换数据。数据绑定是指，在双大括号表达式“{{}}”中插入的表达式，可以将逻辑层 Page 对象中 data 对象的键作为变量使用，插入到 WXML 中。

数据绑定使用双大括号将变量包起来，双大括号中的内容可以是变量、关键字，或者逻辑表达式、条件表达式、算数和字符串运算，以及对象和数组的索引操作。相比于其他模板语言如 PHP，这里的双大括号表达式只能插入标签的属性和内容，不能改变视图层文档的结构，即插入或删除新的视图层组件。

简单的数据绑定可以作用于以下几个方面。

- 内容

若逻辑层文件内容为

```
Page({
data: {
message: 'Hello MINA!'
}
})
```

则视图层中语句为

```
<view> {{ message }} </view>
```

将会在页面上显示“Hello MINA！”。

- 组件属性（需要在双引号之内）

若逻辑层文件内容为

```
Page({
  data: {
    id: 0
  }
})
```

则视图层语句为

```
<view id="item-{{id}}"> </view>
```

可设置 view 组件 id 属性值为 0。

- 关键字（需要在双引号之内）

关键字主要是 true 和 false，均为 boolean 类型，分别代表真值和假值。例如：

```
<checkbox checked="{{false}}"> </checkbox>
```

表示组件 checkbox 的状态为未选中。

注 意

不要直接写成 checked="false"，其计算结果是一个字符串，转成 boolean 类型后代表真值。

- 控制属性（需要在双引号内）

若逻辑层文件内容为

```
Page({
  data: {
    condition: true
  }
})
```

则视图层语句为

```
<view wx:if="{{condition}}"> </view>
```

表示逻辑判断的条件为真，此时 view 组件中的内容将会显示在页面上。

WXML 还支持在{{}}内进行简单运算，主要包括以下几个方面。

- 三元运算

{{}}内支持进行三元运算，例如：

```
<view hidden="{{flag ? true : false}}"> Hidden </view>
```

表示根据 flag 的值判断 view 组件 hidden 属性的状态为隐藏还是显示。

- 算术运算

若在逻辑层有如下代码：

```
Page({
  data: {
    a: 1,
    b: 2,
    c: 3
  }
})
```

则语句：

```
<view> {{a + b}} + {{c}} + d </view>
```

运行后，有 view 中的内容为 3 + 3 + d，{{a+b}}在这里进行了算术加法运算，结果为 3，{{c}}为逻辑层的变量，值为 3，d 是普通字符串，直接输出。

- 逻辑判断

使用 wx:if 可以进行逻辑判断，例如：

```
<view wx:if="{{length > 5}}"> </view>
```

可以根据 length 的值和 5 的比较结果选择是否显示该 view 组件。

- 字符串运算

若逻辑层文件内容为

```
Page({
  data:{
    name: 'MINA'
  }
})
```

则视图层中语句为

```
<view>{{"hello" + name}}</view>
```


表示 view 组件中的内容为“hello MINA”。

- 数据路径运算

若逻辑层文件内容为

```
Page({
  data: {
    object: {
      key: 'Hello '
    },
    array: ['MINA','!']
  }
})
```

则语句

```
<view>{{object.key}} {{array[0]}}</view>
```

将会在页面上显示 Hello MINA。

注 意

因为数组索引为 0，因此是不会输出数组的第二个元素“!”的。

WXML 还可以用于进行组合操作，在{{}}内构成新的对象或者数组。

- 数组

若逻辑层文件内容为

```
Page({
  data: {
    zero: 0
  }
})
```

则在视图层中，语句

```
<view wx:for="{{[zero, 1, 2, 3, 4]}}"> {{item}} </view>
```

最终合成数组[0,1,2,3,4,]。

- 对象

若逻辑层文件内容为

```
Page({
  data: {
    a: 1,
    b: 2
  }
})
```

则在视图层中，语句

```
<template is="objectCombine" data="{{for:a, bar:b}}"></template>
```

最终合成的对象是{for: 1, bar: 2}。

也可以使用扩展运算符“...”将一个对象展开，例如：

```
Page({
  data: {
    obj1: {
      a: 1,
      b: 2
    },
    obj2: {
      c: 3,
      d: 4
    }
  }
})
```

则

```
<template is="objectCombine" data="{{...obj1,...obj2,e:5}}"></template>
```

最终组合成的对象为 {a: 1, b: 2, c: 3, d: 4, e: 5}。

如果对象的 key 和 value 相同，也可以间接地表达，例如：

```
Page({
  data: {
    foo: 'my-foo',
    bar: 'my-bar'
  }
})
```

则

```
<template is="objectCombine" data="{{foo, bar}}"></ template>
```

最终组合成的对象是{foo: 'my-foo', bar:'my-bar'}。

需要注意的是，上述方式可以随意组合，但是如有存在变量名相同的情况，后面的会覆盖前面，例如：

```
Page({
  data: {
    obj1: {
      a: 1,
      b: 2
    },
    obj2: {
      b: 3,
      c: 4
    },
    a: 5
  }
})
```

则

```
<template is="objectCombine" data="{{...obj1,...obj2,a,c:6}}"></template>
```

最终组合成的对象是 {a: 5, b: 3, c: 6}。

2. 列表渲染

在组件上使用 wx:for 控制属性绑定一个数组，即可使用数组中各项的数据重复渲染该组件。数组的当前项的下标变量名默认为 index，数组当前项的变量名默认为 item。例如，在逻辑层有

```
Page({
  data: {
    array: [{
      message: 'foo',
    }, {
      message: 'bar'
    }]
  }
})
```

在视图层有

```
<view wx:for="{{array}}">
  {{index}}: {{item.message}}
</view>
```

则最终在页面上的显示如图 6-5 所示。

图 6-5　wx:for 示例

使用 wx:for-item 可以指定数组当前元素的变量名，使用 wx:for-index 可以指定数组当前下标的变量名。例如上面的例子，如果将视图层改为

```
<view wx:for="{{array}}" wx:for-index="idx" wx:for-item="itemName">
  {{idx}}: {{itemName.message}}
</view>
```

其实际效果和图 6-5 一样。

wx:for 也可以嵌套使用，例如，九九乘法表的代码如下：

```
<view wx:for="{{[1, 2, 3, 4, 5, 6, 7, 8, 9]}}" wx:for-item="i">
```

```
  <view wx:for="{{[1, 2, 3, 4, 5, 6, 7, 8, 9]}}" wx:for-item="j">
    <view wx:if="{{i <= j}}">
      {{i}} * {{j}} = {{i * j}}
    </view>
  </view>
</view>
```

还可以将 wx:for 用在<block/>标签上，以渲染一个包含多节点的结构块，例如：

```
<block wx:for="{{[1, 2, 3]}}">
  <view> {{index}}: </view>
  <view> {{item}} </view>
</block>
```

其页面显示效果如图 6-6 所示。

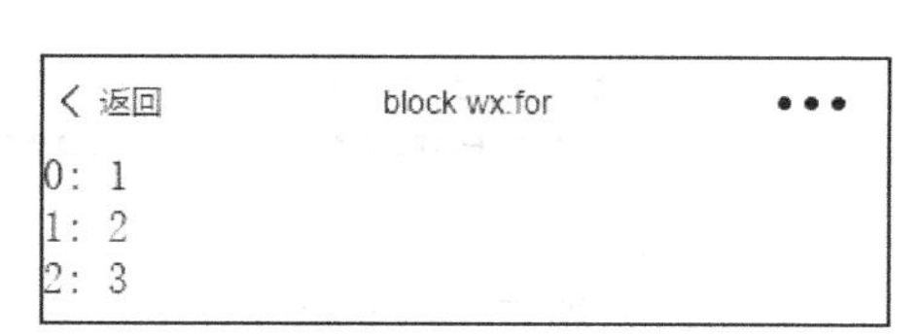

图 6-6　block wx:for 示例

如果列表中项目的位置会动态改变或者有新的项目添加到列表中，并且希望列表中的项目保持自己的特征和状态（如<input />中的输入内容，<switch />中的选中状态），则需要使用 wx:key 指定列表中项目的唯一标识符。

wx:key 的值以两种形式提供：

- 字符串，代表在 for 循环的 array 中 item 的某个 property，该 property 的值需要是列表中唯一的字符串或数字，且不能动态改变；
- 保留关键字*this 代表在 for 循环中的 item 本身，这种表示需要 item 本身是一个唯一的字符串或者数字。

当数据改变触发渲染层重新渲染时，会校正带有 key 的组件，框架会确保它们被重新排序，而不是重新创建，以确保使组件保持自身的状态，并且提高列表渲染时的效率。

如不提供 wx:key，会报一个警告（warning），如果明确知道该列表是静态，或者不必关注其顺序，可以选择忽略。

使用 wx:key 的示例如下，在本示例中无论进行重新排序还是添加新元素，都不会改变现有元素的状态。

```
<switch wx:for="{{objectArray}}" wx:key="unique" style="display: block;">
{{item.id}} </switch>
<button bindtap="switch"> Switch </button>
<button bindtap="addToFront"> Add to the front </button>

<switch wx:for="{{numberArray}}" wx:key="*this" style="display: block;">
{{item}} </switch>
<button bindtap="addNumberToFront"> Add to the front </button>
```

```
Page({
  data: {
    objectArray: [
      {id: 5, unique: 'unique_5'},
      {id: 4, unique: 'unique_4'},
      {id: 3, unique: 'unique_3'},
      {id: 2, unique: 'unique_2'},
      {id: 1, unique: 'unique_1'},
```

```
    {id: 0, unique: 'unique_0'},
   ],
   numberArray: [1, 2, 3, 4]
  },
  switch: function(e) {
   const length = this.data.objectArray.length
   for (let i = 0; i < length; ++i) {
    const x = Math.floor(Math.random() * length)
    const y = Math.floor(Math.random() * length)
    const temp = this.data.objectArray[x]
    this.data.objectArray[x] = this.data.objectArray[y]
    this.data.objectArray[y] = temp
   }
   this.setData({
    objectArray: this.data.objectArray
   })
  },
  addToFront: function(e) {
   const length = this.data.objectArray.length
   this.data.objectArray = [{id: length, unique: 'unique_' + length}].
   concat(this.data.objectArray)
   this.setData({
    objectArray: this.data.objectArray
   })
  },
  addNumberToFront: function(e){
   this.data.numberArray = [ this.data.numberArray.length + 1 ].concat
   (this.data.numberArray)
   this.setData({
    numberArray: this.data.numberArray
   })
  }
})
```


运行后，页面显示效果如图 6-7 所示。

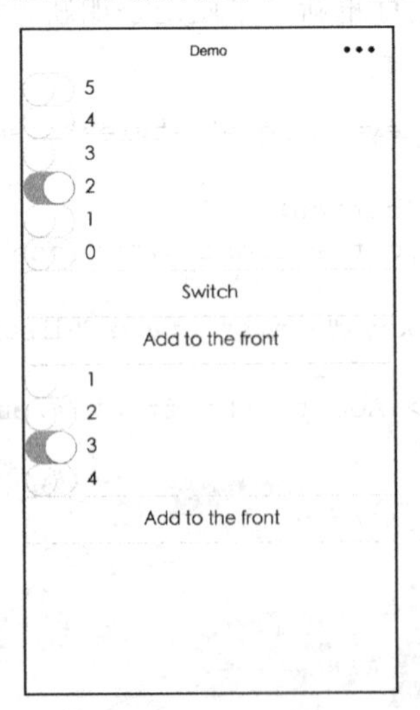

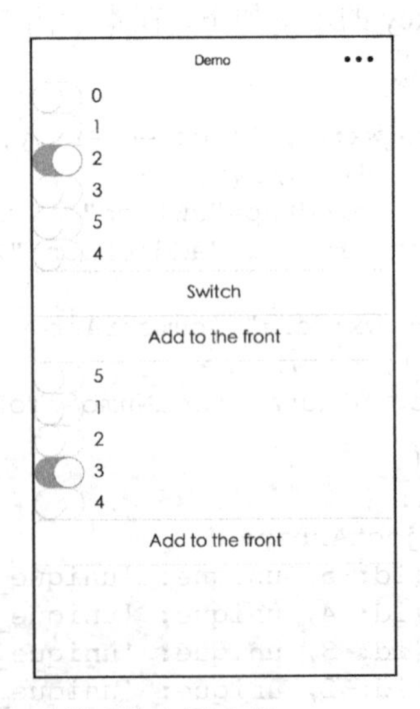

图 6-7　使用 wx:key 使元素在重排后状态不改变

3. 条件渲染

在 MINA 框架中，通过条件渲染，可以依据某些条件来决定是否渲染某段视图。在组件中可通过条件控制属性 wx:if= "{{condition}}"判断是否需要渲染该代码块，也可以用 wx:elif 和 wx:else 添加一个 else 块控制渲染哪一段视图，示例如下：

```
<view wx:if="{{length > 5}}"> 1 </view>
<view wx:elif="{{length > 2}}"> 2 </view>
<view wx:else> 3 </view>
```

在条件表达式中，双大括号表达式中的值会自动转化为 boolean 类型，boolean 字面值和比较表达式的结果，都会转化为 boolean 类型的 true 或者 false，使用一个不存在的键值等价于转化为 boolean 类型的值 false。

因为 wx:if 是一个控制属性，可以协同包装元素<block/>一同用来条件渲染。需要注意的是，因为<block/>并不是一个组件，仅仅是一个包装元素，所以不会在页面中做任何渲染，只接收控制属性。如下的代码段中使用<block/>将多个元素分组进行条件渲染，并且没有生成额外的文档结构。

```
<block wx:if="{{true}}">
  <view> view1 </view>
  <view> view2 </view>
</block>
```

使用编辑器查看生成页面的源代码，如图 6-8 所示，可以看到，框架并没有渲染<block/>标签。

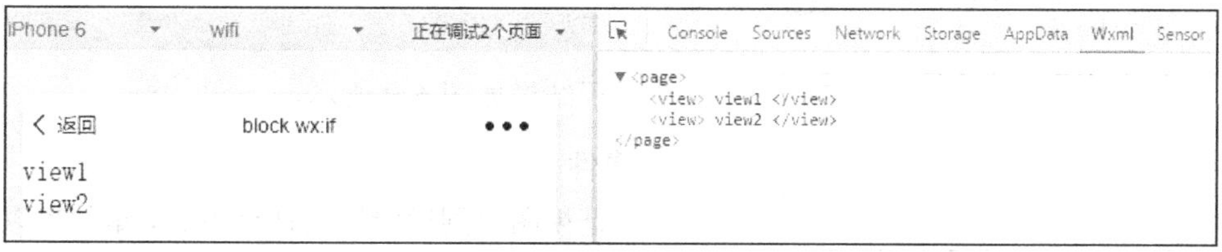

图 6-8　block 标签不被渲染

wx:if 和组件的 hidden 属性，在页面显示上效果相同。但是如果 wx:if 的初始值为 false，则框架根本就不会渲染这部分内容，只有当 wx:if 条件第一次为真时才会渲染。而 hidden 属性控制的标签，则每次都会渲染，只是改变显示/隐藏的状态。一般来说，wx:if 具有更高的切换消耗而 hidden 具有更高的初始渲染消耗。因此，在需要频繁切换的情景下，用 hidden 更好，在运行时条件不太可能改变的情景下，则用 wx:if 较好。

4. 模板

WXML 提供模板（template）功能，在模板中可以定义代码片段，然后在不同的地方调用。定义模板时使用 name 属性作为模板的名字。然后在<template/>内定义代码片段，示例如下：

```
<template name="msgItem">
```

```
    <view>
      <text> {{index}}: {{msg}} </text>
      <text> Time: {{time}} </text>
    </view>
</template>
```

使用模板时使用 is 属性声明需要使用的模板名称（即 name 属性），然后将模板所需要的 data 传入，模板拥有自己的作用域，只能使用 data 传入的数据，示例如下：

```
<template is="msgItem" data="{{...item}}"/>
Page({
  data: {
    item: {
      index: 0,
      msg: 'this is a template',
      time: '2016-09-15'
    }
  }
})
```


is 属性可以使用双大括号语法来动态决定具体需要渲染哪个模板，示例如下：

```
<template name="odd">
    <view> odd </view>
</template>
<template name="even">
    <view> even </view>
</template>

<block wx:for="{{[1, 2, 3, 4, 5]}}">
    <template is="{{item % 2 == 0 ? 'even' : 'odd'}}"/>
</block>
```

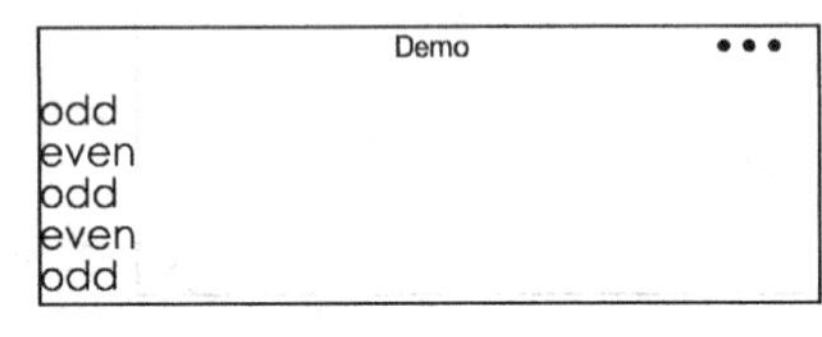

图 6-9　动态选择模板

其运行结果如图 6-9 所示。

5. 事件

事件是视图层到逻辑层的通信方式，事件可以将用户的行为反馈到逻辑层进行处理。事件可以绑定在组件上，当达到触发事件时，就会执行逻辑层中对应的事件处理函数。事件在触发时可以通过事件对象携带额外信息，如表单的值、触摸的位置等。

在使用事件时，首先需要在组件中绑定一个事件处理函数，如 bindtap，代码如下：

```
<view id="tapTest" data-hi="WeChat" bindtap="tapName"> Click me! </view>
```

当用户点击该组件时会在该页面对应的 Page 中找到相应的事件处理函数，因此我们需要在相应的 Page 定义中添加相应的事件处理函数，参数为 event，示例如下：

```
Page({
  tapName: function(event) {
    console.log(event)
  }
})
```

运行小程序，点击页面上的“Click me!”文字，可以看到，控制台中打印出来的日志信息如下：

```
{
"type":"tap",
"timeStamp":895,
"target": {
  "id": "tapTest",
  "dataset":  {
    "hi":"WeChat"
  }
},
"currentTarget":  {
  "id": "tapTest",
  "dataset": {
    "hi":"WeChat"
  }
},
"detail": {
  "x":53,
  "y":14
},
"touches":[{
  "identifier":0,
  "pageX":53,
  "pageY":14,
  "clientX":53,
  "clientY":14
}],
"changedTouches":[{
  "identifier":0,
  "pageX":53,
  "pageY":14,
  "clientX":53,
  "clientY":14
}]
}
```

事件可分为冒泡事件和非冒泡事件，冒泡事件是指，当一个组件上的事件被触发后，该事件会向父节点传递；非冒泡事件是指，当一个组件上的事件被触发后，该事件不会向父节点传递，WXML 中的事件通常都是非冒泡事件。

冒泡事件列表如表 6-10 所示。

表 6-10　冒泡事件列表

类　型	触发条件
touchstart	手指触摸动作开始
touchmove	手指触摸后移动
touchcancel	手指触摸动作被打断，如来电提醒、弹窗
touchend	手指触摸动作结束
tap	手指触摸后马上离开
longtap	手指触摸后，超过 350 毫秒再离开

在视图层中，需要通过类似于添加元素的属性的方式，以 key、value 的形式定义事件绑定。key 以 bind 或 catch 开头，然后加上事件的类型，如 bindtap、catchtouchstart；value 是一个字符串，需要在对应的 Page 中定义同名的函数，否则当触发事件时会报错。

bind 事件绑定不会阻止冒泡事件向上冒泡，catch 事件绑定可以阻止冒泡事件向上冒泡。如在下面这个例子中，点击 inner view 会先后触发 handleTap3 和 handleTap2（因为 tap 事件会冒泡到 middle view，而 middle view 阻止了 tap 事件冒泡，不再向父节点传递），点击 middle view 会触发 handleTap2，点击 outter view 会触发 handleTap1。

```
<view id="outter" bindtap="handleTap1">
  outer view
  <view id="middle" catchtap="handleTap2">
    middle view
    <view id="inner" bindtap="handleTap3">
      inner view
    </view>
  </view>
</view>
```


如无特殊说明，当组件触发事件时，逻辑层绑定该事件的处理函数会收到一个事件对象，各类型事件对象的属性列表如表 6-11、表 6-12 及表 6-13 所示。

注　意

<canvas/> 中的触摸事件不可冒泡，所以没有 currentTarget。

表 6-11　BaseEvent 基础事件对象属性列表

属　性	类　型	说　明
type	String	事件类型
timeStamp	Integer	事件生成时的时间戳，是指页面打开到触发事件所经过的毫秒数
target	Object	触发事件的组件的一些属性值集合，见表 6-14
currentTarget	Object	事件绑定的当前组件的一些属性值集合，见表 6-15

表 6-12　CustomEvent 自定义事件对象属性列表（继承 BaseEvent）

属　性	类　型	说　明
detail	Object	额外的信息

表 6-13　TouchEvent 触摸事件对象属性列表（继承 BaseEvent）

属　性	类　型	说　明
touches	Array	触摸事件，当前停留在屏幕中的触摸点信息的数组
changedTouches	Array	触摸事件，当前变化的触摸点信息的数组

表 6-14　触发事件的源组件 target 属性说明

属　性	类　型	说　明
id	String	事件源组件的 id
tagName	String	当前组件的类型
dataset	Object	事件源组件上由 data-开头的自定义属性组成的集合

表 6-15　事件绑定的当前组件 currentTarget 属性说明

属　性	类　型	说　明
id	String	当前组件的 id
tagName	String	当前组件的类型
dataset	Object	当前组件上由 data-开头的自定义属性组成的集合

在上一个例子中，点击 inner view 时，handleTap3 收到的事件对象 target 和 currentTarget 都是 inner，而 handleTap2 收到的事件对象 target 是 inner，currentTarget 是 middle。一般来说，只有在处理冒泡事件时，存在 target 和 currentTarget 的区别。

（1）关于 dataset 的说明

在组件中可以定义数据，这些数据将会通过事件传递给 SERVICE。书写方式：以“data-”开头，多个单词由连字符“-”连接，不能存在大写字母（大写会自动转换为小写），如 data-element-type，最终在 event.currentTarget.dataset 中会将连字符形式转成驼峰形式 elementType，示例如下：

```
<view  data-alpha-beta="1"  data-alphaBeta="2"  bindtap="bindViewTap">
DataSet Test </view>

Page({
  bindViewTap:function(event){
    event.currentTarget.dataset.alphaBeta === 1 // 会转为驼峰写法
    event.currentTarget.dataset.alphabeta === 2 // 大写会转为小写
  }
})
```

（2）关于 touches 的说明

touches 是一个数组，每个元素为一个 Touch 对象（Touch 对象说明见表 6-16）。canvas 触摸事件中携带的 touches 则是 CanvasTouch 对象（CanvasTouch 对象说明见表 6-17），表示当前停留在屏幕上的触摸点。

表 6-16　Touch 对象说明

属　性	类　型	说　明
identifier	Number	触摸点的标识符
pageX，pageY	Number	距离文档左上角的距离，文档的左上角为原点，横向为 X 轴，纵向为 Y 轴
clientX，clientY	Number	距离页面可显示区域（屏幕除去导航条）左上角距离，横向为 X 轴，纵向为 Y 轴

表 6-17　CanvasTouch 对象说明

属　性	类　型	说　明
identifier	Number	触摸点的标识符
x，y	Number	距离 Canvas 左上角的距离，Canvas 的左上角为原点，横向为 X 轴，纵向为 Y 轴

changedTouches 数据格式同 touches，表示有变化的触摸点，如从无变有（touchstart）、位置变化（touchmove）、从有变无（touchend、touchcancel）。

detail 表示自定义事件所携带的数据，如表单组件的提交事件会携带用户的输入，媒体的错误事件会携带错误信息（详见组件定义中各个事件的定义）。点击事件的 detail 带有的 x、y 同 pageX、pageY 代表距离文档左上角的距离。

6. 引用

WXML 提供了两种文件引用方式：import 和 include。通过文件引用的方式可以将模板和常用组件分离复用。

import 可以在该文件中使用目标文件定义的 template，例如，在 item.wxml 中定义一个名为 item 的 template：

```
<!-- item.wxml -->
<template name="item">
  <text>{{text}}</text>
</template>
```


在 index.wxml 中引用 item.wxml，就可以使用 item 模板：

```
<import src="item.wxml"/>
<template is="item" data="{{text: 'forbar'}}"/>
```

运行后，页面上就会显示 forbar。

import 有作用域的概念，即只会 import 目标文件中定义的 template，而不会 import 目标文件 import 的 template。例如，C import B，B import A，则在 C 中可以使用 B 定义的 template，在 B 中可以使用 A 定义的 template，但是在 C 中不能使用 A 定义的 template。

```
<!-- A.wxml -->
<template name="A">
  <text> A template </text>
</template>

<!-- B.wxml -->
<import src="a.wxml"/>
<template name="B">
  <text> B template </text>
</template>

<!-- C.wxml -->
<import src="b.wxml"/>
<template is="A"/> <!-- Error! Can not use tempalte when not import A.-->
<template is="B"/>
```

不同于 import 仅仅引入模板，include 可以将目标文件除了<template/>的整个代码引入，相当于是复制到 include 位置，例如：

```
<!-- index.wxml -->
<include src="header.wxml"/>
<view> body </view>
```

```
<include src="footer.wxml"/>

<!-- header.wxml -->
<view> header </view>

<!-- footer.wxml -->
<view> footer </view>
```

6.3.2 WXSS

WXSS 是类似于 CSS 的样式表文件，用于在视图层中定义样式，其语法大部分和 CSS 相同。相对于 CSS 文件，WXSS 对于选择器的支持范围较窄，其支持的选择器如表 6-18 所示。值得注意的是，WXSS 不支持级联选择器。在微信小程序开发的过程中，应尽可能使用组件定义类（class）的方式实现样式。

表 6-18　WXSS 支持的选择器

选择器	样　例	样例描述
.class	.intro	选择所有拥有 class="intro"的组件
#id	#firstname	选择拥有 id="firstname"的组件
Element	view	选择所有 view 组件
element, element	view, checkbox	选择所有文档的 view 组件和所有的 checkbox 组件
::after	view::after	在 view 组件后边插入内容
::before	view::before	在 view 组件前边插入内容

在使用中，通常使用类选择器定义样式，示例如下：

```
.normal_view {
  color: #000000;
  padding: 10px;
}
```

或者使用标签选择器，控制同一类组件的样式，如使用 input 标签选择器控制<input />的默认样式：

```
input {
  width: 100px;
}
```

WXSS 的属性定义具有层次关系。在实际应用中，内联定义的样式会覆盖在 Page 层次上定义的样式，在 Page 层次上定义的样式会覆盖在 App 层次上定义的样式。可以使用“!important”关键字定义重要的样式，避免其在下一层次上被覆盖。

WXSS 中引用的资源，如使用 background-image 定义背景图片，其 url 不支持本地资源。在 WXSS 中使用本地资源时，必须使用 BASE64 编码进行嵌入，在使用图片等本地资源时，也可以使用非本地 url 或者<image/>组件等作为替代。

WXSS 相对于 CSS 增加了引入功能，能够在样式表文件中通过@import 语法引入其他样式表文件，示例如下：

```
/** common.wxss **/
```

```
.small-p {
  padding:5px;
}
/** app.wxss **/
@import "common.wxss";
.middle-p {
  padding:15px;
}
```

WXSS 相对于 CSS 还引入了一个新的长度单位：rpx（responsive pixel），这是一个响应式的长度单位，可以根据屏幕宽度进行自适应。在 WXSS 中，规定所有屏幕的宽为 750rpx。如在 iPhone6 上，屏幕宽度为 375px，共有 750 个物理像素，则 750rpx = 375px = 750 物理像素，1rpx = 0.5px = 1 物理像素。

6.3.3 组件

框架为开发者提供了一系列基础组件，开发者可以通过组合这些基础组件进行快速开发，基础组件的详细介绍参见第 7 章。

6.4 逻辑层

MINA 框架使用以 js 为后缀名的、基于 JavaScript 的逻辑层文件，整个文件描述了小程序的逻辑，包括页面的交互逻辑和与远程服务器的交互逻辑。MINA 框架为逻辑层文件提供了基本的框架和大量包含在 wx 对象中的 API。

最新版本的小程序支持大部分 ECMA Script 6（ES6）的语法，但是为了向下兼容的需要，可以在小程序开发者工具内选择开启 ES6 语法转义，将 ES6 的内容转化为 ES5 的内容。

微信小程序中缺少文档对象模型（DOM），因此无法使用传统 Web 开发中获取文档的手段对视图层进行操作，需要使用数据绑定和事件绑定的方式在视图层和逻辑层进行交互。

6.4.1 注册程序

在每个小程序中，app.js 就是小程序的注册文件。里面包含了一个注册小程序的函数 App()，它接收一个 object 参数，能指定小程序的生命周期函数等，其参数说明如表 6-19 所示。

表 6-19 App()参数说明

属 性	类 型	描 述	触发时机
onLaunch	Function	生命周期函数，监听小程序初始化	当小程序初始化完成时，会触发 onLaunch（全局只触发一次）
onShow	Function	生命周期函数，监听小程序显示	当小程序启动，或从后台进入前台显示时，会触发 onShow

（续表）

属　性	类　型	描　述	触发时机
onHide	Function	生命周期函数，监听小程序隐藏	当小程序从前台进入后台时，会触发 onHide
onError	Function	错误监听函数	当小程序发生脚本错误，或者 API 调用失败时，会触发 onError 并带上错误信息
其他	Any		开发者可以添加任意的函数或数据到 object 参数中，用 this 可以访问

小程序的全局注册文件控制着小程序的生命周期，可以在小程序加载、隐藏、销毁、错误时进行响应。其中 onLaunch、onShow 函数可以接收当前小程序开始运行时接收的参数，包括参数、场景值等，如表 6-20 所示，并做出相应的响应。当用户从扫一扫、分享等入口（场景值为 1007、1008、1011、1025）进入小程序，且在没有置顶小程序的情况下退出时，小程序会被销毁。可以依据不同小程序的应用场景进行选择。小程序当前支持的场景值如表 6-21 所示。

表 6-20　onLaunch、onShow 函数参数

字　段	类　型	说　明
path	String	打开小程序的路径
query	Object	打开小程序的 query
scene	Number	打开小程序的场景值
shareTicket	String	shareTicket，详见获取更多转发信息（http://t.cn/RSM6K6H）

表 6-21　场景值说明

场景值 ID	说　明	场景值 ID	说　明
1001	发现栏小程序主入口	1007	单人聊天会话中的小程序消息卡片
1005	顶部搜索框的搜索结果页	1008	群聊会话中的小程序消息卡片
1006	发现栏小程序主入口搜索框的搜索结果页	1011	扫描二维码
1012	长按图片识别二维码	1031	长按图片识别一维码
1013	手机相册选取二维码	1032	手机相册选取一维码
1014	小程序模板消息	1034	微信支付完成页
1017	前往体验版的入口页	1035	公众号自定义菜单
1019	微信钱包	1036	App 分享消息卡片
1020	公众号 profile 页相关小程序列表	1042	添加好友搜索框的搜索结果页
1022	聊天顶部置顶小程序入口	1043	公众号模板消息
1023	安卓系统桌面图标	1044	带 shareTicket 的小程序消息卡片（详情）
1024	小程序 profile 页	1047	扫描小程序码
1025	扫描一维码	1048	长按图片识别小程序码
1028	我的卡包	1049	手机相册选取小程序码
1029	卡券详情页		

由于 Android 系统的限制，目前还无法获取到按 Home 键退出到桌面，然后从桌面再次进小程序的场景值，对于这种情况，小程序会保留上一次的场景值。

小程序注册文件 app.js 的示例如下：

```
App({
  onLaunch: function(options) {
    // Do something initial when launch.
  },
  onShow: function(options) {
     // Do something when show.
  },
  onHide: function() {
     // Do something when hide.
  },
  onError: function(msg) {
    console.log(msg)
  },
  globalData: 'I am global data'
})
```

同时，小程序还提供了全局的 getApp 函数，可以获取到小程序实例。例如，获取上面代码中 globalData 的数据：


```
// other.js
var appInstance = getApp()
console.log(appInstance.globalData) // I am global data
```

需要注意的是，App 函数必须在 app.js 中注册，且不能注册多个。而且不能在定义于 App 函数内的函数中调用 getApp 函数，使用 this 可以获取 app 实例。不要在 onLaunch 时调用 getCurrentPage 函数，此时 page 还没有生成。通过 getApp 函数获取实例之后，不要私自调用生命周期函数。

6.4.2 注册页面

在每个小程序页面的 page.js 文件中，使用 Page 函数来注册一个页面。函数接收一个 object 参数，其指定页面的初始数据、生命周期函数、事件处理函数等，object 参数的说明如表 6-22 所示。

表 6-22 Page 函数参数说明

属　性	类　型	描　述
data	Object	页面的初始数据
onLoad	Function	生命周期函数，监听页面加载
onReady	Function	生命周期函数，监听页面初次渲染完成
onShow	Function	生命周期函数，监听页面显示
onHide	Function	生命周期函数，监听页面隐藏
onUnload	Function	生命周期函数，监听页面卸载
onPullDownRefresh	Function	页面相关事件处理函数，监听用户下拉动作
onReachBottom	Function	页面上拉触底事件的处理函数
onShareAppMessage	Function	用户点击右上角转发
route	String	当前页面的路径

其中，data 字段作为页面的初始数据，将会在页面第一次渲染时，把数据以 JSON 的形式发送到视图层，其所包含的数据一定要是能转换为 JSON 形式的数据，如字符串、数字、布尔值、对象和数组。在视图层上，则可以通过简单绑定的方式使用数据，具体方法可参考 6.3.1 节部分的内容。

各生命周期函数的调用时机可参考 3.1.2 节小程序页面生命周期部分的内容，以及 6.1.2 节中 MINA 页面管理功能的介绍。

onPullDownRefresh 函数监听用户的下拉刷新操作。使用 onPullDownRefresh 函数，需要在配置文件（.json）的 window 选项中开启 enablePullDownRefresh。当处理完数据刷新后，调用 wx.stopPullDownRefresh 可以停止当前页面的下拉刷新。

onShareAppMessage 函数监听用户转发。只有定义了这个事件处理函数，右上角菜单才会显示“转发”按钮，此事件需要 return 一个 object，用于自定义转发内容。自定义转发字段的说明如表 6-23 所示。

表 6-23　onShareAppMessage 函数自定义转发字段说明

字　段	说　明	默认值
title	转发标题	当前小程序名称
path	转发路径	当前页面 path，必须是以/开头的完整路径

onShareAppMessage 函数的示例代码如下：

```
Page({
  onShareAppMessage: function () {
    return {
      title: '自定义转发标题',
      path: '/page/user?id=123'
    }
  }
})
```

除了初始化数据和生命周期函数，Page 中还可以定义一些特殊的函数：事件处理函数。在渲染层可以在组件中加入事件绑定，当达到触发条件时，就会执行 Page 中定义的事件处理函数，相关使用方式可参考 6.3.1 节中的事件绑定部分。

setData 函数用于将数据从逻辑层发送到视图层，同时改变对应的 this.data 的值。它接收一个对象，以 key: value 的形式表示将 this.data 中的 key 对应的值改变成 value。其中 key 可以非常灵活，以数据路径的形式给出，如 array[2].message，并且不需要在 this.data 中预先定义。

需要注意的是，直接修改 this.data 而不调用 this.setData 是无法改变页面状态的，还会造成数据不一致，而且单次设置的数据不能超过 1024KB，应尽量避免一次设置过多的数据。

setData 函数的示例代码如下：

```
<!--index.wxml-->
<view>{{text}}</view>
<button bindtap="changeText"> Change normal data </button>
```

```
<view>{{num}}</view>
<button bindtap="changeNum"> Change normal num </button>
<view>{{array[0].text}}</view>
<button bindtap="changeItemInArray"> Change Array data </button>
<view>{{object.text}}</view>
<button bindtap="changeItemInObject"> Change Object data </button>
<view>{{newField.text}}</view>
<button bindtap="addNewField"> Add new data </button>
//index.js
Page({
  data: {
    text: 'init data',
    num: 0,
    array: [{text: 'init data'}],
    object: {
      text: 'init data'
    }
  },
  changeText: function() {
    // this.data.text = 'changed data'  // bad, it can not work
    this.setData({
      text: 'changed data'
    })
  },
  changeNum: function() {
    this.data.num = 1
    this.setData({
      num: this.data.num
    })
  },
  changeItemInArray: function() {
    // you can use this way to modify a danamic data path
    this.setData({
      'array[0].text':'changed data'
    })
  },
  changeItemInObject: function(){
    this.setData({
      'object.text': 'changed data'
    });
  },
  addNewField: function() {
    this.setData({
      'newField.text': 'new data'
    })
  }
})
```

其运行效果如图 6-10 所示。

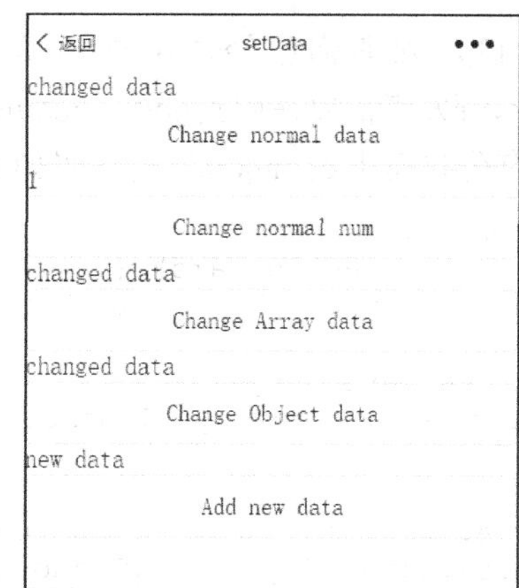

图 6-10　点击按钮修改页面

6.4.3　文件作用域及模块化

小程序开发中，每个 JavaScript 函数和变量的作用域在默认的环境下都是本文件，在所有文件间共享数据通常使用全局的 App 对象进行共享。具体来说，在小程序中可以使用 getApp 全局函数在任何时间获取 App 对象的实例，仅仅需要将整个传递的数据设置为 App 对象的一个属性即可完成全局间的数据传递。

例如，在全局 App 注册函数中有如下代码：

```
// app.js
App({
  globalData: 1
})
```

在 a.js 文件中有如下代码：

```
// a.js
// localValue 只能在当前 a.js 文件中使用
var localValue = 'a'
// 获取 app 实例
var app = getApp()
// 获取全局变量 globalData，并修改
app.globalData++
```

在 b.js 文件中有如下代码：

```
// b.js
// 可以在 b.js 中重复定义 localValue，不会影响到 a.js 中的变量
var localValue = 'b'
// 如果 a.js 文件先运行，那么此时 globalData 的值为 2
console.log(getApp().globalData)
```

我们可以将一些公共的代码抽离成为一个单独的 js 文件，作为一个模块。而 JavaScript 文件间的相互引用是使用小程序提供的基于 nodejs 的文件模块系统，模块只有通过 module.exports 或者 exports 才能对外暴露接口。exports 是 module.exports 的一个引用，因此在模块中随意更改 exports 的指向会造成未知的错误。所以我们更推荐开发者采用 module.exports 来

暴露模块接口，除非你已经清晰知道这两者的关系。小程序目前不支持直接引入node_modules，开发者需要使用到node_modules时建议复制出相关的代码到小程序的目录中。

例如，有公共模块 common.js 的代码如下：

```
// common.js
function sayHello(name) {
  console.log('Hello ${name} !')
}
function sayGoodbye(name) {
  console.log('Goodbye ${name} !')
}

module.exports.sayHello = sayHello
exports.sayGoodbye = sayGoodbye
```

在需要使用这些模块的文件中，使用 require 函数将公共代码引入，代码如下：

```
var common = require('common.js')
Page({
  helloMINA: function() {
    common.sayHello('MINA')
  },
  goodbyeMINA: function() {
    common.sayGoodbye('MINA')
  }
})
```

需要注意的是，小程序的开发环境和运行环境并不一致，在引用模块时，使用路径定位模块时应该全部使用相对路径，避免使用绝对路径。

6.4.4 API

小程序开发框架提供了丰富的微信原生 API，可以方便地调用微信提供的能力，如获取用户信息、本地存储、支付功能等，关于 API 的详细介绍可参考第 8 章内容。

第7章 小程序的基本组件

经过了前面的介绍，相信你一定已经跃跃欲试，看看自己能做出怎样的小程序了。小程序之所以简单，就是因为微信已经为开发者提供了很多可以直接使用的模板，不需要自己从头一步步开始。这一章，我们将介绍微信的基础组件，合理搭配使用这些组件，将让你的开发事半功倍。在实际开发过程中，这些组件也是必须的，就像玩积木一样，熟悉了这些基础组件，你将很快实现自己的精彩想法。

首先，我们先要知道什么是组件。组件是视图层的基本组成单元，它自带了一些功能和微信风格的样式。一个组件通常包括“开始标签”和“结束标签”，同时还带有一些“属性”用于修饰这个组件，组件的具体“内容”，则包含在两个标签之间，组件通用的形式如下：

```
<tagname property="value">
Content goes here …
</tagename>
```

注　意

所有组件与属性都小写，且以连字符“-”连接。

组件属性的主要类型如表 7-1 所示。

表 7-1　组件属性类型

类　型	描　述	注　解
Boolean	布尔值	组件写上该属性，不管该属性等于什么，其值都为 true，只有组件上没有写该属性时，其属性值才为 false。如果属性值为变量，变量的值会被转换为 Boolean 类型
Number	数字	整数（1）或者小数（0.5）
String	字符串	
Array	数组	[1, "string"]
Object	对象	{ key: value }
EventHandler	事件处理函数名	handlerName 是 Page 中定义的事件处理函数名
Any	其他任意	

小程序的所有组件，除各自特有的属性外，还有一些共同属性，如表 7-2 所示。

表 7-2　组件共同属性

属性名	类　型	描　述	注　解
id	String	组件的唯一标识	保持整个页面唯一
class	String	组件的样式类	在对应的 WXSS 中定义的样式类
style	String	组件的内联样式	可以动态设置的内联样式
hidden	Boolean	组件是否显示	所有组件默认显示
data-*	Any	自定义属性	组件上触发事件时，会发送给事件处理函数
bind*/catch*	EventHandler	组件的事件	详见第 6 章事件相关内容

小程序的基础组件，可分为七大类。视图容器类（View Container）（见表 7-3），基础内容类（Basic Content）（见表 7-4），表单（Form）（见表 7-5），导航（Navigation）（见表 7-6），多媒体（Media）（见表 7-7），地图（Map）（见表 7-8），画布（Canvas）（见表 7-9），客服会话（见表 7-10）。

表 7-3　视图容器类组件

组件名	说　明
view	视图容器
scroll-view	可滚动视图容器
swiper	滑块视图容器

表 7-4　基础内容类组件

组件名	说　明
icon	图标
text	文字
progress	进度条

表 7-5　表单组件

标签名	说　明	标签名	说　明
button	按钮	picker	列表选择器
form	表单	picker-view	内嵌列表选择器
input	输入框	slider	滚动选择器
checkbox	多项选择器	switch	开关选择器
radio	单项选择器	label	标签

表 7-6　导航组件

组件名	说　明
navigator	应用链接

表 7-7　多媒体组件

组件名	说　明
Audio	音频
Image	图片
Video	视频

表 7-8　地图组件

组件名	说　明
Map	地图

表 7-9　画布组件

组件名	说　明
Canvas	画布

表 7-10　客服会话按钮

组件名	说　明
contact-button	进入客服会话按钮

接下来，将针对各组件分别进行详细的说明，以帮助读者使用小程序组件进行开发。

注 意

以下内容将会涉及颜色的设置和展示，由于本书采用单色印刷，图示仅供参考，实际效果以代码运行为准。

7.1 视图容器

7.1.1 view 视图容器

view 组件和 HTML 中的 DIV 一样，是非常基本的页面构成元素，它可以包含其他组件，也可以被其他组件包含在内。除前面提到的所有组件共有的属性外，view 组件还包含其他属性，如表 7-11 所示。

表 7-11 view 组件属性说明

属性名	类 型	默认值	说 明
hover	Boolean	false	是否启用点击态
hover-class	String	none	指定按下去的样式类，当其值为 none 时，没有点击效果
hover-start-time	Number	50	按住后多久出现点击态，单位毫秒
hover-stay-time	Number	400	手指松开后点击态保留时间，单位毫秒

view 组件既然是最基础的容器，它的一些样式定义能帮助我们更好地排列小程序前端的各元素。小程序的页面布局采用的是 flex 布局方案，它可以简便、完整、响应式的实现各种页面布局。当样式属性 display 的值设为 flex 时，代表弹性布局，view 可以视情况伸缩以适应不同的情况。view 组件常用的样式属性如表 7-12 所示。

表 7-12 view 组件常用样式属性

属 性	作 用	可选值	说 明
flex-direction	表示元素排列方式	row	元素横向排列
		column	元素纵向排列
justify-content	表示元素在主轴上的排列方式，如果元素为横向排列，则主轴为水平轴	flex-start	紧挨着主轴开始处对齐
		flex-end	紧挨着主轴结尾处对齐
		center	在主轴居中处对齐
		space-between	元素平均分布在主轴上
		space-around	元素平均分布在主轴上，两边留有一半的间隔空间
align-items	表示元素在侧轴上的排列方式，如果元素为横向排列，则侧轴为纵轴	stretch	默认值，元素被拉伸以适应容器
		center	元素位于侧轴中心
		flex-start	元素在侧轴开始处
		flex-end	元素在侧轴结尾处
		baseline	元素位于容器内基线上

为了直观地展示相关的效果，需要新建一个小程序页面，读者可以直接在我们之前的 Hello World 项目中添加一个页面，注意还要修改 app.json 文件中的 pages 数组，在其中添

加新建页面的路径。或者，也可以直接新建一个小程序项目，如果新建一个小程序项目，还要添加必需的 app.json、app.js 主体文件，以及对应页面的 js 和 wxml 文件。至于相关文件的内容及配置，相信读者前面应该已经有了足够的了解，这里不再赘述。在这里，我们选择在前面已有的“Hello World”项目的基础上继续开发。因此，只需要在 app.json 的 pages 数组中，添加一行代码：

```
pages/component/view/view
```

注意，为了方便我们能每次直接访问我们测试的页面，建议将这个新页面放在 pages 数组的第一项，这样每次加载小程序时，访问的页面就是我们的新页面了。保存并刷新，我们就可以看到新的目录结构了，如图 7-1 所示。

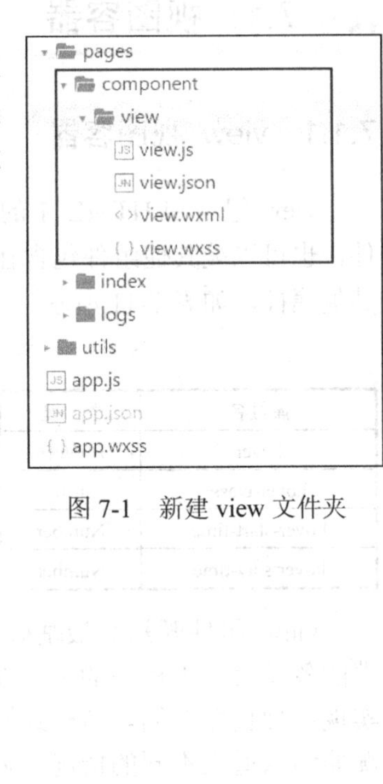

图 7-1 新建 view 文件夹

可以看到，开发者工具已经帮我们生成了所需的文件目录结构及页面文件。由于仅仅是做前端演示，所以暂时还用不到 js 文件，因此我们先在 view.wxss 和 view.wxml 中写入如下内容：

```
/* pages/component/view/view.wxss */
.flex-wrp{
    display:flex;
    background-color: #FFFFFF;
}
.inner-wrp{
    display: inline;
}
.flex-item{
    width: 100px;
    height: 100px;
}
.bc_green{
    background-color: #09BA07;
}
.bc_red{
    background-color: #F76160;
}
.bc_blue{
    background-color: #0FAEFF;
}
.flex-start{
    justify-content:flex-start;
}
.flex-center{
    justify-content: center;
}
<!--pages/component/view/view.wxml-->
<view>
  <view>flex-direction: row</view>
  <view class="flex-wrp" style="flex-direction:row;">
    <view class="flex-item bc_green"></view>
```

```
      <view class="flex-item bc_red"></view>
      <view class="flex-item bc_blue"></view>
    </view>
  </view>
  <view>
    <view>flex-direction: column</view>
    <view class="flex-wrp" style="height: 300px; flex-direction:column;">
      <view class="flex-item bc_green"></view>
      <view class="flex-item bc_red"></view>
      <view class="flex-item bc_blue"></view>
    </view>
  </view>
  <view>
    <view>justify-content:flex-start</view>
    <view class="flex-wrp"style="flex-direction:row;justify-content: flex-
    start;">
      <view class="flex-item bc_green"></view>
      <view class="flex-item bc_red"></view>
      <view class="flex-item bc_blue"></view>
    </view>
  </view>
  <view>
    <view>justify-content:flex-end</view>
    <view class="flex-wrp"style="flex-direction:row;justify-content: flex-
    end;">
      <view class="flex-item bc_green"></view>
      <view class="flex-item bc_red"></view>
      <view class="flex-item bc_blue"></view>
    </view>
  </view>
  <view>
    <view>justify-content:space-between</view>
    <view  class="flex-wrp"style="flex-direction:row;justify-content:space-
    between;">
      <view class="flex-item bc_green"></view>
      <view class="flex-item bc_red"></view>
      <view class="flex-item bc_blue"></view>
    </view>
  </view>
  <view>
    <view>justify-content:space-around</view>
    <view class="flex-wrp"style="flex-direction:row;justify-content: space-
    around;">
      <view class="flex-item bc_green"></view>
      <view class="flex-item bc_red"></view>
      <view class="flex-item bc_blue"></view>
    </view>
  </view>
  <view>
    <view>align-items:flex-start</view>
    <view   class="flex-wrp"style="height:150px;flex-direction:row;justify-
    content:center;align-items:flex-start;">
      <view class="flex-item bc_green"></view>
      <view class="flex-item bc_red"></view>
```

```
      <view class="flex-item bc_blue"></view>
    </view>
  </view>
  <view>
    <view>align-items:center</view>
    <view class="flex-wrp"style="height:150px;flex-direction:row; justify-
    content:center;align-items:center;">
      <view class="flex-item bc_green"></view>
      <view class="flex-item bc_red"></view>
      <view class="flex-item bc_blue"></view>
    </view>
  </view>
  <view>
    <view>align-items:flex-end</view>
    <view  class="flex-wrp"style="height:150px;flex-direction:row;justify-
    content:center;align-items:flex-end;">
      <view class="flex-item bc_green"></view>
      <view class="flex-item bc_red"></view>
      <view class="flex-item bc_blue"></view>
    </view>
  </view>
```


图 7-2、图 7-3 及图 7-4 就是对 view 组件的一些样式属性的部分展示，其余的样式读者也可以自由尝试。用好 view 组件，理解 flex 布局，能为前端设计提供不少帮助。

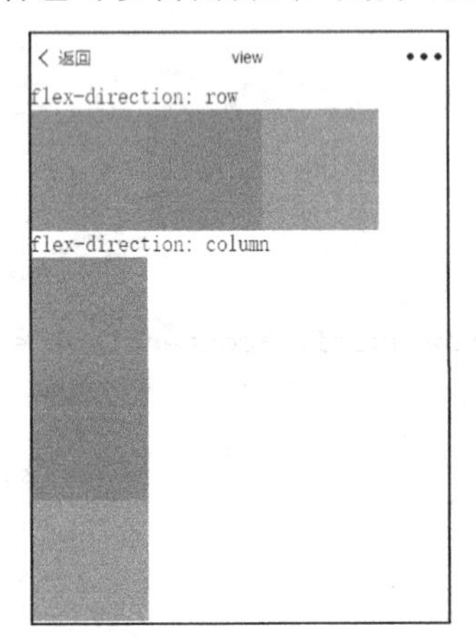

图 7-2　flex 排列方式

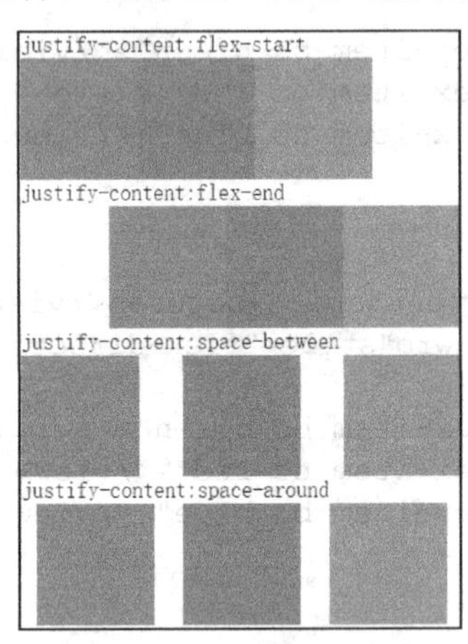

图 7-3　主轴对齐方式

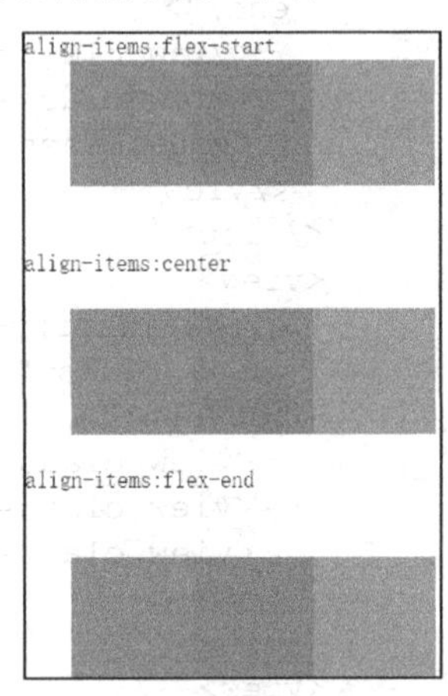

图 7-4　侧轴对齐方式

7.1.2　scroll-view 滚动视图容器

scroll-view 表示可滚动的视图区域，其包含的属性如表 7-13 所示。

表 7-13　scroll-view 属性表

属性名	类　型	默认值	说　明
scroll-x	Boolean	false	允许横向滚动
scroll-y	Boolean	false	允许纵向滚动
upper-threshold	Number	50	距顶部/左边多远时（单位 px），触发 scrolltoupper 事件
lower-threshold	Number	50	距底部/右边多远时（单位 px），触发 scrolltolower 事件

（续表）

属性名	类　型	默认值	说　明
scroll-top	Number		设置竖向滚动条位置
scroll-left	Number		设置横向滚动条位置
scroll-into-view	String		值应为某子元素 id，则滚动到该元素，元素顶部对齐滚动区域顶部
bindscrolltoupper	EventHandle		滚动到顶部/左边，会触发 scrolltoupper 事件
bindscrolltolower	EventHandle		滚动到底部/右边，会触发 scrolltolower 事件
bindscroll	EventHandle		滚动时触发，event.detail = {scrollLeft, scrollTop, scrollHeight, scrollWidth, deltaX, deltaY}

同样地，新建一个页面，用于展示 scroll-view 组件的使用效果，各文件内容如下：

```
<!--pages/component/scrollview/scrollview.wxml-->
<view>
  <view>vertical scroll</view>
  <scroll-view scroll-y="true" style="height: 200px;" bindscrolltoupper=
  "upper"bindscrolltolower="lower"bindscroll="scroll"scroll-into-view
  ="{{toView}}" scroll-top="{{scrollTop}}">
    <view id="green" class="scroll-view-item bc_green"></view>
    <view id="red"  class="scroll-view-item bc_red"></view>
    <view id="yellow" class="scroll-view-item bc_yellow"></view>
    <view id="blue" class="scroll-view-item bc_blue"></view>
  </scroll-view>
</view>
<view>
    <button size="mini" bindtap="tap">click me to scroll into view
    </button>
    <button size="mini" bindtap="tapMove">click me to scroll</button>
</view>
<view>
  <view>horizontal scroll</view>
  <scroll-view class="scroll-view_H" scroll-x="true" style="width:
  100%">
    <view id="green" class="scroll-view-item_H bc_green"></view>
    <view id="red"  class="scroll-view-item_H bc_red"></view>
    <view id="yellow" class="scroll-view-item_H bc_yellow"></view>
    <view id="blue" class="scroll-view-item_H bc_blue"></view>
  </scroll-view>
</view>

/* pages/component/scrollview/scrollview.wxss */
.bc_green{
    background-color: #09BA07;
}
.bc_red{
    background-color: #F76160;
}
.bc_blue{
    background-color: #0FAEFF;
}
.bc_yellow{
    background-color: #FFBE00;
```

```
}
.scroll-view_H{
  white-space: nowrap;
}
.scroll-view-item{
 height: 300rpx;
}
.scroll-view-item_H{
 display: inline-block;
 width: 100%;
 height: 300rpx;
}
// pages/component/scrollview/scrollview.js
var order = ['red', 'yellow', 'blue', 'green', 'red']
Page({
  data: {
    toView: 'red',
    scrollTop: 100
  },
  upper: function(e) {
    console.log(e)
  },
  lower: function(e) {
    console.log(e)
  },
  scroll: function(e) {
    console.log(e)
  },
  tap: function(e) {
    for (var i = 0; i < order.length; ++i) {
      if (order[i] === this.data.toView) {
        this.setData({
          toView: order[i + 1]
        })
        break
      }
    }
  },
  tapMove: function(e) {
    this.setData({
      scrollTop: this.data.scrollTop + 10
    })
  }
})
```


图 7-5 scroll-view 组件效果

运行后，页面显示效果如图 7-5 所示。

当点击“click me to scroll into view”按钮时，会触发 js 文件中的 tap 函数，这个函数会修改 toView 的值，反映到视图层 wxml 文件，则是修改了 scroll-view 组件的 scroll-into-view 的值，使其滚动到 id 值为 toView 的值的元素，并且元素顶部对齐滚动区域顶部。直观看起来，就是点击一次滚动一个色块。点击“click me to scroll”按钮，则会触发 js 文件中的 tapMove 函数，该函数将修改 scrollTop 的值，反映到视图层，也就是修改了 scroll-view 组件属性 scroll-top 的值，表示修改了竖向滚动条的位置，因此，每次点击该按钮，页面就会滚动一段距离，但不是滚动一整个色块。

同时，我们将开发者工具切换到“调试”选项卡，在 Console 控制台一栏，可以看到我们设定的滚动及滚动到顶部/底部触发的事件输出，如图 7-6 所示。

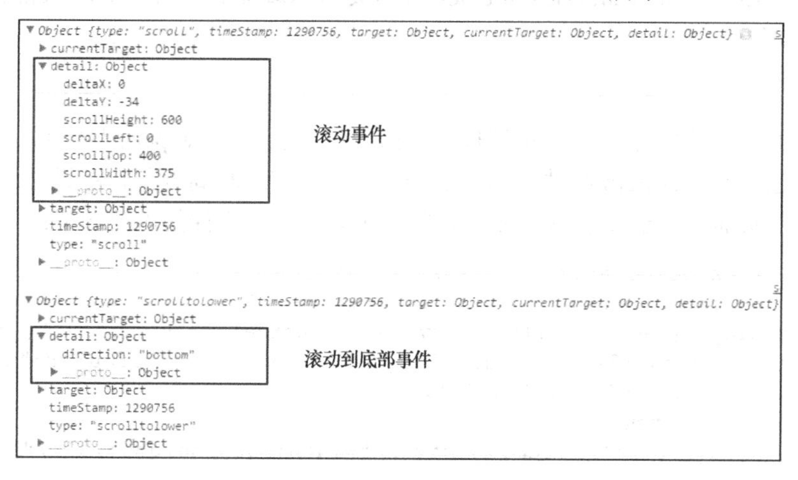

图 7-6　滚动触发的事件

使用 scroll-view 组件时，需要注意以下几个细节：

- 使用竖向滚动时，需要给<scroll-view/>一个固定的高度，通过 WXSS 设置 height，在本示例中，其值为 200px；
- 不要在 scroll-view 中使用 textarea、map、canvas、video 组件；
- scroll-into-view 的优先级高于 scroll-top；
- 在滚动 scroll-view 时会阻止页面回弹，所以在 scroll-view 中滚动，是无法触发 onPullDownRefresh（下拉刷新）的；
- 若要使用下拉刷新，应使用页面的滚动，而不是 scroll-view，这样也能通过点击顶部状态栏回到页面顶部。

7.1.3　swiper 滑块视图容器和 swiper-item 滑动项目组件

swiper 是滑块视图容器，其属性如表 7-14 所示。

表 7-14　swiper 组件属性列表

属性名	类　型	默认值	说　明
indicator-dots	Boolean	false	是否显示面板指示点
indicator-color	Color	rgba(0, 0, 0, .3)	指示点颜色
indicator-active-color	Color	#000000	当前选中的指示点颜色
autoplay	Boolean	false	是否自动切换
current	Number	0	当前所在页面的 index
interval	Number	5000	自动切换时间间隔
duration	Number	500	滑动动画时长
circular	Boolean	false	是否采用衔接滑动
bindchange	EventHandle		current 改变时会触发 change 事件，event.detail = {current: current}

注 意

indicator-color、indicator-active-color 属性是从基础库版本 1.1.0 和微信客户端版本 6.5.6 开始支持的。

swiper-item 组件包含在 swiper 组件中，而且仅可包含在 swiper 组件中。同时，swiper 组件也仅可包含 swiper-item 组件。swiper-item 组件将宽度和高度都自动设置为 100%。

创建一个页面，用于展示 swiper 组件的使用效果，各文件的内容如下：

```
<!--pages/component/swiper/swiper.wxml-->
<swiper indicator-dots="{{indicatorDots}}"
 autoplay="{{autoplay}}" interval="{{interval}}" duration= "{{duration}}"
 style="height:240px;" bindchange="changeEvent" circular="true">
  <block wx:for="{{imgUrls}}">
    <swiper-item>
      <image src="{{item}}" style="width:100%;height:100%;"/>
    </swiper-item>
  </block>
</swiper>
<button bindtap="changeIndicatorDots"> indicator-dots </button>
<button bindtap="changeAutoplay"> autoplay </button>
<slider bindchange="intervalChange" show-value min="500" max="2000"/>
interval
<slider bindchange="durationChange" show-value min="1000" max="10000"/>
duration
// pages/component/swiper/swiper.js


Page({
  data: {
    imgUrls: [
      'http://img02.tooopen.com/images/20150928/tooopen_sy_1439127557
      26.jpg',
      'http://img06.tooopen.com/images/20160818/tooopen_sy_17586643429
      6.jpg',
      'http://img06.tooopen.com/images/20160818/tooopen_sy_17583304771
      5.jpg'
    ],
    indicatorDots: false,
    autoplay: false,
    interval: 5000,
    duration: 1000
  },
  changeIndicatorDots: function(e) {
    this.setData({
      indicatorDots: !this.data.indicatorDots
    })
  },
  changeAutoplay: function(e) {
    this.setData({
```

```
      autoplay: !this.data.autoplay
    })
  },
  intervalChange: function(e) {
    this.setData({
      interval: e.detail.value
    })
  },
  durationChange: function(e) {
    this.setData({
      duration: e.detail.value
    })
  },
  changeEvent:function(e){
    console.log(e)
  }
})
```

运行后，页面显示的效果如图 7-7 所示。其中，图片区域就是我们的滑动区域，左右滑动可以切换图片。接下来，第一个按钮用来控制是否显示图中框出的指示点；第二个按钮用来控制是否开启自动滚动。在开启自动滚动的情况下，下面第一个滑动条表示每两张图片之间的滑动间隔，第二张滑动条表示每张图片展示的时间，单位都是毫秒。

图 7-7　Swiper 页面

切换到调试控制台，如图 7-8 所示，可以看到，每进行一次滑动，就会触发 change 事件，执行我们绑定的 changeEvent 函数，在控制台输出当前事件的详情，其中 detail 内容为当前 swiper-item 的序号（从 0 开始编号）。

view 组件、scroll-view 组件和 swiper 组件作为小程序的视图容器就介绍到这里。由于篇幅原因，我们无法涉及每个组件的所有属性，但是它们的使用方法都是相通的，读者抓紧时间自己尝试熟练一下吧！接下来，我们将开始介绍小程序的基础内容。

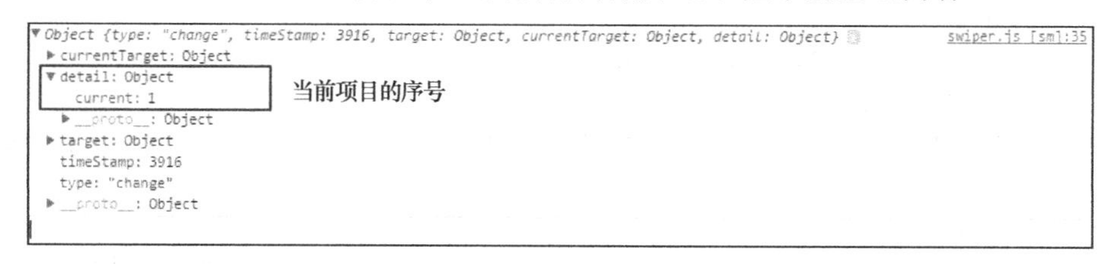

图 7-8　change 事件

7.2　基础内容

7.2.1　icon 图标

icon 图标是微信内置的样式，其属性如表 7-15 所示。

表 7-15　icon 组件属性列表

属性名	类　型	默认值	说　明
type	String		icon 的类型，有效值：success、success_no_circle、info、warn、waiting、cancel、download、search、clear
size	Number	23	icon 的大小，单位 px
color	Color		icon 的颜色，同 CSS 的 color

创建一个页面，用于展示 icon 组件的使用效果，各文件的内容如下：

```
<!--pages/component/icon/icon.wxml-->
<view style="height:150px;">
  <text>不同大小\n</text>
  <block wx:for="{{iconSize}}">
    <icon type="success" size="{{item}}"/>
  </block>
</view>
<view style="height:150px;">
  <text>不同种类\n</text>
  <block wx:for="{{iconType}}">
    <icon type="{{item}}" size="45"/>
  </block>
</view>
<view style="height:150px;">
  <text>不同颜色\n</text>
  <block wx:for="{{iconColor}}">
    <icon type="success" size="45" color="{{item}}"/>
  </block>
</view>
```

```
// pages/component/icon/icon.js
Page({
  data: {
    iconSize: [20, 30, 40, 50, 60, 70],
    iconColor: [
     'red', 'orange', 'yellow', 'green', 'rgb(0,255,255)', 'blue', 'purple'
    ],
    iconType: [
      'success', 'info', 'warn', 'waiting', 'safe_success', 'safe_warn',
      'success_circle', 'success_no_circle', 'waiting_circle', 'circle',
      'download','info_circle', 'cancel', 'search', 'clear'
    ]
  }
})
```

这个页面主要是将 icon 的三个属性取了不同的值，进行分别展示，其显示效果如图 7-9 所示。

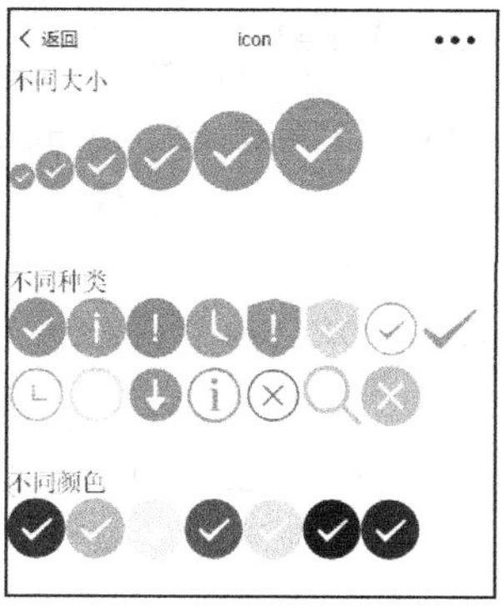

图 7-9　icon 图标

7.2.2　text 文本

text 文本用来展示文字的基本组件，其属性如表 7-16 所示。

表 7-16　text 组件属性列表

属性名	类　型	默认值	说　明
selectable	Boolean	false	文本是否可选

text 组件支持文本中的“\”转义符，如用“\n”表示换行等。而且 text 组件只支持 text 组件嵌套。目前，除文本节点以外的其他节点都无法长按选中，但 text 的长按复制功能尚未实现。

注　意

selectable 属性从基础库版本 1.1.0 和微信客户版本 6.5.6 开始支持。

新建一个页面，用来展示 text 组件的使用效果，各文件的内容如下：

```
<!--pages/component/text/text.wxml-->
<view>
  <view>
    <text selectable="true">{{text}}</text>
    <button bindtap="add">add line</button>
    <button bindtap="remove">remove line</button>
  </view>
</view>
```

```
// pages/component/text/text.js
var initData = 'this is first line\nthis is second line'
var extraLine = [];
Page({
  data: {
    text: initData
  },
  add: function(e) {
```

```
      extraLine.push('other line')
      this.setData({
        text: initData + '\n' + extraLine.join('\n')
      })
    },
    remove: function(e) {
      if (extraLine.length > 0) {
        extraLine.pop()
        this.setData({
          text: initData + '\n' + extraLine.join('\n')
        })
      }
    }
  })
```

运行后，页面显示效果如图 7-10 所示。点击“add line”按钮，会向文本添加数组内容，且追加“\n”换行符来增加一行，如图 7-11 所示。点击“remove line”按钮，则会删除数组中的内容，减少一行，如图 7-12 所示。长按文本内容，文字可以被选中，如图 7-13 所示，但是目前不能复制。

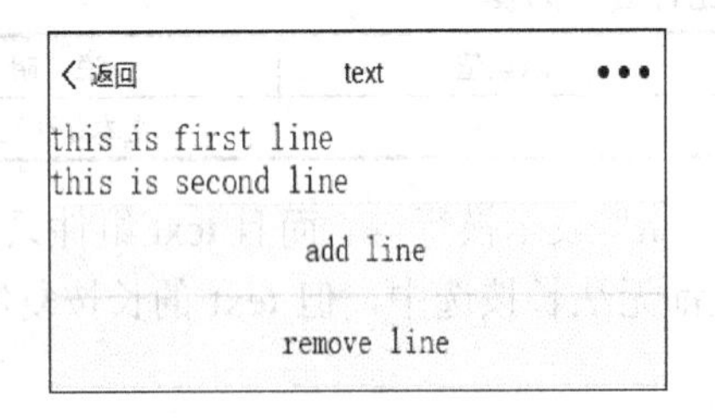

图 7-10　text 页面

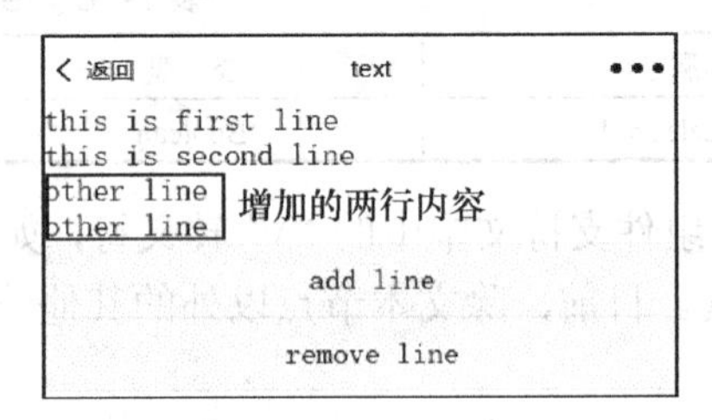

图 7-11　点击 add line 效果

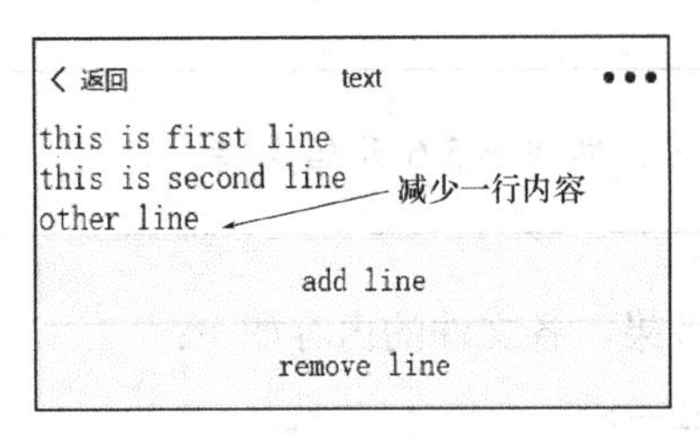

图 7-12　点击 remove line 效果

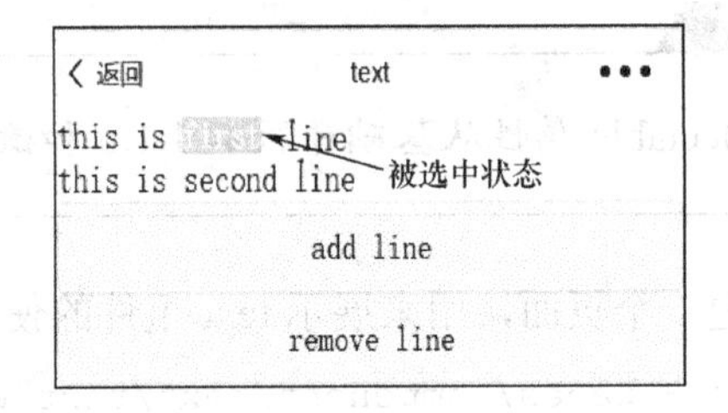

图 7-13　长按文本选中

7.2.3　progress 进度条

progress 进度条组件用来展示页面加载情况，以及一些操作的进度信息等，其基本属性如表 7-17 所示。

表 7-17　progress 进度条属性列表

属性名	类　型	默认值	说　明
percent	Float		百分比 0~100
show-info	Boolean	false	在进度条右侧显示百分比
stroke-width	Number	6	进度条线的宽度，单位 px

（续表）

属性名	类 型	默认值	说 明
color	Color	#09BB07	进度条颜色（使用 activeColor）
activeColor	Color		已选择的进度条的颜色
backgroundColor	Color		未选择的进度条的颜色
active	Boolean	false	进度条从左往右的动画

新建一个页面，用来展示 progress 组件的使用效果，各文件的内容如下：

```
<!--pages/component/progress/progress.wxml-->
<view style="width:90%">
<text>进度条默认为零，点击按钮控制进度\n</text>
<progress percent="{{percent}}" show-info/>
<text>进度条为 40%，设置宽度为 12px（默认为 6px）\n</text>
<progress percent="40" stroke-width="12"/>
<text>修改进度条颜色为粉红色\n</text>
<progress percent="60" color="pink"/>
<text>进度条从左到右加载到 80%动画\n</text>
<progress percent="80" active show-info/>
</view>
<button bindtap="addpercent">点击增加 10%</button>
<button bindtap="minuspercent">点击减少 10%</button>
```

```
// pages/component/progress/progress.js
Page({
  data:{
    percent:0
  },
  addpercent:function(e){
    if(this.data.percent<100)
    {
      this.setData({
        percent:this.data.percent+10
        })
      }
    },
  minuspercent:function(e){
    if(this.data.percent>0)
    {
      this.setData({
        percent:this.data.percent-10
        })
      }
    }
})
```

运行后，页面显示效果如图 7-14 所示。

两个按钮共同控制第一个进度条显示的百分比，进度条绑定后台数据后，就能正真显示相关进度的具体情况，减轻用户等待的焦虑。

三种基础内容组件 icon、text 和 progress 的介绍大致如此。接下来，我们将继续介绍非常实用且非常重要的表单组件。

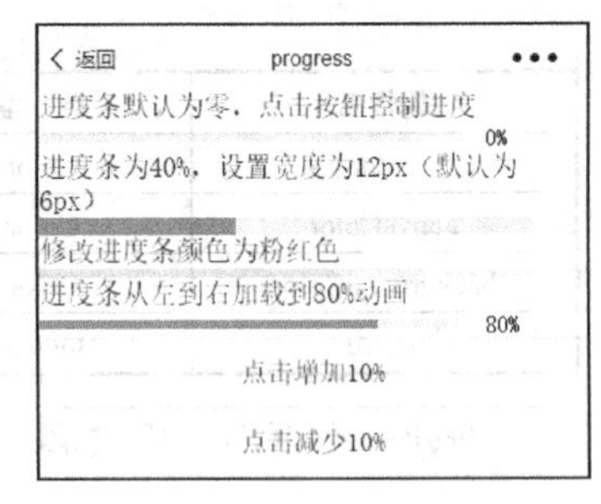

图 7-14　progress 页面

7.3　表单组件

如果读者有编写网页的经验，那么一定对表单组件并不陌生。它往往是用户向服务器提交信息的一个重要途径。下面，我们就来看看微信小程序为我们提供的表单组件吧！

7.3.1　button 按钮

button 按钮是很常见的一个组件。在小程序中，button 的属性如表 7-18 所示。

表 7-18　button 按钮组件属性列表

属性名	类　型	默认值	说　明
size	String	default	有效值：default、mini
type	String	default	按钮的样式类型，有效值 primary、default、warn
plain	Boolean	false	按钮是否镂空，背景色透明
disabled	Boolean	false	是否禁用
loading	Boolean	false	文本前是否带 loading 图标
form-type	String		有效值：submit、reset，用于 <form/> 组件，点击分别会触发 submit/reset 事件
open-type	String		有效值：contact，打开客服会话
hover-class	String	button-hover	指定按钮按下去的样式类，当 hover-class="none" 时，没有点击态效果
hover-start-time	Number	20	按住后多久出现点击态，单位毫秒
hover-stay-time	Number	70	手指松开后点击态保留时间，单位毫秒

其中，open-type 属性从基础库版本 1.1.0 开始支持，button-hover 默认为：

```
{background- color: rgba(0, 0, 0, 0.1); opacity: 0.7;}
```

新建一个页面，用来展示 button 组件的使用效果，各文件的内容如下：

```
/* pages/component/button/button.wxss */
button{
   margin-top: 30rpx;
   margin-bottom: 30rpx;
   margin-left: 20rpx;
   margin-right: 20rpx
}
.button-sp-area{
```

```
    margin: 0 auto;
    width: 60%;
}
.mini-btn{
    margin-right: 10rpx;
}
```

```
<!--pages/component/button/button.wxml-->
<button type="default" size="default"> default</button>
<button type="default" size="default" disabled=
"true">按钮被禁用</button>
<button type="default" size="default" loading=
"true">显示加载图标</button>
<button type="default" size="default" plain=
"true">背景镂空</button>
<button  type="default"  size="default"  hover-
class="none">不启用点击样式</button>
<button type="default" size="mini">小号按钮</button>
<button type="primary"> primary </button>
<button type="warn"> warn </button>
```

运行后，页面显示效果如图 7-15 所示。

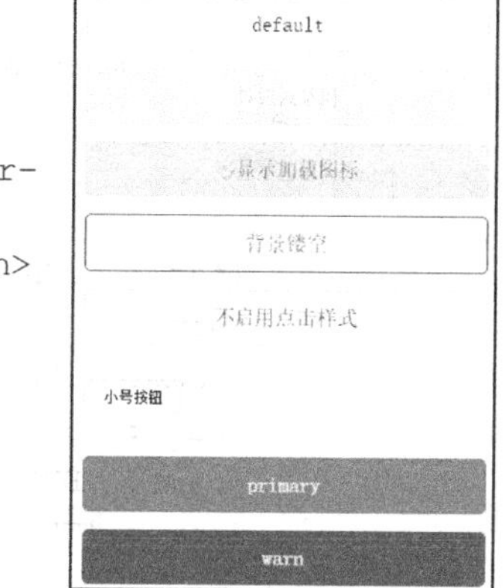

图 7-15　button 页面

7.3.2　checkbox 多选项目

1. checkbox-group 多项选择器

checkbox-group 内部包含多个 checkbox 组件，其属性如表 7-19 所示。

表 7-19　checkbox-group 属性列表

属性名	类　型	默认值	说　明
bindchange	EventHandle		<checkbox-group/>中选中项发生改变时触发 change 事件，detail = {value:[选中的 checkbox 的 value 的数组]}

2. checkbox 多选项目

checkbox 多选项目的属性如表 7-20 所示。

表 7-20　checkbox 属性列表

属性名	类　型	默认值	说　明
value	String		<checkbox/>标识，选中时触发<checkbox-group/>的 change 事件，并携带<checkbox/> 的 value
disabled	Boolean	false	是否禁用
checked	Boolean	false	当前是否选中，可用来设置默认选中
color	Color		checkbox 的颜色，同 CSS 的 color

新建一个页面，用来展示 checkbox-group 和 checkbox 组件的使用效果，各文件的内容如下：

```
<!--pages/component/checkbox/checkbox.wxml-->
<checkbox-group bindchange="checkboxChange">
```

```
    <view style="display:flex;flex-direction:column;margin-left:20px">
      <block class="checkbox" wx:for="{{items}}">
        <view style="display:flex;flex-direction:row;">
          <checkbox  value="{{item.name}}"  checked="{{item.checked}}"/>
          {{item.value}}
        </view>
      </block>
    </view>
  </checkbox-group>
```

```
// pages/component/checkbox/checkbox.js
Page({
  data: {
    items: [
      {name: 'USA', value: '美国'},
      {name: 'CHN', value: '中国', checked: 'true'},
      {name: 'BRA', value: '巴西'},
      {name: 'JPN', value: '日本'},
      {name: 'ENG', value: '英国'},
      {name: 'TUR', value: '法国'},
    ]
  },
  checkboxChange: function(e) {
    console.log('checkbox发生change事件,携带value值为:', e.detail.value)
  }
})
```


运行后，页面显示效果如图 7-16 所示。

每次点击勾选一个选项，将会触发 check-group 组件 bindchange 属性绑定的 checkbox Change 函数，并在控制台输出当前勾选的项及数组值。

图 7-17 展示了依次点击勾选美国、巴西、日本这三个选项触发的三个事件在 Console 控制台输出的详情。

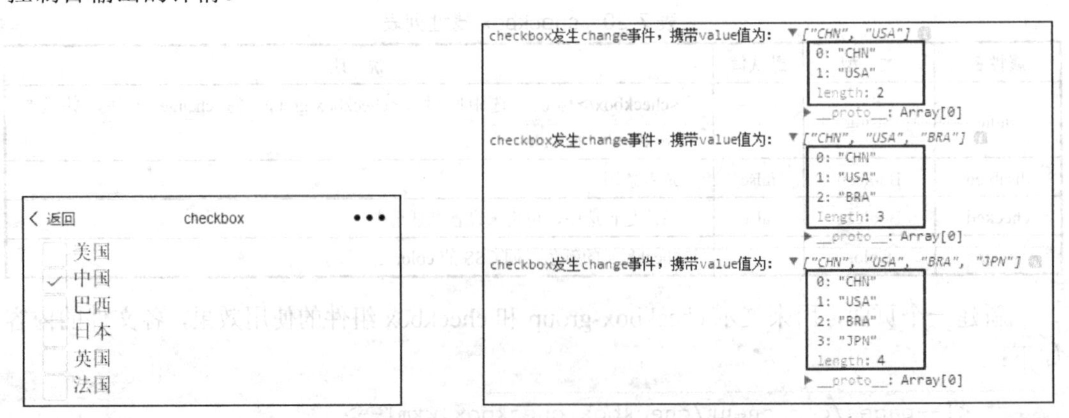

图 7-16　checkbox 页面

图 7-17　bindchange 事件详情

7.3.3 form 表单

form 表单用于将组件内的用户输入的<switch/> <input/> <checkbox/> <slider/> <radio/> <picker/>提交。

当 form 表单中的 formType 为 submit 的 <button/> 组件时，会将表单组件中的 value 值提交，需要在表单组件中加上 name 来作为 key。

form 表单的属性如表 7-21 所示。

表 7-21 form 表单属性列表

属性名	类 型	说 明
report-submit	Boolean	是否返回 formId 用于发送模板消息
bindsubmit	EventHandle	携带 form 中的数据触发 submit 事件，event.detail = {value : {'name': 'value'} , formId: ''}
bindreset	EventHandle	表单重置时会触发 reset 事件

新建一个页面，用来展示 form 表单的使用效果，各文件的内容如下：

```
<!--pages/component/form/form.wxml-->
<view class="container">
  <view class="page-body">
    <form catchsubmit="formSubmit" catchreset="formReset">
      <view class="page-section page-section-gap">
        <view class="page-section-title">switch</view>
        <switch name="switch"/>
      </view>
      <view class="page-section page-section-gap">
        <view class="page-section-title">radio</view>
        <radio-group name="radio">
          <label><radio value="radio1"/>选项一</label>
          <label><radio value="radio2"/>选项二</label>
        </radio-group>
      </view>
      <view class="page-section page-section-gap">
        <view class="page-section-title">checkbox</view>
        <checkbox-group name="checkbox">
          <label><checkbox value="checkbox1"/>选项一</label>
          <label><checkbox value="checkbox2"/>选项二</label>
        </checkbox-group>
      </view>
      <view class="page-section page-section-gap">
        <view class="page-section-title">slider</view>
        <slider value="50" name="slider" show-value ></slider>
      </view>
      <view class="page-section">
        <view class="page-section-title">input</view>
        <view class="weui-cells weui-cells_after-title">
          <view class="weui-cell weui-cell_input">
            <view class="weui-cell__bd">
              <input class="weui-input" name="input" placeholder="这是一
              个输入框" />
            </view>
          </view>
        </view>
```

```
        </view>
        <view class="btn-area">
          <button type="primary" formType="submit">Submit</button>
          <button formType="reset">Reset</button>
        </view>
      </form>
    </view>
  </view>

// pages/component/form/form.js
Page({
  formSubmit: function (e) {
    console.log('form 发生了 submit 事件，携带数据
    为：', e.detail.value)
  },
  formReset: function (e) {
    console.log('form 发生了 reset 事件，携带数据
    为：', e.detail.value)
  }
})
```

图 7-18　form 页面

运行后，页面显示效果如图 7-18 所示。

在表单上进行填写后，点击“Submit”按钮，触发 submit 事件。此时在 Console 控制台可以看到如图 7-19 所示的输出。

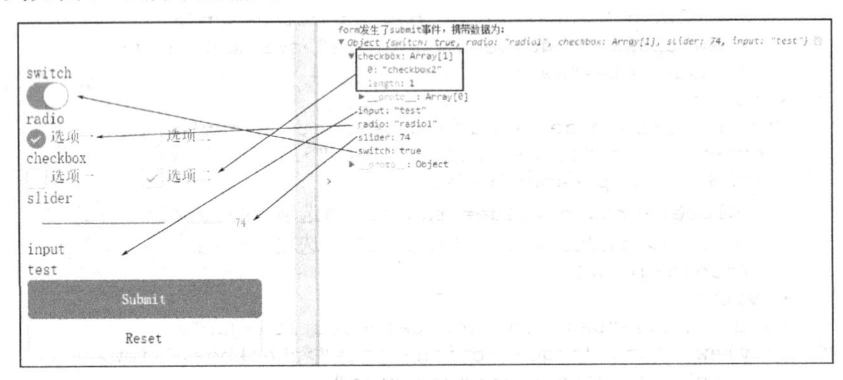

图 7-19　触发 submit 事件

点击“Reset”按钮，会清空当前表单填写的所有数据，恢复到没有填写的状态，同时触发 reset 事件绑定的 formReset 函数，在控制台的输出如图 7-20 所示。

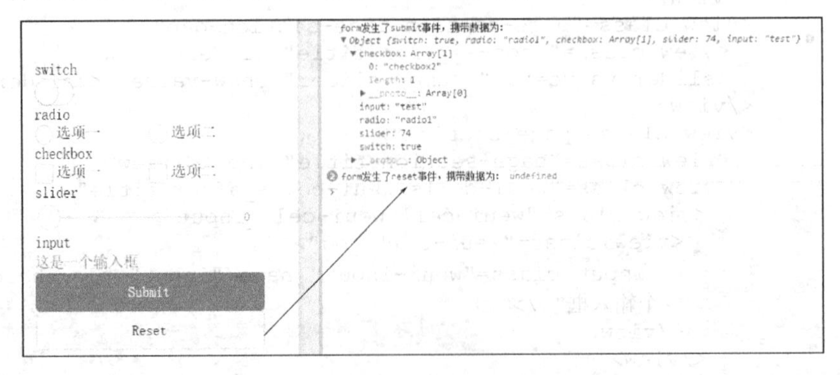

图 7-20　触发 reset 事件

7.3.4 input 输入框

input 输入框是表单中常见的组件，使用频率相当高，其属性如表 7-22 所示。

表 7-22 input 输入框属性列表

属性名	类 型	默认值	说 明
value	String		输入框的初始内容
type	String	“text”	input 的类型，有效值：“text”“number”“idcard”“digit”
password	Boolean	false	是否是密码类型
placeholder	String		输入框为空时占位符
placeholder-style	String		指定 placeholder 的样式
placeholder-class	String	“input-placeholder”	指定 placeholder 的样式类
disabled	Boolean	false	是否禁用
maxlength	Number	140	最大输入长度，设置为 -1 的时候不限制最大长度
cursor-spacing	Number	0	指定光标与键盘的距离，单位 px，取 input 距离底部的距离和 cursor-spacing 指定的距离的最小值作为光标与键盘的距离
focus	Boolean	false	获取焦点
confirm-type	String	“done”	设置键盘右下角按钮的文字，有效值：“send”“search”“next”“go”“done”
confirm-hold	Boolean	false	点击键盘右下角按钮时是否保持键盘不收起
bindinput	EventHandle		当键盘输入时，触发 input 事件，event.detail = {value: value}，处理函数可以直接 return 一个字符串，将替换输入框的内容
bindfocus	EventHandle		输入框聚焦时触发，event.detail = {value: value}
bindblur	EventHandle		输入框失去焦点时触发，event.detail = {value: value}
bindconfirm	EventHandle		点击完成按钮时触发，event.detail = {value: value}

注 意

confirm-type、confirm-hold 属性从基础库版本 1.1.0 开始支持；input 组件是一个 native 组件，字体是系统字体，所以无法设置 font-family；在 input 聚焦期间，需要避免使用 CSS 动画。

新建一个页面，用来展示 input 组件的使用效果，各文件的内容如下：

```
<!--pages/component/input/input.wxml-->
<view class="container">
  <template is="head" data="{{title: 'input'}}"/>
  <view class="page-body">
    <view class="page-section">
      <view class="weui-cells weui-cells_after-title">
        <view class="weui-cell weui-cell_input">
          <input class="weui-input" focus placeholder="这是一个可以自动聚焦
          的 input"/>
```

```
      </view>
    </view>
  </view>
  <view class="page-section">
    <view class="weui-cells weui-cells_after-title">
      <view class="weui-cell weui-cell_input">
        <input class="weui-input" maxlength="10" placeholder="最大输入
        长度为 10" />
      </view>
    </view>
  </view>
  <view class="page-section">
    <view class="weui-cells__title">你输入的是：{{inputValue}}</view>
    <view class="weui-cells weui-cells_after-title">
      <view class="weui-cell weui-cell_input">
        <input class="weui-input"  maxlength="10" bindinput="bindKey
        Input" placeholder="输入同步到 view 中"/>
      </view>
    </view>
  </view>
  <view class="page-section">
    <view class="weui-cells weui-cells_after-title">
      <view class="weui-cell weui-cell_input">
        <input class="weui-input"  bindinput="bindReplaceInput" place
        holder="连续的两个 1 会变成 2" />
      </view>
    </view>
  </view>
  <view class="page-section">
    <view class="weui-cells weui-cells_after-title">
      <view class="weui-cell weui-cell_input">
        <input class="weui-input"  bindinput="bindHideKeyboard" place
        holder="输入 123 自动收起键盘" />
      </view>
    </view>
  </view>
  <view class="page-section">
    <view class="weui-cells weui-cells_after-title">
      <view class="weui-cell weui-cell_input">
        <input class="weui-input" type="number" placeholder="这是一个数
        字输入框" />
      </view>
    </view>
  </view>
  <view class="page-section">
    <view class="weui-cells weui-cells_after-title">
      <view class="weui-cell weui-cell_input">
        <input class="weui-input" password type="text" placeholder="
        这是一个密码输入框" />
      </view>
    </view>
  </view>
  <view class="page-section">
    <view class="weui-cells weui-cells_after-title">
```

```
        <view class="weui-cell weui-cell_input">
          <input class="weui-input" type="digit" placeholder="带小数点的
          数字键盘"/>
        </view>
      </view>
    </view>
    <view class="page-section">
      <view class="weui-cells weui-cells_after-title">
        <view class="weui-cell weui-cell_input">
          <input class="weui-input" type="idcard" placeholder="身份证输入
          键盘" />
        </view>
      </view>
    </view>
    <view class="page-section">
      <view class="weui-cells weui-cells_after-title">
        <view class="weui-cell weui-cell_input">
          <input  class="weui-input"  placeholder-style="color:#F76260"
          placeholder="占位符字体是红色的" />
        </view>
      </view>
    </view>
  </view>
</view>
```



```
// pages/component/input/input.js
Page({
  data: {
    focus: false,
    inputValue: ''
  },
  bindKeyInput: function (e) {
    this.setData({
      inputValue: e.detail.value
    })
  },
  bindReplaceInput: function (e) {
    var value = e.detail.value
    var pos = e.detail.cursor
    var left
    if (pos !== -1) {
      // 光标在中间
      left = e.detail.value.slice(0, pos)
      // 计算光标的位置
      pos = left.replace(/11/g, '2').length
    }

    // 直接返回对象，可以对输入进行过滤处理，同时可以控制光标的位置
    return {
      value: value.replace(/11/g, '2'),
      cursor: pos
    }

    // 或者直接返回字符串,光标在最后边
```

```
        // return value.replace(/11/g,'2'),
      },
      bindHideKeyboard: function (e) {
        if (e.detail.value === '123') {
          // 收起键盘
          wx.hideKeyboard()
        }
      }
    })
```

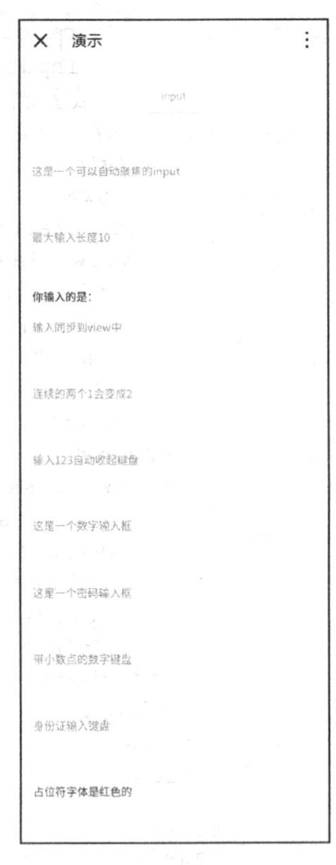

图 7-21　input 组件页面

运行后，页面显示效果如图 7-21 所示。每当访问这个页面时，光标就会自动聚焦到第一个输入框中，输入法键盘也会弹起。在第二个长度为 10 的输入框中，当输入长度超过 10 时，将不会再接收后续的输入。第三个输入框能将输入的文本同步刷新显示在其上面的 view 组件中。第四个输入框，监听输入两个“1”，将“11”替换为“2”的同时，修改光标的位置，让其始终位于输入框最后面。第五个输入框，通过匹配输入控制键盘的收起。第六个输入框，点击后只能激活数字键盘，避免输入其他不允许的内容。第七个密码输入框，输入到其中的所有内容都将会以小黑圆点显示，保护密码隐私。第八个和第九个输入框，是在数字键盘的基础上，分别添加小数点按钮“.”和身份证上的 X 符号按钮。最后一个输入框，则展示通过修改 placeholder-style 属性的值来修改 placeholder 内容的样式。

7.3.5　label 标签

label 标签用来改进表单组件的可用性，使用 for 属性找到对应的 id，或者将控件放在该标签下，点击时，就会触发对应的控件。也就是说，当用户选择该标签时，浏览器就会自动将焦点转到和标签相关的表单控件上。for 优先级高于内部控件，内部有多个控件时默认触发第一个控件。目前，其可以绑定的控件有：<button/> <checkbox/> <radio/> <switch/>，其属性如表 7-23 所示。

表 7-23　label 标签属性列表

属性名	类　型	说　明
for	String	绑定控件的 id

新建一个页面，用来展示 label 组件的使用效果，各文件的内容如下：

```
<!--pages/component/label/label.wxml-->
<view class="page-body">
    <view class="page-section page-section-gap">
      <view class="page-section-title">表单组件在 label 内</view>
      <checkbox-group class="group" bindchange="checkboxChange">
        <view class="label-1" wx:for="{{checkboxItems}}">
          <label>
            <checkbox value="{{item.name}}" checked="{{item.checked}}">
```

```
        </checkbox>
        <text class="label-1-text">{{item.value}}</text>
      </label>
    </view>
  </checkbox-group>
</view>

<view class="page-section page-section-gap">
  <view class="page-section-title">label 用 for 标识表单组件</view>
  <radio-group class="group" bindchange="radioChange">
    <view class="label-2" wx:for="{{radioItems}}">
     <radio id="{{item.name}}" value="{{item.name}}" checked="{{item.
     checked}}"></radio>
     <label class="label-2-text"for="{{item.name}}"><text> {{item.
     name}}</text></label>
    </view>
  </radio-group>
</view>

<view class="page-section page-section-gap">
  <view class="page-section-title">label 内有多个时选中第一个</view>
  <label class="label-3">
    <checkbox class="checkbox-3">选项一</checkbox>
    <checkbox class="checkbox-3">选项二</checkbox>
    <view class="label-3-text">点击该 label 下的文字默认选中第一个 checkbox
    </view>
  </label>
</view>
</view>
// pages/component/label/label.js
Page({
  data: {
    checkboxItems: [
      {name: 'USA', value: '美国'},
      {name: 'CHN', value: '中国', checked: 'true'}
    ],
    radioItems: [
      {name: 'USA', value: '美国'},
      {name: 'CHN', value: '中国', checked: 'true'}
    ],
    hidden: false
  },
  checkboxChange: function (e) {
    var checked = e.detail.value
    var changed = {}
    for (var i = 0; i < this.data.checkboxItems.length; i++) {
      if (checked.indexOf(this.data.checkboxItems[i].name) !== -1) {
        changed['checkboxItems[' + i + '].checked'] = true
      } else {
```

```
          changed['checkboxItems[' + i + '].checked'] = false
        }
      }
      this.setData(changed)
    },
    radioChange: function (e) {
      var checked = e.detail.value
      var changed = {}
      for (var i = 0; i < this.data.radioItems.length; i ++) {
        if (checked.indexOf(this.data.radioItems[i].name) !== -1) {
          changed['radioItems[' + i + '].checked'] = true
        } else {
          changed['radioItems[' + i + '].checked'] = false
        }
      }
      this.setData(changed)
    }
  })
```


运行后，页面显示效果如图 7-22 所示。

和之前单独展示的 checkbox 组件不同，使用了 label 组件后，直接点击 checkbox 选择框后面的文字，也能触发 checkbox 组件选中，解决了在手机这类小屏幕上因为触摸精度不高导致无法正确触发相关控件的问题。

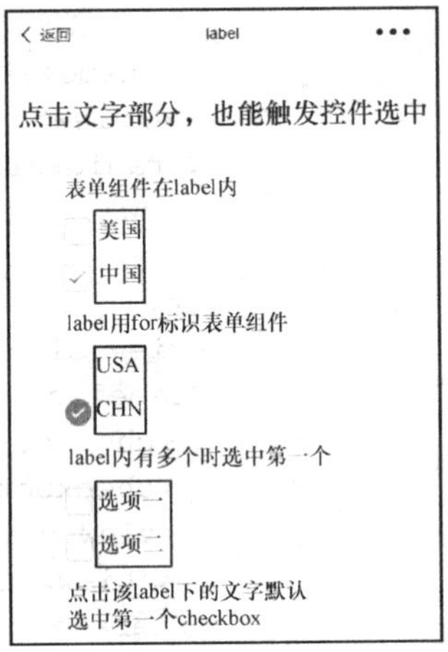

返回 label
点击文字部分，也能触发控件选中
表单组件在label内
美国
中国
label用for标识表单组件
USA
CHN
label内有多个时选中第一个
选项一
选项二
点击该label下的文字默认选中第一个checkbox

图 7-22　label 页面

7.3.6　picker 选择器

picker 表示从页面底部弹起的滚动选择器，目前支持三种选择器，通过属性 mode 来区分，分别是普通选择器、时间选择器、日期选择器，默认情况下是普通选择器。

1. 普通选择器：mode=selector

当其为普通选择器时，picker 的属性如表 7-24 所示。

表 7-24　mode=selector 时 picker 属性列表

属性名	类　型	默认值	说　明
range	Array / Object Array	[ ]	mode 为 selector 时，range 有效
range-key	String		当 range 是一个 Object Array 时，通过 range-key 来指定 Object 中 key 的值作为选择器显示内容
value	Number		value 的值表示表示选择了 range 中的第几个（下标从 0 开始）
bindchange	EventHandle	0	value 改变时触发 change 事件，event.detail = {value: value}
disabled	Boolean	false	是否禁用

2. 时间选择器：mode=time

当其为时间选择器时，picker 的属性如表 7-25 所示。

表 7-25　model=time 时 picker 属性列表

属性名	类　型	默认值	说　明
value	String		表示选中的时间，格式为"hh:mm"
start	String		表示有效时间范围的开始，字符串格式为"hh:mm"
end	String		表示有效时间范围的结束，字符串格式为"hh:mm"
bindchange	EventHandle		value 改变时触发 change 事件，event.detail = {value: value}
disabled	Boolean	false	是否禁用

3. 日期选择器：mode=date

当其为日期选择器时，picker 的属性如表 7-26 所示。

表 7-26　mode=date 时 picker 属性列表

属性名	类　型	默认值	说　明
value	String	0	表示选中的日期，格式为"YYYY-MM-DD"
start	String		表示有效日期范围的开始，字符串格式为"YYYY-MM-DD"
end	String		表示有效日期范围的结束，字符串格式为"YYYY-MM-DD"
fields	String	day	有效值 year,month,day，表示选择器的粒度
bindchange	EventHandle		value 改变时触发 change 事件，event.detail = {value: value}
disabled	Boolean	false	是否禁用

需要注意的是，在开发者工具中，只支持默认的普通选择器。

新建一个页面，用于展示这三种选择器在手机上的运行效果，各文件的内容如下：

```
<!--pages/component/picker/picker.wxml-->
<view class="section">
  <view class="section__title">地区选择器</view>
 <picker bindchange="bindPickerChange"value="{{index}}"range= "{{array}}">
   <view class="picker">
     当前选择：{{array[index]}}
   </view>
  </picker>
</view>
<view class="section">
  <view class="section__title">时间选择器</view>
  <picker mode="time" value="{{time}}" start="09:01" end="21:01" bindchange
  ="bindTimeChange">
   <view class="picker">
     当前选择：{{time}}
   </view>
  </picker>
</view>

<view class="section">
  <view class="section__title">日期选择器</view>
  <picker mode="date" value="{{date}}" start="2015-09-01" end= "2017-09-
  01" bindchange="bindDateChange">
   <view class="picker">
```

```
        当前选择：{{date}}
      </view>
    </picker>
  </view>
// pages/component/picker/picker.js
Page({
  data: {
    array: ['美国', '中国', '巴西', '日本'],
    objectArray: [
      {
        id: 0,
        name: '美国'
      },
      {
        id: 1,
        name: '中国'
      },
      {
        id: 2,
        name: '巴西'
      },
      {
        id: 3,
        name: '日本'
      }
    ],
    index: 0,
    date: '2016-09-01',
    time: '12:01'
  },
  bindPickerChange: function(e) {
    console.log('picker发送选择改变，携带值为', e.detail.value)
    this.setData({
      index: e.detail.value
    })
  },
  bindDateChange: function(e) {
    this.setData({
      date: e.detail.value
    })
  },
  bindTimeChange: function(e) {
    this.setData({
      time: e.detail.value
    })
  }
})
```

运行后，在手机上访问相关 picker 页面，显示效果如图 7-23 所示。

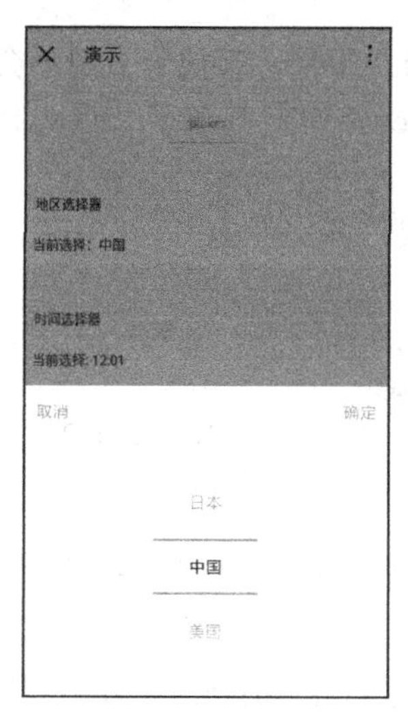

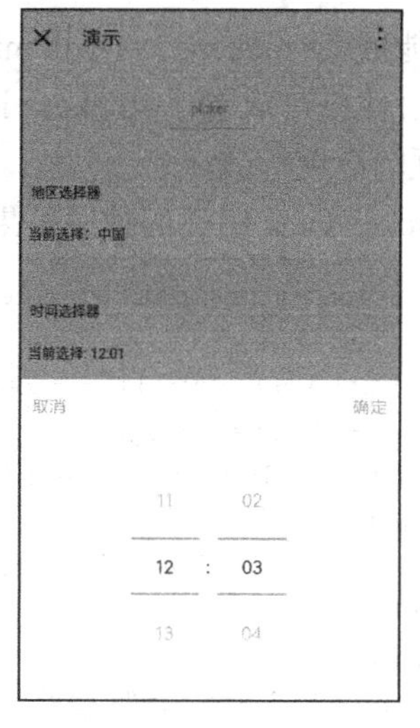

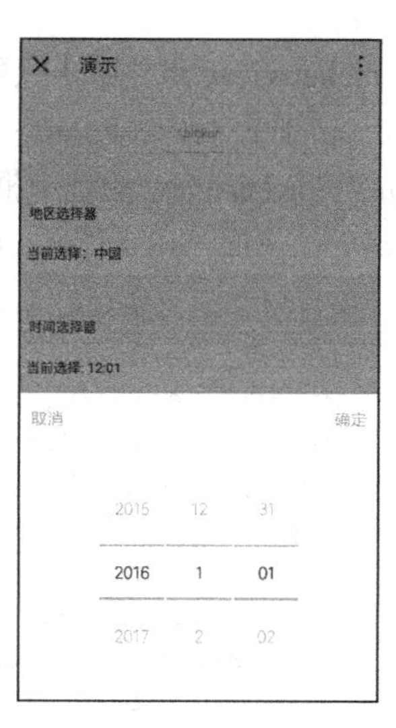

图 7-23 三种选择器

打开手机上的调试模式，可以看到，当第一个地区选择器内容发生改变时，将触发 bindchange 属性绑定的 bindPickerChange 函数，在控制台输出选择内容的序号，如图 7-24 所示。

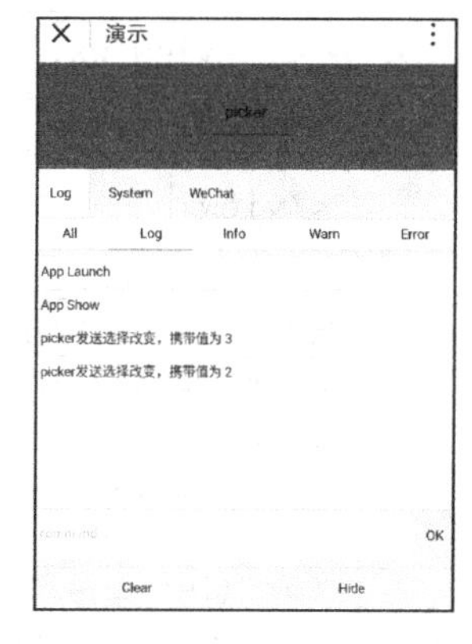

图 7-24 输出选中内容的序号

7.3.7 picker-view 嵌入页面的滚动选择器

相比于 picker 只允许三种类型的选择器，picker-view 组件则为开发者提供了更为自由的组合方式。通过 picker-view，开发者可以自己设定每列的内容，而不仅仅是局限于之前的三种类型。picker-view 组件的属性如表 7-27 所示。

表 7-27 picker-view 属性列表

属性名	类 型	默认值	说 明
value	Number Array		数组中的数字依次表示 picker-view 内的 picker-view-colume 选择的第几项（下标从 0 开始），数字大于 picker-view-column 可选项长度时，选择最后一项
indicator-style	String		设置选择器中间选中框的样式
indicator-class	String		设置选择器中间选中框的类名
bindchange	EventHandle		当滚动选择，value 改变时触发 change 事件，event.detail = {value: value}；value 为数组，表示 picker-view 内的 picker-view-column 当前选择的是第几项（下标从 0 开始）

注 意

indicator-class 属性从基础库版本 1.1.0，微信客户端版本 6.5.6 开始支持。

在 picker-view 组件中，只能嵌套<picker-view-column/>组件，其他节点都不会显示。反过来，<picker-view-column/>组件仅可放置于<picker-view/>中，其孩子节点的高度会自动设置成与 picker-view 的选中框的高度一致。

新建一个页面，用于展示 picker-view 组件的使用效果，各文件的内容如下：

```
<!--pages/component/picker-view/picker-view.wxml-->
<view style="display:flex;flex-direction:column;align-items:center">
  <view>{{year}}年{{month}}月{{day}}日</view>
  <picker-view indicator-style="height: 50px;" style="width: 90%; height:
  300px;" value="{{value}}" bindchange="bindChange">
    <picker-view-column>
     <view wx:for="{{years}}" style="line-height: 50px">{{item}}年</view>
    </picker-view-column>
    <picker-view-column>
     <view wx:for="{{months}}" style="line-height: 50px">{{item}}月</view>
    </picker-view-column>
    <picker-view-column>
     <view wx:for="{{days}}" style="line-height: 50px">{{item}}日</view>
    </picker-view-column>
  </picker-view>
</view>
```

```
// pages/component/picker-view/picker-view.js
const date = new Date()
const years = []
const months = []
const days = []

for (let i = 1990; i <= date.getFullYear(); i++) {
  years.push(i)
}

for (let i = 1 ; i <= 12; i++) {
  months.push(i)
}

for (let i = 1 ; i <= 31; i++) {
  days.push(i)
}

Page({
  data: {
    years: years,
    year: date.getFullYear(),
    months: months,
    month: 2,
    days: days,
    day: 2,
    year: date.getFullYear(),
```

```
      value: [9999, 1, 1],
    },
    bindChange: function(e) {
      const val = e.detail.value
      this.setData({
        year: this.data.years[val[0]],
        month: this.data.months[val[1]],
        day: this.data.days[val[2]]
      })
    }
  })
```

运行后，页面显示效果如图 7-25 所示。

可以看到，年、月、日列，分别读取的是我们设定的数据集合，获取到的数值也会同步显示在 view 中。picker-view 组件能够满足我们更多样化的选择器要求。

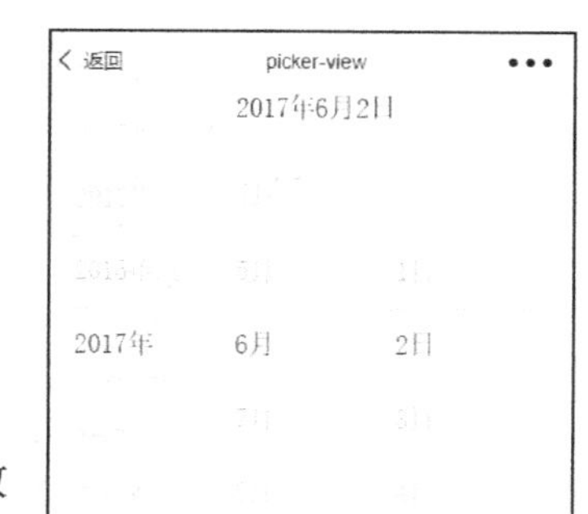

图 7-25 picker-view 展示

7.3.8 radio 单选项目

1. radio-group 单项选择器

<radio-group/>组件内部由多个<radio />组件组成，其属性如表 7-28 所示。

表 7-28 radio-group 组件属性列表

属性名	类 型	默认值	说 明
bindchange	EventHandle		<radio-group/> 中的选中项发生变化时触发 change 事件，event.detail = {value: 选中项 radio 的 value}

2. radio 单选项目

radio 单选项目，一般包含在<radio-group/>组件之中，其属性如表 7-29 所示。

表 7-29 radio 组件属性列表

属性名	类 型	默认值	说 明
value	String		<radio/> 标识。当该<radio/> 选中时，<radio-group/> 的 change 事件会携带<radio/>的 value
checked	Boolean	false	当前是否选中
disabled	Boolean	false	是否禁用
color	Color		radio 的颜色，同 CSS 的 color

我们新建一个页面，用来展示这两个组件的使用效果，各文件内容如下。

```
<!--pages/component/radio/radio.wxml-->
<view class="container">
  <view class="page-body">
    <view class="page-section page-section-gap">
      <view class="page-section-title">前端页面直接设置选中</view>
      <label class="radio">
        <radio value="r1" checked="true"/>选中
```

```
      </label>
      <label class="radio">
        <radio value="r2" />未选中
      </label>
    </view>
    <view class="page-section">
      <view class="page-section-title">从逻辑层读取数据</view>
      <view class="weui-cells weui-cells_after-title">
        <radio-group bindchange="radioChange">
          <label class="weui-cell weui-check__label" wx:for="{{items}}"
          wx:key="{{item.value}}">
            <view class="weui-cell__hd">
              <radio value="{{item.value}}" checked="{{item.checked}}"/>
            </view>
            <view class="weui-cell__bd">{{item.name}}</view>
          </label>
        </radio-group>
      </view>
    </view>
  </view>
</view>

// pages/component/radio/radio.js
Page({
  data: {
    items: [
      {value: 'USA', name: '美国'},
      {value: 'CHN', name: '中国', checked: 'true'},
      {value: 'BRA', name: '巴西'},
      {value: 'JPN', name: '日本'},
      {value: 'ENG', name: '英国'},
      {value: 'FRA', name: '法国'},
    ]
  },
  radioChange: function(e) {
    console.log('radio发生change事件，携带value值为：', e.detail.value)

    var items = this.data.items;
    for (var i = 0, len = items.length; i < len; ++i) {
      items[i].checked = items[i].value == e.detail.value
    }

    this.setData({
      items: items
    });
  }
})
```

运行后，页面显示效果如图 7-26 所示。切换到控制台，可以看到，每次点击都能触发点击事件，在控制台会输出当前被点击选项的 value，如图 7-27 所示。

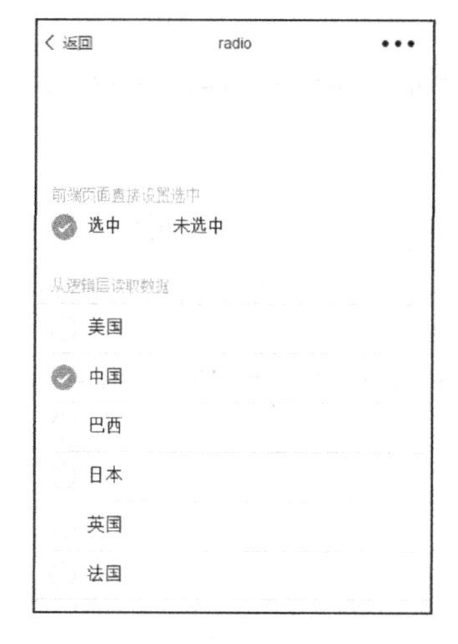

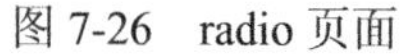

图 7-26　radio 页面

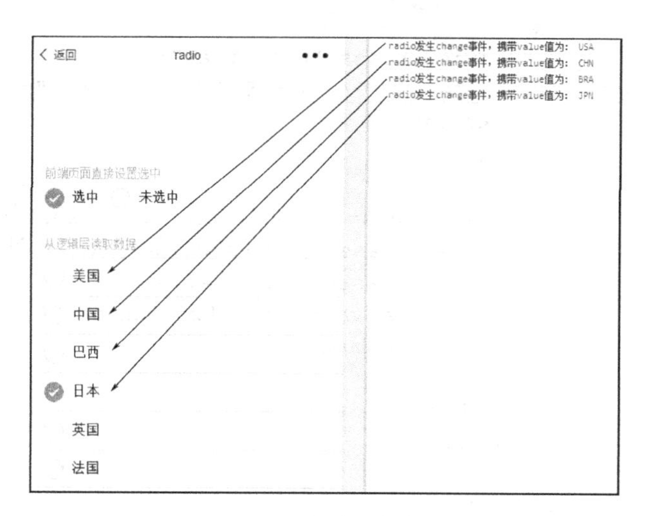

图 7-27　触发点击事件

7.3.9　slider 滑动选择器

slider 滑动选择器的属性如表 7-30 所示。

表 7-30　slider 组件属性列表

属性名	类　型	默认值	说　明
min	Number	0	最小值
max	Number	100	最大值
step	Number	1	步长，取值必须大于 0，并且可被(max－min)整除
disabled	Boolean	false	是否禁用
value	Number	0	当前取值
activeColor	Color	#1aad19	已选择颜色
backgroundColor	Color	#e9e9e9	背景条颜色
show-value	Boolean	false	是否显示当前 value
bindchange	EventHandle		完成一次拖动后触发的事件，event.detail = {value: value}

新建一个页面，用来展示 slider 组件的使用效果，各文件的内容如下：

```
<!--pages/component/slider/slider.wxml-->
<view class="container">
  <view class="page-body">
    <view class="page-section page-section-gap">
      <view class="page-section-title">设置 step 为 5</view>
      <view class="body-view">
        <slider value="60" bindchange="slider1change" step="5"/>
      </view>
</view>

    <view class="page-section page-section-gap">
      <view class="page-section-title">显示当前 value</view>
```

```
            <view class="body-view">
              <slider value="50" bindchange="slider2change" show-value/>
            </view>
        </view>

          <view class="page-section page-section-gap">
            <view class="page-section-title">设置最小为 50/最大值为 200</view>
            <view class="body-view">
              <slider value="100" bindchange="slider3change" min="50" max="200"
              show-value/>
            </view>
          </view>
        </view>

      </view>
      // pages/component/slider/slider.js
      var pageData = {}
      for (var i = 1; i < 5; i++) {
        (function (index) {
          pageData['slider' + index + 'change'] = function(e) {
            console.log('slider' + index + '发生 change 事件，携带值为', e.detail.
            value)
          }
        })(i)
      }
      Page(pageData)
```

运行后，页面显示效果如图 7-28 所示。切换到调试台，如图 7-29 所示，可以看到，随着 slider 的滑动，每次完成拖动后都会触发 bindchange 绑定的事件，在控制台输出当前值。第一个滑动条因为限定了步长为 5，因此，每次拖动增减都是 5。第二个滑动条可以直接将值显示在滑动条旁边。第三个滑动条，最大最小值已经被分别设置为了 200 和 50。

图 7-28　slider 页面效果

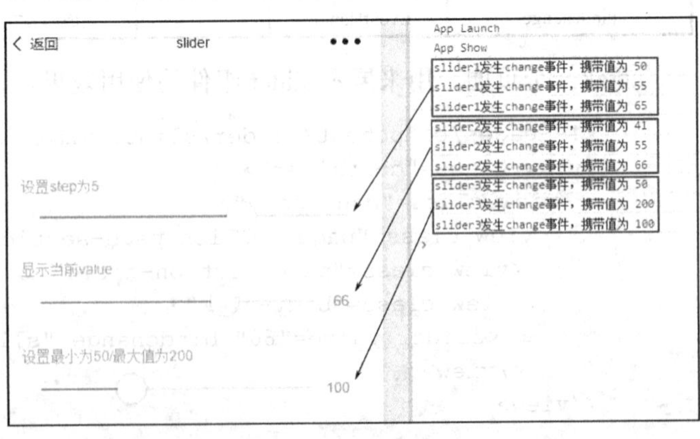

图 7-29　slider 触发事件

7.3.10 switch 开关选择器

switch 开关选择器组件只有选中和未被选中两种状态，其属性如表 7-31 所示：

表 7-31 switch 属性列表

属性名	类 型	默认值	说 明
checked	Boolean	false	是否选中
type	String	switch	样式，有效值：switch，checkbox
bindchange	EventHandle		checked 改变时触发 change 事件，event.detail={ value:checked}
color	Color		switch 的颜色，同 CSS 的 color

新建一个页面，用来展示 switch 组件的使用效果，各文件的内容如下：

```
<!--pages/component/switch/switch.wxml-->
<view class="page-section page-section-gap">
     <view class="page-section-title">默认样式</view>
     <view class="body-view">
       <switch checked bindchange="switch1Change"/>
       <switch bindchange="switch2Change"/>
     </view>
</view>
<view class="page-section">
   <view class="page-section-title">推荐展示样式</view>
   <view class="weui-cells weui-cells_after-title">
     <view class="weui-cell weui-cell_switch">
       <view class="weui-cell__bd">开启中</view>
       <view class="weui-cell__ft">
         <switch checked />
       </view>
     </view>
     <view class="weui-cell weui-cell_switch">
       <view class="weui-cell__bd">关闭</view>
       <view class="weui-cell__ft">
         <switch />
       </view>
     </view>
   </view>
</view>

// pages/component/switch/switch.js
Page({
  switch1Change: function (e){
    console.log('switch1 发生 change 事件，携带值为', e.detail.value)
  },
  switch2Change: function (e){
    console.log('switch2 发生 change 事件，携带值为', e.detail.value)
  }
})
```

运行后，页面显示效果如图 7-30 所示。切换到控制台，可以看到，随着按钮的状态改变，其触发事件携带的值也有了对应的改变，如图 7-31 所示。

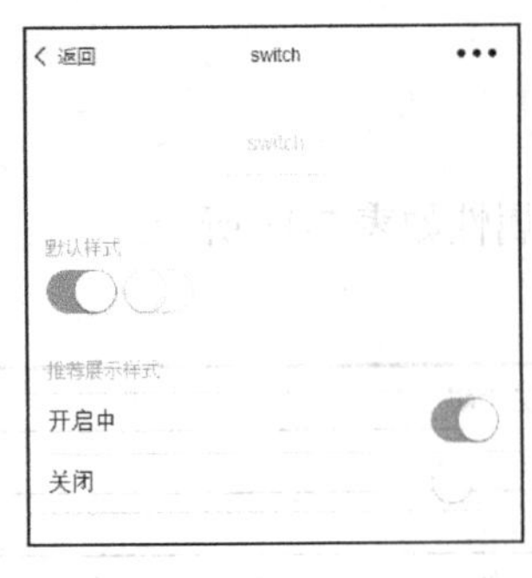

图 7-30　switch 页面

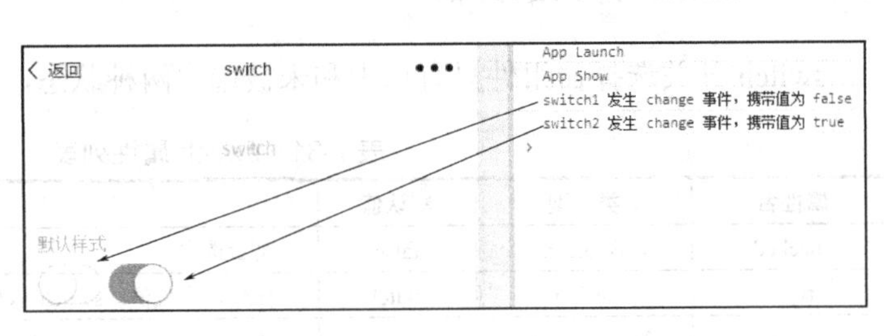

图 7-31　switch 事件

7.3.11　textarea 多行输入框

textarea 多行输入框组件的属性如表 7-32 所示。

表 7-32　textarea 属性列表

属性名	类　型	默认值	说　明
value	String		输入框的内容
placeholder	String		输入框为空时占位符
placeholder-style	String		指定 placeholder 的样式
placeholder-class	String	textarea-placeholder	指定 placeholder 的样式类
disabled	Boolean	false	是否禁用
maxlength	Number	140	最大输入长度，设置为-1 时不限制最大长度
auto-focus	Boolean	false	自动聚焦，拉起键盘
focus	Boolean	false	获取焦点
auto-height	Boolean	false	是否自动增高，设置 auto-height 时，style.height 不生效
fixed	Boolean	false	如果 textarea 是在一个 position:fixed 的区域，需要显示指定属性 fixed 为 true
cursor-spacing	Number	0	指定光标与键盘的距离，单位 px。取 textarea 距离底部的距离和 cursor-spacing 指定的距离的最小值作为光标与键盘的距离
bindfocus	EventHandle		输入框聚焦时触发，event.detail = {value: value}
bindblur	EventHandle		输入框失去焦点时触发，event.detail = {value: value}
bindlinechange	EventHandle		输入框行数变化时调用，event.detail = {height: 0, heightRpx: 0, lineCount: 0}
bindinput	EventHandle		当键盘输入时，触发 input 事件，event.detail = {value: value}，bindinput 处理函数的返回值并不会反映到 textarea 上
bindconfirm	EventHandle		点击完成时，触发 confirm 事件，event.detail = {value: value}

新建一个页面，用来展示 textarea 组件的使用效果，各文件的内容如下：

```
<!--pages/component/textarea/textarea.wxml-->
<view class="page-section">
  <view class="page-section-title">输入区域高度自适应，不会出现滚动条</view>
  <view class="textarea-wrp">
    <textarea bindblur="bindTextAreaBlur" auto-height />
  </view>
```

```
</view>
<view class="page-section">
  <view class="page-section-title">这是一个可以自动聚焦的 textarea</view>
  <view class="textarea-wrp">
    <textarea auto-focus="true" style="height: 3em" />
  </view>
</view>
<view class="page-section">
  <view class="page-section-title">设定 placeholder 颜色为红色</view>
  <view class="textarea-wrp">
    <textarea placeholder="placeholder 颜色是红色的" placeholder-style=
    "color:red;" auto-height/>
  </view>
</view>
<view class="page-section">
  <view class="page-section-title">表单中的 textarea</view>
  <view class="textarea-wrp">
    <form bindsubmit="bindFormSubmit">
      <textarea placeholder="form 中的 textarea" name="textarea" auto-
      height/>
      <button form-type="submit"> 提交 </button>
    </form>
  </view>
</view>
```

```
// pages/component/textarea/textarea.js
Page({
  data: {
    focus: false
  },
  bindTextAreaBlur: function(e) {
    console.log(e.detail.value)
  },
  bindFormSubmit: function(e) {
    console.log(e.detail.value.textarea)
  }
})
```

运行后，页面显示效果如图 7-32 所示。可以看到，第一个输入框，可以随着输入内容的多少自动调整输入框的高度，不会出现滚动条。第二个输入框，处于聚焦待输入状态。第三个输入框，展示了读 placeholder 样式的设定使用，将 placeholder 文字设为了红色。第四个输入框，配合表单 form 组件，在点击提交按钮时，会触发按钮绑定的输出 textarea 内容到控制台的事件，如图 7-33 所示。

在使用 textarea 组件时，需要注意以下几个细节：

- textarea 的 blur 事件会晚于页面上的 tap 事件，如果需要在 button 的点击事件获取 textarea，可以使用 form 的 bindsubmit；
- 不建议在多行文本上对用户的输入进行修改，所以 textarea 的 bindinput 处理函数并不会将返回值反映到 textarea 上；

图 7-32　textarea 组件展示

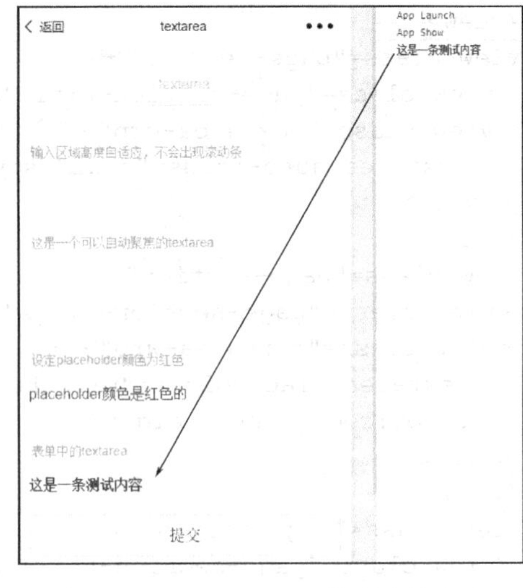

图 7-33　textarea 控制台输出

- textarea 组件是由客户端创建的原生组件，它的层级是最高的；
- 不要在 scroll-view 中使用 textarea 组件；
- CSS 动画对 textarea 组件无效。

表单组件的介绍大概就是这样，表单组件是小程序中最丰富和实用的组件，在后续的实例中，我们还会不断地用到它们。

7.4　页面链接

在小程序中，往往需要进行各个页面之间的跳转，navigator 组件就能完成这样的操作，navigator 组件的属性如表 7-33 所示。

表 7-33　navigator 组件属性列表

属性名	类　型	默认值	说　明
url	String		应用内的跳转链接
open-type	String	navigate	可选值：navigate、redirect、switchTab、reLaunch，navigateBack，对应于 wx.navigateTo、wx.redirectTo、wx.switchTab、wx.reLaunch、wx.navigateBack 的功能
delta	Number		当 open-type 为 navigateBack 时有效，表示回退的层数
hover-class	String	navigator-hover	指定点击时的样式类，当 hover-class="none"时，没有点击态效果
hover-start-time	Number	50	按住后多久出现点击态，单位毫秒
hover-stay-time	Number	600	手指松开后点击态保留时间，单位毫秒

注 意

open-type 属性的可选值 reLaunch 和 navigateBack 在基础库版本 1.1.0 开始支持，navigator-hover 默认为{background-color: rgba(0, 0, 0, 0.1); opacity: 0.7;}，<navigator/>的子节点背景色应为透明色。

因为涉及页面跳转，因此需要新建三个页面来展示 navigator 组件相关属性的使用，分别是导航页 navigator、导向页 navigate 和 redirect，建好后的文件目录如图 7-34 所示。

导航页 navigator 页面的文件内容如下：

```
<!--pages/component/navigator/navigator.wxml-->
<view class="page-body">
  <view class="btn-area">
    <navigator url="navigate?title=navigate" hover-class="navigator-
     hover">
      <button type="default">跳转到新页面</button>
    </navigator>
    <navigator url="redirect?title=redirect" redirect hover-class=
    "other-navigator-hover">
      <button type="default">在当前页打开</button>
    </navigator>
  </view>
</view>

/* pages/component/navigator/navigator.wxss*/
.navigator-hover button{
  background-color: #DEDEDE;
}
.other-navigator-hover button{
  background-color: #DEDEDE;
}
```

navigator.js 文件仅仅是写了一个空白的 Page 注册页面函数，内容为 Page({})。

运行后，navigator 页面的显示效果如图 7-35 所示。

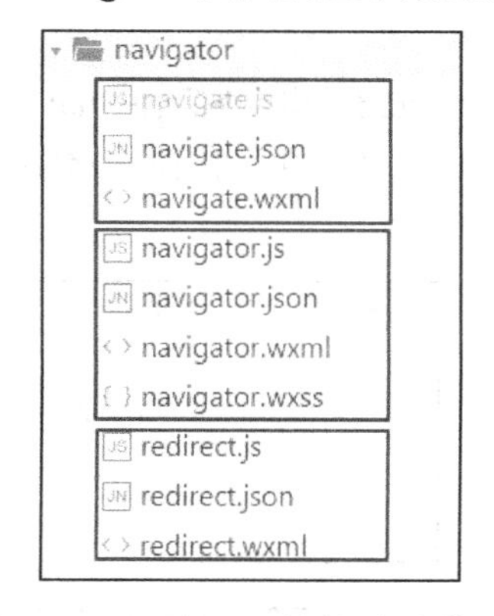

图 7-34 navigator 页面工程文件结构图

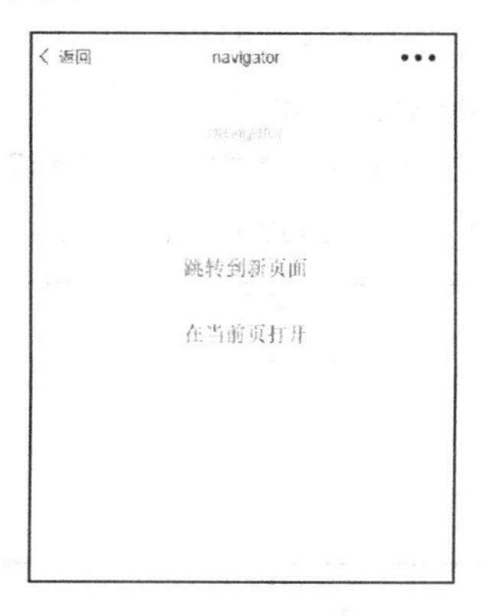

图 7-35 navigator 页面

导向页 navigate 页面的文件内容如下：

```
<!--pages/component/navigator/navigate.wxml-->
<view class="container">
  <template is="head" data="{{title: '新建的页面'}}"/>
</view>

// pages/component/navigator/navigate.js
Page({
  onLoad: function(options) {
    console.log(options)
    this.setData({
      title: options.title
    })
  }
})
```

运行后，navigate 的页面显示效果如图 7-36 所示。

redirect 页面的文件内容如下：

```
<!--pages/component/navigator/redirect.wxml-->
<view class="container">
  <template is="head" data="{{title: '当前页'}}"/>
</view>

// pages/component/navigator/redirect.js
Page({
  onLoad: function(options) {
    console.log(options)
    this.setData({
      title: options.title
    })
  }
})
```

仅看这两个新页面（navigate、redirect）可能不能很清楚地明白它们的区别，"新建的页面"和"当前页"的具体含义也不清楚。但是，在这两个页面上分别点击"返回"按钮时，就能发现它们的不同了。

在 navigate 页面（如图 7-36 所示），点击"返回"按钮，将会跳转回 navigator 页面（如图 7-35 所示）；在 redirect 页面（如图 7-37 所示），点击"返回"按钮，将跳转回 navigator 的前一个页面（如图 7-38 所示）。

图 7-36　navigate 页面

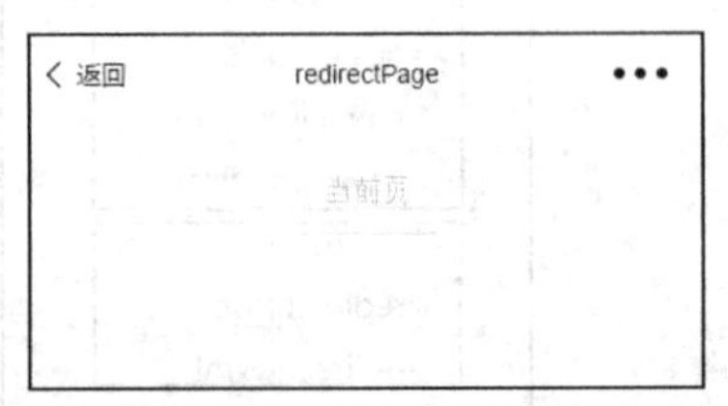

图 7-37　redirect 页面

因此，我们现在就更能理解 navigator 页面、navigate 页面、redirect 页面之间的关系了。navigate 页面是一个新的页面，由 navigator 页面跳转过去返回的话，也就是返回到 navigator 页面。而 redirect 页面，则是在 navigator 页面重新打开的一个页面，可以理解为替换了 navigator 页面的内容，因此是和 navigator 页面在“同一个页面”，点击“返回”按钮，返回的是 navigator 之前的那个页面。

切换到控制台选项卡，还能看到输出的 title 信息，如图 7-39 所示，表明跳转到了不同的页面。

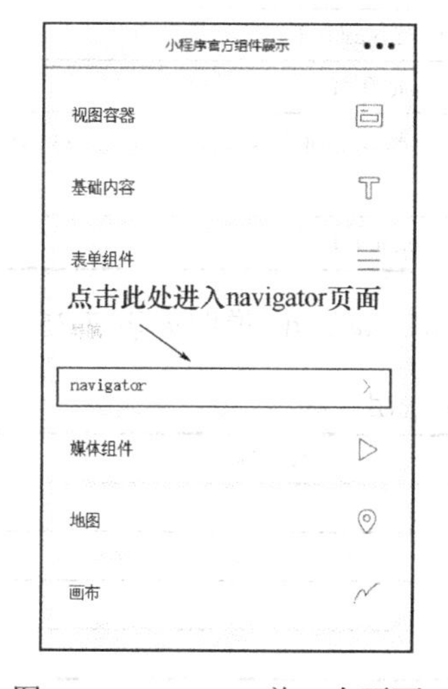

图 7-38　navigator 前一个页面

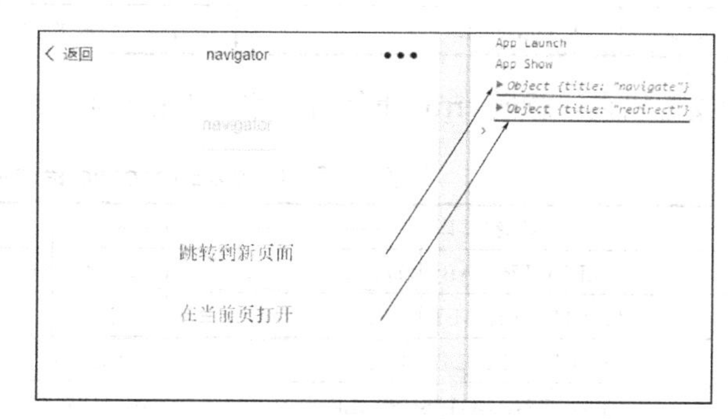

图 7-39　控制台输出页面名

7.5　媒体组件

媒体组件用来展示音频、视频及图像，其使用的频率也较高。下面分别介绍小程序的音频、图像和视频组件。

7.5.1　audio 音频组件

audio 音频组件用于播放音乐，其相关属性如表 7-34 所示。

表 7-34　audio 组件属性列表

属性名	类　型	默认值	说　明
id	String		audio 组件的唯一标识符
src	String		要播放音频的资源地址
loop	Boolean	false	是否循环播放
controls	Boolean	true	是否显示默认控件

（续表）

属性名	类　型	默认值	说　明
poster	String		默认控件上的音频封面的图片资源地址，如果 controls 属性值为 false 则设置 poster 无效
name	String	未知音频	默认控件上的音频名字，如果 controls 属性值为 false 则设置 name 无效
author	String	未知作者	默认控件上的作者名字，如果 controls 属性值为 false 则设置 author 无效
binderror	EventHandle		当发生错误时触发 error 事件，detail = {errMsg: MediaError.code}
bindplay	EventHandle		当开始/继续播放时触发 play 事件
bindpause	EventHandle		当暂停播放时触发 pause 事件
bindtimeupdate	EventHandle		当播放进度改变时触发 timeupdate 事件，detail={currentTime, duration}
bindended	EventHandle		当播放到末尾时触发 ended 事件

当发生错误，触发 error 事件时，事件的错误码 MediaError.code 说明如表 7-35 所示。

表 7-35　MediaError.code 错误码说明

返回错误码	描　述
MEDIA_ERR_ABORTED	获取资源被用户禁止
MEDIA_ERR_NETWORD	网络错误
MEDIA_ERR_DECODE	解码错误
MEDIA_ERR_SRC_NOT_SUPPOERTED	不合适资源

新建一个音频播放页面，用来展示 audio 组件的使用效果，各文件内容如下：

```
<!--pages/component/audio/audio.wxml-->
<audio id="myAudio" style="text-align: left" src="{{current.src}}" poster="{{current.poster}}" name="{{current.name}}" author="{{current.author}}" action="{{audioAction}}" controls></audio>
<button type="primary" bindtap="audioPlay">播放</button>
<button type="primary" bindtap="audioPause">暂停</button>
<button type="primary" bindtap="audio14">设置当前播放时间为 14 秒</button>
<button type="primary" bindtap="audioStart">回到开头</button>
```

```
// pages/component/audio/audio.js
Page({
  onReady: function (e) {
    // 使用 wx.createAudioContext 获取 audio 上下文 context
    this.audioCtx = wx.createAudioContext('myAudio')
  },
  data: {
    current: {
      poster: 'http://y.gtimg.cn/music/photo_new/T002R300x300M000003rsKF44GyaSk.jpg?max_age=2592000',
      name: '此时此刻',
      author: '许巍',
     src: 'http://ws.stream.qqmusic.qq.com/M500001VfvsJ21xFqb.mp3?guid=ffffffff82def4af4b12b3cd9337d5e7&uin=346897220&vkey=6292F51E1E38
```

```
      4E06DCBDC9AB7C49FD713D632D313AC4858BACB8DDD29067D3C601481D36E620
      53BF8DFEAF74C0A5CCFADD6471160CAF3E6A&fromtag=46',
    },
    audioAction: {
      method: 'pause'
    }
  },
  audioPlay: function () {
    this.audioCtx.play()
  },
  audioPause: function () {
    this.audioCtx.pause()
  },
  audio14: function () {
    this.audioCtx.seek(14)
  },
  audioStart: function () {
    this.audioCtx.seek(0)
  }
})
```

图 7-40　audio 组件页面

运行后，页面显示效果如图 7-40 所示。

在 js 文件中，我们调用了微信创建音频上下文的接口 wx.createAudioContext，使用这个接口提供的播放、暂定、跳转时间等方法，实现了通过按钮控制音频的播放的功能。这个接口的具体使用，会在后续的内容中详细介绍。

7.5.2　video 视频组件

video 视频组件用于在页面上播放视频，其相关属性如表 7-36 所示。

表 7-36　video 组件属性列表

属性名	类　型	默认值	说　明
id	String		video 组件的唯一标识符
src	String		要播放视频的资源地址
duration	Number		指定视频时长
controls	Boolean	true	是否显示默认播放控件（播放/暂停按钮、播放进度、时间）
danmu-list	Object Array		弹幕列表
danmu-btn	Boolean	false	是否显示弹幕按钮，只在初始化时有效，不能动态变更
enable-danmu	Boolean	false	是否展示弹幕，只在初始化时有效，不能动态变更
autoplay	Boolean	false	是否自动播放
bindplay	EventHandle		当开始/继续播放时触发 play 事件
bindpause	EventHandle		当暂停播放时触发 pause 事件
bindended	EventHandle		当播放到末尾时触发 ended 事件
bindtimeupdate	EventHandle		播放进度变化时触发，event.detail = {currentTime: '当前播放时间'}。触发频率应该在 250 毫秒一次
objectFit	String	contain	当视频大小与 video 容器大小不一致时，视频的表现形式（contain：包含，fill：填充，cover：覆盖）

video 标签宽 300px、高 225px，设置宽、高时需要通过 WXSS 设置 width 和 height。新建一个页面，用来展示 video 组件的使用效果，各文件内容如下：

```
<!--pages/component/video/video.wxml-->
<video id="myVideo" src="http://wxsnsdy.tc.qq.com/105/20210/snsdyvideo
download?filekey=30280201010421301f0201690402534804102ca905ce620b1241
b726bc41dcff44e00204012882540400&bizid=1023&hy=SH&fileparam=302c02010
1042530230204136ffd93020457e3c4ff02024ef202031e8d7f02030f42400204045a
320a0201000400" bind error="videoErrorCallback" danmu-list="{{danmu
List}}" enable-danmu danmu-btn controls></video>
<view class="weui-cell__hd">
<view class="weui-label">弹幕内容</view>
</view>
<view class="weui-cell__bd">
<input bindblur="bindInputBlur" class="weui-input" type="text" place
 holder="在此处输入弹幕内容" />
</view>
<view class="btn-area">
<button bindtap="bindSendDanmu" class="page-body-button" type="primary"
 formType="submit">发送弹幕</button>
</view>
```

```
// pages/component/video/video.js
function getRandomColor () {
  let rgb = []
  for (let i = 0 ; i < 3; ++i){
    let color = Math.floor(Math.random() * 256).toString(16)
    color = color.length == 1 ? '0' + color : color
    rgb.push(color)
  }
  return '#' + rgb.join('')
}
Page({
  onReady: function (res) {
    this.videoContext = wx.createVideoContext('myVideo')
  },
  inputValue: '',
    data: {
    src: '',
    danmuList:
      [{
        text: '第 1s 出现的弹幕',
        color: '#ff0000',
        time: 1
      },
      {
        text: '第 3s 出现的弹幕',
        color: '#ff00ff',
        time: 3
      }]
    },
  bindInputBlur: function(e) {
    this.inputValue = e.detail.value
  },
```

```
    bindSendDanmu: function () {
      this.videoContext.sendDanmu({
        text: this.inputValue,
        color: getRandomColor()
      })
    },
    videoErrorCallback: function(e) {
      console.log('视频错误信息:')
      console.log(e.detail.errMsg)
    }
  })
```

运行后，页面显示效果如图 7-41 所示。

在这里，我们使用微信创建视频上下文的接口 wx.creatVideoContext 创建了一个 videoContext 对象，并调用其中的 sendDanmu 函数来发送弹幕，相关接口的使用会在后续的内容中详细介绍。

使用 video 组件时，需要注意以下几点细节：

- video 组件是由客户端创建的原生组件，它的层级是最高的；
- 不要在 scroll-view 中使用 video 组件；
- CSS 动画对 video 组件无效。

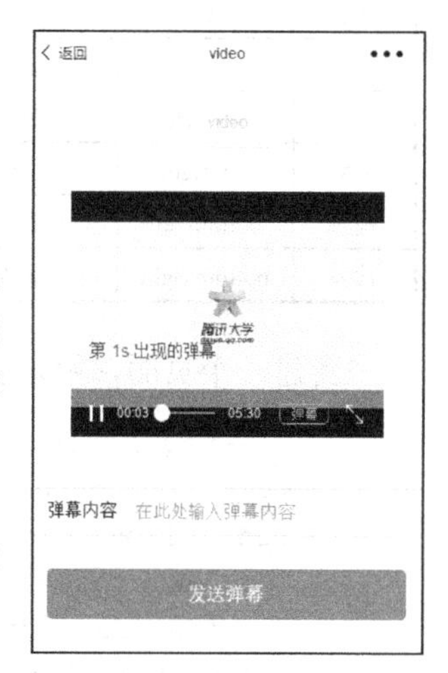

图 7-41　video 页面效果

7.5.3　image 图片组件

image 组件用于在小程序中显示图片，其相关属性如表 7-37 所示。

表 7-37　image 组件属性列表

属性名	类　型	默认值	说　明
src	String		图片资源地址
mode	String	scaleToFill	图片裁剪、缩放的模式
binderror	EventHandle		当错误发生时，发布到 AppService 的事件名，事件对象 event.detail = {errMsg: 'something wrong'}
bindload	EventHandle		当图片载入完毕时，发布到 AppService 的事件名，事件对象 event.detail = {height:'图片高度 px', width:'图片宽度 px'}

需要注意的是，image 组件默认宽度为 300px，高度为 225px。在属性中，mode 的有效值有 13 种，其中 4 种是缩放模式，9 种是裁剪模式，其有效值如表 7-38 所示。

表 7-38　mode 属性有效值

模　式	值	说　明
缩放	scaleToFill	不保持纵横比缩放图片，使图片的宽高完全拉伸至填满 image 元素
缩放	aspectFit	保持纵横比缩放图片，使图片的长边能完全显示出来。也就是说，可以完整地将图片显示出来
缩放	aspectFill	保持纵横比缩放图片，只保证图片的短边能完全显示出来。也就是说，图片通常只在水平或垂直方向是完整的，另一个方向将会发生截取
缩放	widthFix	宽度不变，高度自动变化，保持原图宽高比不变

（续表）

模　式	值	说　明
裁剪	top	不缩放图片，只显示图片的顶部区域
裁剪	bottom	不缩放图片，只显示图片的底部区域
裁剪	center	不缩放图片，只显示图片的中间区域
裁剪	left	不缩放图片，只显示图片的左边区域
裁剪	right	不缩放图片，只显示图片的右边区域
裁剪	top left	不缩放图片，只显示图片的左上边区域
裁剪	top right	不缩放图片，只显示图片的右上边区域
裁剪	bottom left	不缩放图片，只显示图片的左下边区域
裁剪	bottom right	不缩放图片，只显示图片的右下边区域

新建一个页面，用来展示 image 组件的使用效果，各文件内容如下：

```
<!--pages/component/image/image.wxml-->
<view class="page-section page-section-gap" wx:for="{{array}}" wx:for-
item="item">
  <view class="page-section-title">{{item.text}}</view>
  <view class="page-section-ctn">
  <image style="width: 200px; height: 200px; background-color: #eeeeee;"
  mode="{{item.mode}}" src="{{src}}"></image>
  </view>
</view>
```

```
// pages/component/image/image.js
Page({
  data: {
    array: [{
      mode: 'scaleToFill',
      text: 'scaleToFill：不保持纵横比缩放图片，使图片完全适应'
    }, {
      mode: 'aspectFit',
      text: 'aspectFit：保持纵横比缩放图片，使图片的长边能完全显示出来'
    }, {
      mode: 'aspectFill',
      text: 'aspectFill：保持纵横比缩放图片，只保证图片的短边能完全显示出来'
    }, {
      mode: 'top',
      text: 'top：不缩放图片，只显示图片的顶部区域'
    }, {
      mode: 'bottom',
      text: 'bottom：不缩放图片，只显示图片的底部区域'
    }, {
      mode: 'center',
      text: 'center：不缩放图片，只显示图片的中间区域'
    }, {
```

```
        mode: 'left',
        text: 'left：不缩放图片，只显示图片的左边区域'
      }, {
        mode: 'right',
        text: 'right：不缩放图片，只显示图片的右边边区域'
      }, {
        mode: 'top left',
        text: 'top left：不缩放图片，只显示图片的左上边区域'
      }, {
        mode: 'top right',
        text: 'top right：不缩放图片，只显示图片的右上边区域'
      }, {
        mode: 'bottom left',
        text: 'bottom left：不缩放图片，只显示图片的左下边区域'
      }, {
        mode: 'bottom right',
        text: 'bottom right：不缩放图片，只显示图片的右下边区域'
      }],
      src: '.../.../resources/pic/1.jpg'
    }
  })
```

运行后，image 页面显示效果如图 7-42 所示。

scaleToFill：不保持纵横比缩放图片，使图片完全适应
WeChat

aspectFit：保持纵横比缩放图片，使图片的长边能完全显示出来
WeChat

aspectFit：保持纵横比缩放图片，只保持图片的短边能完全显示出来
WeChat

top：不缩放图片，只显示图片的顶部区域

bottom：不缩放图片，只显示图片的底部区域

center：不缩放图片，只显示图片的中间区域

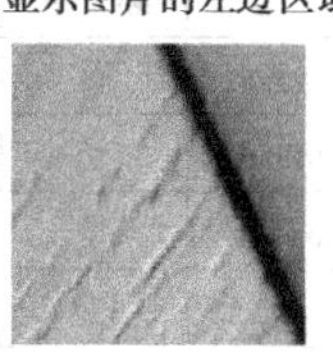
left：不缩放图片，只显示图片的左边区域

right：不缩放图片，只显示图片的右边边区域

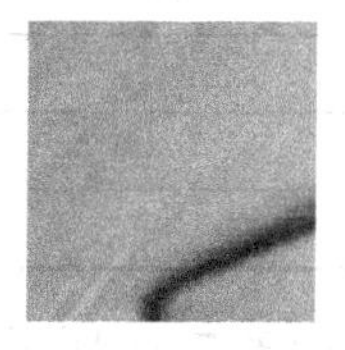
top left：不缩放图片，只显示图片的左上边区域

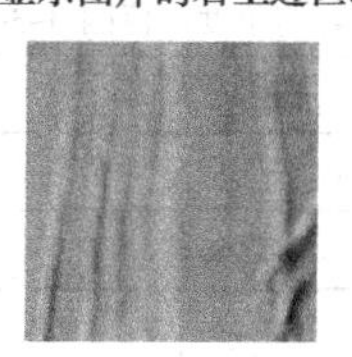
top right：不缩放图片，只显示图片的右上边区域

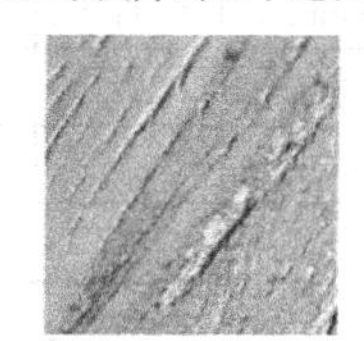
bottom left：不缩放图片，只显示图片的左下边区域

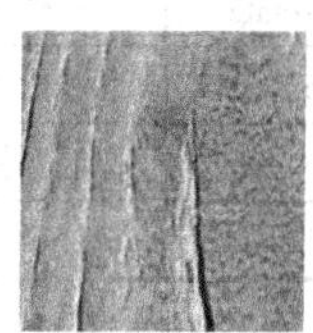
bottom right：不缩放图片，只显示图片的右下边区域

图 7-42　image 不同显示模式

小程序的三个媒体组件大概就是这样。在音频和视频组件中，还涉及一些小程序接口的调用，这部分将在后续的内容中介绍。接下来，我们来看看小程序的地图组件。

7.6 地图组件

map 地图组件用于在小程序页面上显示地理位置信息，其相关属性如表 7-39 所示。

表 7-39 map 属性列表

属性名	类　型	默认值	说　明
longitude	Number		中心经度
latitude	Number		中心纬度
scale	Number	16	缩放级别，取值范围 5~18
markers	Array		标记点
polyline	Array		路线
circles	Array		圆
controls	Array		控件
include-points	Array		缩放视野以包含所有给定的坐标点
show-location	Boolean		显示带有方向的当前定位点
bindmarkertap	EventHandle		点击标记点时触发
bindcontroltap	EventHandle		点击控件时触发
bindregionchange	EventHandle		视野发生变化时触发
bindtap	EventHandle		点击地图时触发

markers 标记点用于在地图上显示标记的位置，其属性如表 7-40 所示。

表 7-40 markers 属性列表

属　性	说　明	类　型	必　填	备　注
id	标记点 id	Number	否	marker 点击事件回调会返回此 id
latitude	纬度	Number	是	浮点数，范围-90~90
longitude	经度	Number	是	浮点数，范围-180~180
title	标注点名	String	否	
iconPath	显示的图标	String	是	项目目录下的图片路径，支持相对路径写法，以'“/”开头则表示相对小程序根目录；也支持临时路径
rotate	旋转角度	Number	否	顺时针旋转的角度，范围 0~360，默认为 0
alpha	标注的透明度	Number	否	默认为 1，无透明
width	标注图标宽度	Number	否	默认为图片实际宽度
height	标注图标高度	Number	否	默认为图片实际高度

polyline 指定一系列坐标点，从数组第一项连线至最后一项，其属性如表 7-41 所示。

表 7-41 polyline 属性列表

属 性	说 明	类 型	必 填	备 注
points	经纬度数组	Array	是	[{latitude: 0, longitude: 0}]
Color	线的颜色	String	否	8 位十六进制表示，后两位表示 alpha 值，如#000000AA
Width	线的宽度	Number	否	
dottedLine	是否虚线	Boolean	否	默认 false

circles 用于在地图上显示圆，其属性如表 7-42 所示。

表 7-42 circles 属性列表

属 性	说 明	类 型	必 填	备 注
latitude	纬度	Number	是	浮点数，范围-90～90
longitude	经度	Number	是	浮点数，范围-180～180
color	描边的颜色	String	否	8 位十六进制表示，后两位表示 alpha 值，如#000000AA
fillColor	填充颜色	String	否	8 位十六进制表示，后两位表示 alpha 值，如#000000AA
radius	半径	Number	是	
strokeWidth	描边的宽度	Number	否	

controls 用于在地图上显示控件，控件不随地图移动，其属性如表 7-43 所示。

表 7-43 controls 属性列表

属 性	说 明	类 型	必 填	备 注
id	控件 id	Number	否	在控件点击事件回调会返回此 id
position	控件在地图的位置	Object	是	控件相对地图位置
iconPath	显示的图标	String	是	项目目录下的图片路径，支持相对路径写法，以“/”开头则表示相对小程序根目录；也支持临时路径
clickable	是否可点击	Boolean	否	默认不可点击

position 控制控件在地图上的位置，其属性如表 7-44 所示。

表 7-44 position 属性列表

属 性	说 明	类 型	必 填	备 注
left	距离地图的左边界多远	Number	否	默认为 0
top	距离地图的上边界多远	Number	否	默认为 0
width	控件宽度	Number	否	默认为图片宽度
height	控件高度	Number	否	默认为图片高度

新建一个页面，用于展示地图组件的使用效果，各文件内容如下：

```
<!--pages/component/map/map.wxml-->
<view class="page-body">
  <view class="page-section page-section-gap">
    <map id="map" longitude="113.324520" latitude="23.099994" scale="14"
    controls="{{controls}}"  bindcontroltap="controltap"  markers="
    {{markers}}"  bindmarkertap="markertap"  polyline="{{polyline}}"
    bindregionchange= "regionchange" show-location style="width: 100%;
    height: 300px;"></map>
```

```
  </view>
</view>

// pages/component/map/map.js
Page({
  data: {
    markers: [{
      iconPath: "/image/location.png",
      id: 0,
      latitude: 23.099994,
      longitude: 113.324520,
      width: 50,
      height: 50
    }],
    polyline: [{
      points: [{
        longitude: 113.3245211,
        latitude: 23.10229
      }, {
        longitude: 113.3245211,
        latitude: 23.11000
      }],
      color:"#FF0000DD",
      width: 2,
      dottedLine: true
    }],
    controls: [{
      id: 1,
      iconPath: '/image/gps.png',
      position: {
        left: 0,
        top: 300 - 50,
        width: 25,
        height: 25
      },
      clickable: true
    }]
  },
  regionchange(e) {
    console.log(e.type)
  },
  markertap(e) {
    console.log(e.markerId)
  },
  controltap(e) {
    console.log(e.controlId)
  }
})
```

运行后，页面将显示指定经纬度位置的地图信息。

使用 map 组件时，需要注意以下几点细节：

- map 组件的经纬度必填，如果不填，经纬度默认值为北京的经纬度；
- map 组件是由客户端创建的原生组件，它的层级是最高的；

- 不要在 scroll-view 中使用 map 组件；
- CSS 动画对 map 组件无效；
- map 组件使用的经纬度是火星坐标系，调用 wx.getLocation 接口需要指定 type 为 gcj02。

7.7 画布

canvas 画布组件用来显示图形，其属性如表 7-45 所示。

表 7-45 canvas 属性列表

属性名	类 型	默认值	说 明
canvas-id	String		canvas 组件的唯一标识符
disable-scroll	Boolean	false	当在 canvas 中移动时，禁止屏幕滚动以及下拉刷新
bindtouchstart	EventHandle		手指触摸动作开始
bindtouchmove	EventHandle		手指触摸后移动
bindtouchend	EventHandle		手指触摸动作结束
bindtouchcancel	EventHandle		手指触摸动作被打断，如来电提醒，弹窗
bindlongtap	EventHandle		手指长按 500 毫秒之后触发，触发了长按事件后进行移动不会触发屏幕的滚动
binderror	EventHandle		当发生错误时触发 error 事件，detail={errMsg: 'something wrong'}

新建一个“几个点按照一定的路径运动”的页面，用来展示 canvas 组件的使用效果，各文件内容如下：

```
<!--pages/component/canvas/canvas.wxml-->
<view class="page-body">
    <view class="page-body-wrApper">
      <canvas canvas-id="canvas" class="canvas"></canvas>
    </view>
</view>
```

```
// pages/component/canvas/canvas.js
Page({
  onReady: function () {
    this.position = {
      x: 150,
      y: 150,
      vx: 2,
      vy: 2
    }

    this.drawBall()
    this.interval = setInterval(this.drawBall, 17)
  },
  drawBall: function () {
    var p = this.position
    p.x += p.vx
```

```
      p.y += p.vy
      if (p.x >= 300) {
        p.vx = -2
      }
      if (p.x <= 7) {
        p.vx = 2
      }
      if (p.y >= 300) {
        p.vy = -2
      }
      if (p.y <= 7) {
        p.vy = 2
      }

      var context = wx.createContext()

      function ball(x, y) {
        context.beginPath(0)
        context.arc(x, y, 5, 0, Math.PI * 2)
        context.setFillStyle('#1aad19')
        context.setStrokeStyle('rgba(1,1,1,0)')
        context.fill()
        context.stroke()
      }

      ball(p.x, 150)
      ball(150, p.y)
      ball(300 - p.x, 150)
      ball(150, 300 - p.y)
      ball(p.x, p.y)
      ball(300 - p.x, 300 - p.y)
      ball(p.x, 300 - p.y)
      ball(300 - p.x, p.y)

      wx.drawCanvas({
        canvasId: 'canvas',
        actions: context.getActions()
      })
    },
    onUnload: function () {
      clearInterval(this.interval)
    }
  })
```


运行后，页面显示效果如图 7-43 所示。

该页面为动态页面，图中的 8 个点为绘制出的内容，箭头则是为了方便说明运动情况而加上的辅助线。8 个点会向中间靠拢、聚合后再分散开，往复循环运动。

使用 canvas 组件时，需要注意以下几点细节：

- canvas 标签默认宽度为 300px，高度为 225px；
- 同一页面中的 canvas-id 不可重复，如果使用一个已经出现过的 canvas-id，则该 canvas 标签对应的画布将被隐藏并不再正常工作；

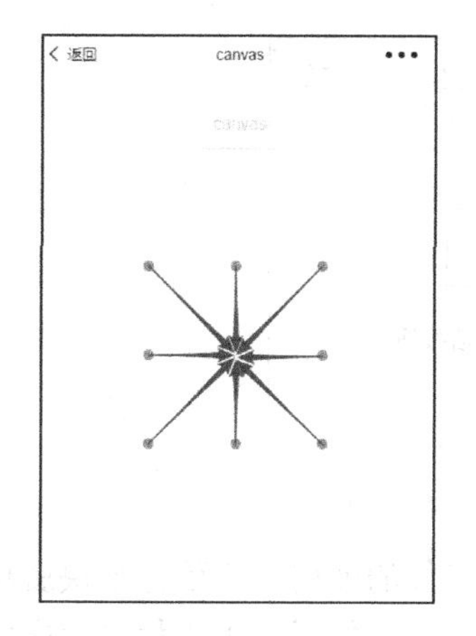

图 7-43　canvas 页面效果

- canvas 组件是由客户端创建的原生组件，它的层级是最高的；
- 不要在 scroll-view 中使用 canvas 组件；
- CSS 动画对 canvas 组件无效。

7.8　客服会话按钮

contact-button 客服会话按钮用于在页面上显示一个客服会话按钮，用户点击该按钮后会进入客服会话，其属性如表 7-46 所示。

表 7-46　contact-button 属性

属性名	类　型	默认值	说　明
size	Number	18	会话按钮大小，有效值 18～27，单位 px
type	String	default-dark	会话按钮的样式类型
session-from	String		用户从该按钮进入会话时，开发者将收到带上本参数的事件推送。本参数可用于区分用户进入客服会话的来源

type 属性的有效值分为 default-dark 和 default-light，分别对应深色和浅色样式。

新建一个页面，用来展示 contact-button 的使用效果，各文件内容如下：

```
<!--pages/component/contact-button/contact-button.wxml-->
<view class="page-body">
    <view class="page-body-wrApper">
     <contact-button type="default-dark" size="100" session-from="weApp">
      </contact-button>
    </view>
</view>
```

运行后，页面显示效果如图 7-44 所示。

contact-button 具体的使用还需结合客服消息相关接口，具体的介绍参考后续内容。另外，前面介绍到的 button 组件，通过设置 open-type="contact"亦可进入客服会话。

小程序各大组件介绍大概就是这些。如果你在网页开发方面有一定的基础，那么这些

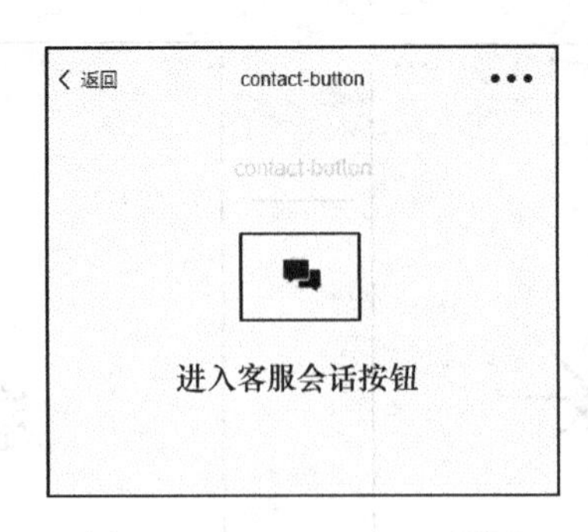

图 7-44　contact-button 页面

内容应该都不是什么难事儿，掌握了这些基础组件的使用，相信你很快就可以方便地设计出自己的漂亮页面了。通过对小程序组件的介绍，我们了解了小程序前端的设计，而处理和完成丰富的业务逻辑，就需要后端的技术了。小程序能取得媲美原生应用的体验，和微信提供的众多丰富的接口是离不开的，接下来，我们就进入下一个阶段的介绍——小程序编程接口详解。

第8章 小程序编程接口（API）详解

微信小程序框架提供了丰富的原生 API，可以方便地调用微信提供的能力，如获取用户信息、本地存储、支付功能等。

对于所有的 API，有如下说明：

- wx.on 开头的 API 是监听某个事件发生的 API 接口，接收一个 CALLBACK 函数作为参数。当该事件触发时，会调用 CALLBACK 函数；
- 如未特殊约定，其他 API 接口都接收一个 object 作为参数；
- object 中可以指定 success、fail、complete 来接收接口调用结果，如表 8-1 所示。

表 8-1　接收接口调用结果函数

参数名	类　型	必　填	说　明
success	Function	否	接口调用成功的回调函数
fail	Function	否	接口调用失败的回调函数
complete	Function	否	接口调用结束的回调函数（调用成功、失败都会执行）

小程序提供的微信原生 API，主要包括网络、媒体、文件、数据、位置、设备、界面、第三方平台、开放接口、数据分析及拓展接口。接下来，我们依次介绍这些接口。

8.1　网络

8.1.1　发起请求

wx.request(object)用于发起 HTTPS 请求，object 参数说明如表 8-2 所示。

表 8-2　wx.request 参数说明

参数名	类　型	必　填	说　明
url	String	是	开发者服务器接口地址
data	Object、String	否	请求的参数
header	Object	否	设置请求的 header、header 中不能设置 Referer

（续表）

参数名	类 型	必 填	说 明
method	String	否	默认为 GET，有效值：OPTIONS、GET、HEAD、POST、PUT、DELETE、TRACE、CONNECT
dataType	String	否	默认为 json。如果设置了 dataType 为 json，则会尝试对响应的数据做一次 JSON.parse
success	Function	否	收到开发者服务成功返回的回调函数，res = {data: '开发者服务器返回的内容'}
fail	Function	否	接口调用失败的回调函数
complete	Function	否	接口调用结束的回调函数（调用成功、失败都会执行）

success 返回参数说明如表 8-3 所示。

表 8-3　success 返回参数说明

参 数	说 明
data	开发者服务器返回的数据
statusCode	开发者服务器返回的状态码

其中，data 数据部分，最终发送给服务器的数据是 String 类型，如果传入的 data 不是 String 类型，也会被转换成 String，转换规则如下：

- 对于 header['content-type']为'application/json'的数据，会对数据进行 JSON 序列化；
- 对于 header['content-type']为'application/x-www-form-urlencoded'的数据，会将数据转换成 query string(encodeURIComponent(k)=encodeURIComponent(v) &encodeURIComponent (k)=encodeURIComponent(v)…)。

新建一个页面，用来展示 wx.request 的使用效果，各文件内容如下：

```
// pages/API/request/request.js
const requestUrl = require('../../../../config').requestUrl
const duration = 2000

Page({
  makeRequest: function() {
    var self = this

    self.setData({
      loading: true
    })

    wx.request({
      url: requestUrl,// 访 问 的 服 务 器 链 接 为 ： https://14592619.qcloud.
      la/testRequest
      data: {
        noncestr: Date.now()//传入参数为当前时间戳
      },
      success: function(result) {
        wx.showToast({
          title: '请求成功',
          icon: 'success',
          mask: true,
```

```
          duration: duration
        })
        self.setData({
          loading: false
        })
        console.log('request success', result)
      },

      fail: function({errMsg}) {
        console.log('request fail', errMsg)
        self.setData({
          loading: false
        })
      }
    })
  }
})

<!--pages/API/request/request.wxml-->
<view class="page-body">
  <view class="page-body-wording">
    <text class="page-body-text">
      点击向服务器发起请求
    </text>
  </view>
  <view class="btn-area">
    <button bindtap="makeRequest" type="primary"
    disabled="{{buttonDisa-bled}}"loading="
    {{loading}}" >request</button>
  </view>
</view>
```

图 8-1 request 请求成功

运行后，页面显示效果如图 8-1 所示。切换到控制台，可以查看到从服务器请求到的数据，如图 8-2 所示。

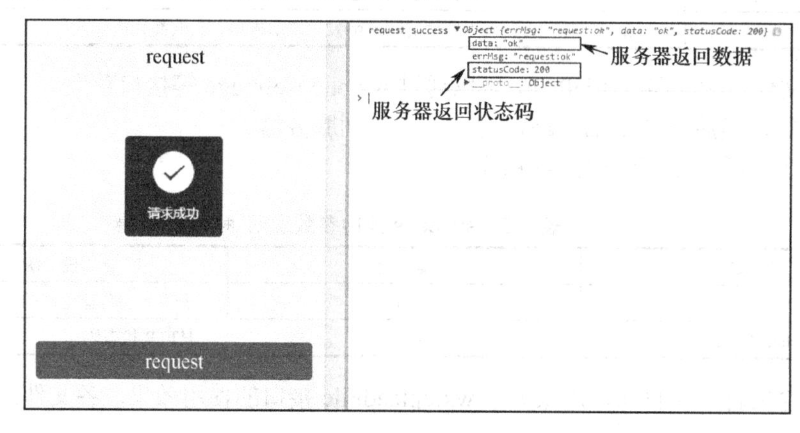

图 8-2 服务器返回信息

使用 wx.request 接口时，需要注意以下几点细节：

- content-type 默认为 application/json；

- 开发者工具为 0.10.102800 版本时，header 的 content-type 设置异常；
- 客户端的 HTTPS TLS 版本为 1.2，但 Android 的部分机型还未支持 TLS 1.2，所以应确保 HTTPS 服务器的 TLS 版本支持 1.2 及以下版本；
- method 的 value 必须为大写（例如：GET）；
- url 中不能有端口；
- request 的默认超时时间和最大超时时间都是 60s；
- request 的最大并发数是 5；
- 网络请求的referer不可设置，格式固定为https://servicewechat.com/{appid}/ {version}/page-frame.html，其中{appid} 为小程序的 AppID，{version}为小程序的版本号，版本号为 0 表示为开发版。

8.1.2 上传和下载

1. 上传

wx.uploadFile(object)用于将本地资源上传到开发者服务器，由客户端发起一个 HTTPS POST 请求，其中 content-type 为 multipart/form-data。object 参数说明如表 8-4 所示。

表 8-4 wx.uploadFile 参数说明

参 数	类 型	必 填	说 明
url	String	是	开发者服务器 URL
filePath	String	是	要上传文件资源的路径
name	String	是	文件对应的 key，开发者在服务器端通过这个 key 可以获取到文件二进制内容
header	Object	否	HTTP 请求 Header，header 中不能设置 Referer
formData	Object	否	HTTP 请求中其他额外的 form data
success	Function	否	接口调用成功的回调函数
fail	Function	否	接口调用失败的回调函数
complete	Function	否	接口调用结束的回调函数（调用成功、失败都会执行）

其中，文件资源的路径 filePath，可以通过 wx.chooseImage 等接口获取一个本地资源的临时文件路径，然后将这个临时路径的文件上传到服务器。

success 返回参数说明如表 8-5 所示。

表 8-5 success 返回参数说明

参 数	类 型	说 明
data	String	开发者服务器返回的数据
statusCode	Number	HTTP 状态码

新建一个文件上传页面，用来展示 wx.uploadFile 接口的使用效果，各文件内容如下：

```
// pages/API/uploadFile/uploadFile.js
const uploadFileUrl = require('../../../../config').uploadFileUrl

Page({
  chooseImage: function() {
```

```
    var self = this

    wx.chooseImage({//调用了选择图片接口
      count: 1,
      sizeType: ['compressed'],
      sourceType: ['album'],
      success: function(res) {
        console.log('chooseImage success, temp path is', res.tempFilePaths[0])

        var imageSrc = res.tempFilePaths[0]//获取到图片的临时路径信息

        wx.uploadFile({
          url: uploadFileUrl,//访问链接为: https://14592619.qcloud.la/ upload
          filePath: imageSrc,
          name: 'data',
          success: function(res) {
            console.log('uploadImage success, res is:', res)

            wx.showToast({
              title: '上传成功',
              icon: 'success',
              duration: 1000
            })

            self.setData({
              imageSrc
            })
          },
          fail: function({errMsg}) {
            console.log('uploadImage fail, errMsg is', errMsg)
          }
        })

      },
      fail: function({errMsg}) {
        console.log('chooseImage fail, err is', errMsg)
      }
    })
  }
})

<!--pages/API/uploadFile/uploadFile.wxml-->
<view class="page-body">
    <view class="page-section">
      <view class="page-body-info">
        <block wx:if="{{imageSrc}}">
          <image src="{{imageSrc}}" class="image" mode="aspectFit"></image>
        </block>
        <block wx:else>
          <view class="image-plus image-plus-nb" bindtap="chooseImage">
            <view class="image-plus-horizontal"></view>
            <view class="image-plus-vertical"></view>
          </view>
          <view class="image-plus-text">选择图片</view>
```

```
          </block>
        </view>
  </view>
  </view>
```

单击“选择图片”，如图 8-3 所示，在弹出的文件选择框中，选定图片后即可上传。上传成功后，切换到控制台，可以查看从服务器端返回的信息，如图 8-4 所示。

图 8-3　上传图片页面

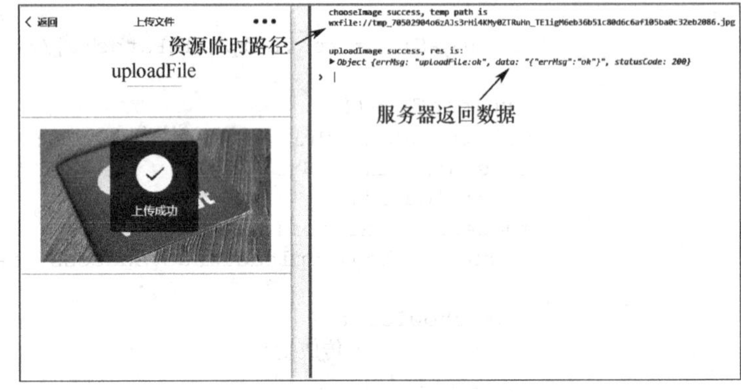

图 8-4　文件上传成功

使用 wx.uploadFile 接口时，需注意以下两点：

- 最大并发限制是 10 个；
- 默认超时时间和最大超时时间都是 60s。

2. 下载

wx.downloadFile(object)用于下载文件资源到本地，客户端直接发起一个 HTTP GET 请求，返回文件的本地临时路径。object 参数说明如表 8-6 所示。

表 8-6　wx.downloadFile 参数说明

参　数	类　型	必　填	说　明
url	String	是	下载资源的 url
header	Object	否	HTTP 请求 Header
success	Function	否	下载成功后以 tempFilePath 的形式传给页面，res = {tempFilePath: '文件的临时路径'}
fail	Function	否	接口调用失败的回调函数
complete	Function	否	接口调用结束的回调函数（调用成功、失败都会执行）

新建一个下载文件页面，将从服务器端下载到的图片显示在界面上，各文件内容代码如下：

```
// pages/API/downloadFile/downloadFile.js
const downloadExampleUrl = require('../../../../config').downloadExampleUrl

Page({
  downloadImage: function() {
    var self = this

    wx.downloadFile({
```

```
        url: downloadExampleUrl,//访问链接为: https://14592619.qcloud. la/
        static/weapp. jpg
        success: function(res) {
          console.log('downloadFile success, res is', res)

          self.setData({
            imageSrc: res.tempFilePath
          })
        },
        fail: function({errMsg}) {
          console.log('downloadFile fail, err is:', errMsg)
        }
      })
    }
  })

  <!--pages/API/downloadFile/downloadFile.wxml-->
  <view class="page-body">
      <image wx:if="{{imageSrc}}" src="{{imageSrc}}" mode="center" />
      <block wx:else>
        <view class="page-body-wording">
          <text class="page-body-text">
            点击按钮下载服务端示例图片
          </text>
        </view>
        <view class="btn-area">
          <button bindtap="downloadImage" type="primary">下载</button>
        </view>
      </block>
  </view>
```

点击“下载”按钮，如图 8-5 所示，即会将从服务器上下载到的文件显示在页面上。同时，切换到调试选项卡，可以看到，在控制台输出了文件的临时路径，如图 8-6 所示。

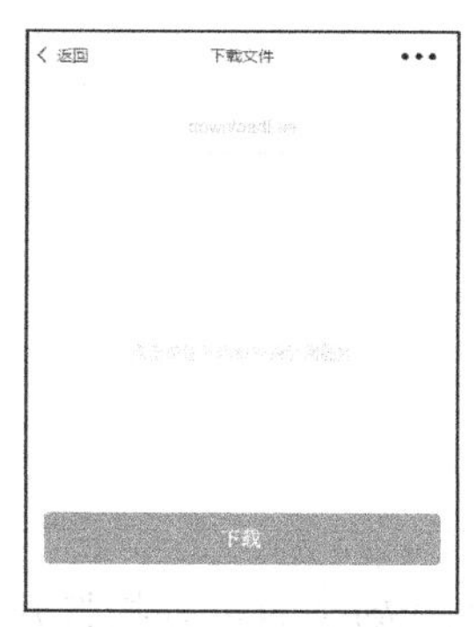

图 8-5　下载文件页面

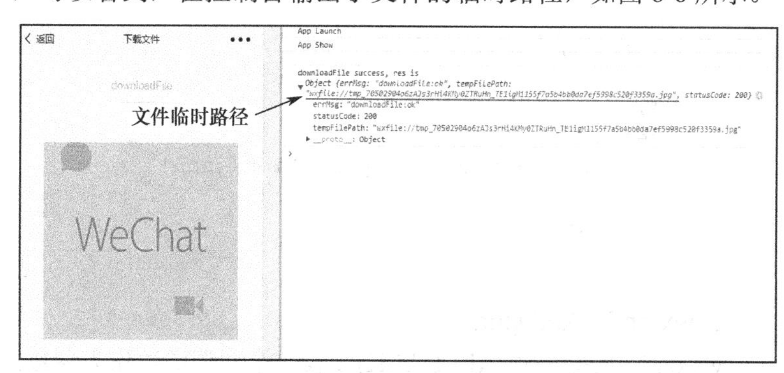

图 8-6　文件临时路径信息

使用 wx.downloadFile 接口时，需要注意以下几点细节：

- 文件的临时路径，在小程序本次启动期间可以正常使用，如需持久保存，需主动调用 wx.saveFile，这样在小程序下次启动时才能访问得到；
- 最大并发限制是 10 个；
- 默认超时时间和最大超时时间都是 60s；

- 网络请求的 referer 是不可以设置的，格式固定为 https://servicewechat.com/{appid}/{version}/page-frame.html，其中{appid}为小程序的 AppID，{version}为小程序的版本号，版本号为 0 表示为开发版；
- 6.5.3 及之前版本的 iOS 微信客户端的 header 设置无效。

8.1.3 WebSocket

1. wx.connectSocket

wx.connectSocket(object)用于创建一个 WebSocket 连接，一个微信小程序同时只能有一个 WebSocket 连接，如果当前已存在一个 WebSocket 连接，会自动关闭该连接，并重新创建一个 WebSocket 连接。object 参数说明如表 8-7 所示。

表 8-7 wx.connectSocket 参数说明

参 数	类 型	必 填	说 明
url	String	是	开发者服务器接口地址，必须是 WSS 协议，且域名必须是后台配置的合法域名
data	Object	否	请求的数据
header	Object	否	HTTP Header，Header 中不能设置 Referer
method	String	否	默认为 GET，有效值为 OPTIONS、GET、HEAD、POST、PUT、DELETE、TRACE、CONNECT
success	Function	否	接口调用成功的回调函数
fail	Function	否	接口调用失败的回调函数
complete	Function	否	接口调用结束的回调函数（调用成功、失败都会执行）

参考代码如下：

```
wx.connectSocket({
  url: 'test.php',
  data:{
    x: '',
    y: ''
  },
  header:{
    'content-type': 'application/json'
  },
  method:"GET"
})
```

2. wx.onSocketOpen

wx.onSocketOpen(CALLBACK)接收一个回调函数作为参数，监听 WebSocket 连接打开事件，参考代码如下：

```
wx.connectSocket({
  url: 'test.php'
})
wx.onSocketOpen(function(res) {
  console.log('WebSocket 连接已打开！')
})
```

3. wx.onSocketError

wx.onSocketError(CALLBACK)接收一个回调函数作为参数，监听 WebSocket 错误，参考代码如下：

```
wx.connectSocket({
  url: 'test.php'
})
wx.onSocketOpen(function(res){
  console.log('WebSocket 连接已打开！')
})
wx.onSocketError(function(res){
  console.log('WebSocket 连接打开失败，请检查！')
})
```

4. wx.sendSocketMessage

wx.sendSocketMessage(object)通过 WebSocket 连接发送数据，需要先使用 wx.connect Socket，并在 wx.onSocketOpen 回调后才能发送。object 参数说明如表 8-8 所示。

表 8-8 wx.sendSocketMessage 参数说明

参 数	类 型	必 填	说 明
data	String/ArrayBuffer	是	需要发送的内容
success	Function	否	接口调用成功的回调函数
fail	Function	否	接口调用失败的回调函数
complete	Function	否	接口调用结束的回调函数（调用成功、失败都会执行）

参考代码如下：

```
var socketOpen = false
var socketMsgQueue = []
wx.connectSocket({
  url: 'test.php'
})

wx.onSocketOpen(function(res) {
  socketOpen = true
  for (var i = 0; i < socketMsgQueue.length; i++){
     sendSocketMessage(socketMsgQueue[i])
  }
  socketMsgQueue = []
})

function sendSocketMessage(msg) {
  if (socketOpen) {
    wx.sendSocketMessage({
      data:msg
    })
  } else {
     socketMsgQueue.push(msg)
  }
}
```

5. wx.onSocketMessage

wx.onSocketMessage(CALLBACK)用于接收一个回调函数作为参数，监听 WebSocket 接收到服务器的消息事件。CALLBACK 返回参数说明如表 8-9 所示。

表 8-9 wx.onSocketMessage 参数说明

参 数	类 型	说 明
data	String/ArrayBuffer	服务器返回的消息

参考代码如下：

```
wx.connectSocket({
  url: 'test.php'
})

wx.onSocketMessage(function(res) {
  console.log('收到服务器内容：' + res.data)
})
```


6. wx.closeSocket

调用 wx.closeSocket()可关闭 WebSocket 连接。

7. wx.onSocketClose

wx.onSocketClose(CALLBACK)接收一个回调函数作为参数，监听 WebSocket 关闭。如果 wx.connectSocket 在回调 wx.onSocketOpen 之前，先调用了 wx.closeSocket，那么就达不到关闭 WebSocket 的目的，因此必须在 WebSocket 打开期间调用 wx.closeSocket，才能关闭。

参考代码如下：

```
wx.connectSocket({
  url: 'test.php'
})

wx.onSocketOpen(function() {
  wx.closeSocket()
})

wx.onSocketClose(function(res) {
  console.log('WebSocket 已关闭！')
})
```

使用 WebSocket 系列接口时，需要注意以下两点：

- createSocket 连接默认和最大超时时间都是 60s；
- 网络请求的 referer 是不可以设置的，格式固定为 https://servicewechat.com/{appid}/{version}/page-frame.html，其中{appid}为小程序的 AppID，{version}为小程序的版本号，版本号为 0 表示为开发版。

8.2 媒体

8.2.1 图片

1. wx.chooseImage

wx.chooseImage(object)用于从本地相册选择图片或使用相机拍照，object 参数说明如表 8-10 所示。

表 8-10　wx.chooseImage 参数说明

参　数	类　型	必　填	说　明
count	Number	否	最多可以选择的图片张数，默认为 9
sizeType	StringArray	否	original：原图，compressed：压缩图，默认二者都有
sourceType	StringArray	否	album：从相册选图，camera：使用相机，默认二者都有
success	Function	是	成功则返回图片的本地文件路径列表 tempFilePaths
fail	Function	否	接口调用失败的回调函数
complete	Function	否	接口调用结束的回调函数（调用成功、失败都会执行）

正如前文所述，文件的临时路径在小程序本次启动期间可以正常使用，如需持久保存，需主动调用 wx.saveFile，在小程序下次启动时才能访问得到，参考代码如下：

```
wx.chooseImage({
  count: 1, // 默认为 9
  sizeType: ['original', 'compressed'], //可以指定是原图还是压缩图，默认二者
  都有
  sourceType: ['album', 'camera'], // 可以指定来源是相册还是相机，默认二者都有
  success: function (res) {
    // 返回选定照片的本地文件路径列表，tempFilePath 可以作为 img 标签的 src 属性显
    示图片
    var tempFilePaths = res.tempFilePaths
  }
})
```

2. wx.previewImage

wx.previewImage(object)用于预览图片，object 参数说明如表 8-11 所示。

表 8-11　wx.previewImage 参数说明

参　数	类　型	必　填	说　明
current	String	否	当前显示图片的链接，不填则默认为 urls 的第一张
urls	StringArray	是	需要预览的图片链接列表
success	Function	否	接口调用成功的回调函数
fail	Function	否	接口调用失败的回调函数
complete	Function	否	接口调用结束的回调函数（调用成功、失败都会执行）

参考代码如下：

```
wx.previewImage({
  current: '', // 当前显示图片的http链接
  urls: [] // 需要预览的图片http链接列表
})
```

3. wx.getImageInfo

wx.getImageInfo(object)用于获取图片的宽度、高度及本地路径信息，object 参数说明如表 8-12 所示。

表 8-12 wx.getImageInfo 参数说明

参 数	类 型	必 填	说 明
src	String	是	图片的路径，可以是相对路径、临时文件路径、存储文件路径、网络图片路径
success	Function	否	接口调用成功的回调函数
fail	Function	否	接口调用失败的回调函数
complete	Function	否	接口调用结束的回调函数（调用成功、失败都会执行）

success 返回参数说明如表 8-13 所示。

表 8-13 success 返回参数说明

参 数	类 型	说 明
width	Number	图片宽度，单位 px
height	Number	图片高度，单位 px
path	String	图片的本地路径

参考代码如下：

```
wx.getImageInfo({
  src: 'images/a.jpg',
  success: function (res) {
    console.log(res.width)
    console.log(res.height)
  }
})

wx.chooseImage({
  success: function (res) {
    wx.getImageInfo({
      src: res.tempFilePaths[0],
      success: function (res) {
        console.log(res.width)
        console.log(res.height)
      }
    })
  }
})
```

新建一个页面，用来结合以上各个接口实现选择图片的功能，各文件内容如下：

```
// pages/API/image/image.js
var sourceType = [ ['camera'], ['album'], ['camera', 'album'] ]
var sizeType = [ ['compressed'], ['original'], ['compressed', 'original'] ]

Page({
  data: {
    imageList: [],
    sourceTypeIndex: 2,
    sourceType: ['拍照', '相册', '拍照或相册'],

    sizeTypeIndex: 2,
    sizeType: ['压缩', '原图', '压缩或原图'],

    countIndex: 8,
    count: [1, 2, 3, 4, 5, 6, 7, 8, 9]
  },
  sourceTypeChange: function (e) {
    this.setData({
      sourceTypeIndex: e.detail.value
    })
  },
  sizeTypeChange: function (e) {
    this.setData({
      sizeTypeIndex: e.detail.value
    })
  },
  countChange: function (e) {
    this.setData({
      countIndex: e.detail.value
    })
  },
  chooseImage: function () {
    var that = this
    wx.chooseImage({
      sourceType: sourceType[this.data.sourceTypeIndex],
      sizeType: sizeType[this.data.sizeTypeIndex],
      count: this.data.count[this.data.countIndex],
      success: function (res) {
        console.log(res)
        that.setData({
          imageList: res.tempFilePaths
        })
      }
    })
  },
  previewImage: function (e) {
    var current = e.target.dataset.src

    wx.previewImage({
      current: current,
```

```
      urls: this.data.imageList
    })
  }
})

<!--pages/API/image/image.wxml-->
<view class="page-body">
    <form>
      <view class="page-section">

        <view class="weui-cells weui-cells_after-title">
          <view class="weui-cell weui-cell_input">
            <view class="weui-cell__hd">
              <view class="weui-label">图片来源</view>
            </view>
            <view class="weui-cell__bd">
              <picker range="{{sourceType}}" bindchange="sourceTypeChange"
               value="{{sourceTypeIndex}}" mode="selector">
                <view class="weui-input">{{sourceType[sourceTypeIndex]}}
                </view>
              </picker>
            </view>
          </view>

          <view class="weui-cell weui-cell_input">
            <view class="weui-cell__hd">
              <view class="weui-label">图片质量</view>
            </view>
            <view class="weui-cell__bd">
              <picker  range="{{sizeType}}"  bindchange="sizeTypeChange"
              value="{{sizeTypeIndex}}" mode="selector">
                <view class="weui-input">{{sizeType[sizeTypeIndex]}}</view>
              </picker>
            </view>
          </view>
          <view class="weui-cell weui-cell_input">
            <view class="weui-cell__hd">
              <view class="weui-label">数量限制</view>
            </view>
            <view class="weui-cell__bd">
              <picker range="{{count}}" bindchange="countChange" value=
              "{{countIndex}}" mode="selector">
                <view class="weui-input">{{count[countIndex]}}</view>
              </picker>
            </view>
          </view>
        </view>

        <view class="weui-cells">
          <view class="weui-cell">
```

```
        <view class="weui-cell__bd">
          <view class="weui-uploader">
            <view class="weui-uploader__hd">
              <view class="weui-uploader__title">点击可预览选好的图片
              </view>
            <view  class="weui-uploader__info">{{imageList.length}}/
            {{count [countIndex]}}</view>
            </view>
            <view class="weui-uploader__bd">
              <view class="weui-uploader__files">
                <block wx:for="{{imageList}}" wx:for-item="image">
                  <view class="weui-uploader__file">
                    <image class="weui-uploader__img" src="{{image}}"
                    data-src="{{image}}" bindtap="previewImage"></image>
                  </view>
                </block>
              </view>
              <view class="weui-uploader__input-box">
                <view class="weui-uploader__input" bindtap="chooseImage">
                </view>
              </view>
            </view>
          </view>
        </view>
      </view>
    </view>

  </view>
  </form>
</view>
```

运行后，页面显示效果如图 8-7 所示。

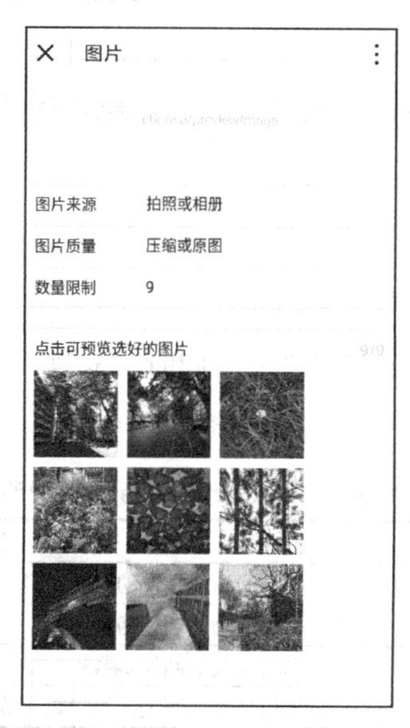

图 8-7　图片接口使用页面

8.2.2 录音

1. wx.startRecord

wx.startRecord(object)用于开始录音。当主动调用 wx.stopRecord 或者录音超过 1 分钟时自动结束录音，返回录音文件的临时文件路径。当用户离开小程序时，此接口无法调用。object 参数说明如表 8-14 所示。

表 8-14　wx.startRecord 参数说明

参　数	类　型	必　填	说　明
success	Function	否	录音成功后调用，返回录音文件的临时文件路径，res = {tempFilePath: '录音文件的临时路径'}
fail	Function	否	接口调用失败的回调函数
complete	Function	否	接口调用结束的回调函数（调用成功、失败都会执行）

2. wx.stopRecord

wx.stopRecord()用于主动调用停止录音，参考代码如下：

```
wx.startRecord({
  success: function(res) {
    var tempFilePath = res.tempFilePath
  },
  fail: function(res) {
     //录音失败
  }
})
setTimeout(function() {
  //结束录音
  wx.stopRecord()
}, 10000)
```

注　意

wx.startRecord 需要用户授权，应兼容用户拒绝授权的场景。

8.2.3 音频播放控制

1. wx.playVoice

wx.playVoice(object)用于开始播放语音，同时只允许一个语音文件播放，如果前一个语音文件还没播放完，将中断前一个语音文件播放。object 参数说明如表 8-15 所示。

表 8-15　wx.playVoice 参数说明

参　数	类　型	必　填	说　明
filePath	String	是	需要播放的语音文件的文件路径
success	Function	否	接口调用成功的回调函数
fail	Function	否	接口调用失败的回调函数
complete	Function	否	接口调用结束的回调函数（调用成功、失败都会执行）

参考代码如下：

```
wx.startRecord({
  success: function(res) {
    var tempFilePath = res.tempFilePath
    wx.playVoice({
      filePath: tempFilePath,
      complete: function(){
      }
    })
  }
})
```

2. wx.pauseVoice

wx.pauseVoice()用于暂停正在播放的语音，再次调用 wx.playVoice 播放同一个文件时，会从暂停处开始播放，参考代码如下：

```
wx.startRecord({
  success: function(res) {
    var tempFilePath = res.tempFilePath
      wx.playVoice({
      filePath: tempFilePath
    })

    setTimeout(function() {
        //暂停播放
      wx.pauseVoice()
    }, 5000)
  }
})
```

3. wx.stopVoice

wx.stopVoice()用于结束播放语音，再次调用 wx.playVoice 将会从头开始播放该音频文件，参考代码如下：

```
wx.startRecord({
  success: function(res) {
    var tempFilePath = res.tempFilePath
    wx.playVoice({
      filePath:tempFilePath
    })

    setTimeout(function(){
      wx.stopVoice()
    }, 5000)
  }
})
```

结合之前介绍的录音接口，可以做一个录音机的小程序，实现录制和播放的功能。代码如下：

```
// pages/API/voice/voice.js
var util = require('.../.../.../.../util/util.js')
```

```
var playTimeInterval
var recordTimeInterval

Page({
  data: {
    recording: false,
    playing: false,
    hasRecord: false,
    recordTime: 0,
    playTime: 0,
    formatedRecordTime: '00:00:00',
    formatedPlayTime: '00:00:00'
  },
  onHide: function() {
    if (this.data.playing) {
      this.stopVoice()
    } else if (this.data.recording) {
      this.stopRecordUnexpectedly()
    }
  },
  startRecord: function () {
    this.setData({ recording: true })

    var that = this
    recordTimeInterval = setInterval(function () {
      var recordTime = that.data.recordTime += 1
      that.setData({
        formatedRecordTime: util.formatTime(that.data.recordTime),
        recordTime: recordTime
      })
    }, 1000)
    wx.startRecord({
      success: function (res) {
        that.setData({
          hasRecord: true,
          tempFilePath: res.tempFilePath,
          formatedPlayTime: util.formatTime(that.data.playTime)
        })
      },
      complete: function () {
        that.setData({ recording: false })
        clearInterval(recordTimeInterval)
      }
    })
  },
  stopRecord: function() {
    wx.stopRecord()
  },
  stopRecordUnexpectedly: function () {
    var that = this
    wx.stopRecord({
      success: function() {
        console.log('stop record success')
        clearInterval(recordTimeInterval)
```

```
        that.setData({
          recording: false,
          hasRecord: false,
          recordTime: 0,
          formatedRecordTime: util.formatTime(0)
        })
      }
    })
  },
  playVoice: function () {
    var that = this
    playTimeInterval = setInterval(function () {
      var playTime = that.data.playTime + 1
      console.log('update playTime', playTime)
      that.setData({
        playing: true,
        formatedPlayTime: util.formatTime(playTime),
        playTime: playTime
      })
    }, 1000)
    wx.playVoice({
      filePath: this.data.tempFilePath,
      success: function () {
        clearInterval(playTimeInterval)
        var playTime = 0
        console.log('play voice finished')
        that.setData({
          playing: false,
          formatedPlayTime: util.formatTime(playTime),
          playTime: playTime
        })
      }
    })
  },
  pauseVoice: function () {
    clearInterval(playTimeInterval)
    wx.pauseVoice()
    this.setData({
      playing: false
    })
  },
  stopVoice: function () {
    clearInterval(playTimeInterval)
    this.setData({
      playing: false,
      formatedPlayTime: util.formatTime(0),
      playTime: 0
    })
    wx.stopVoice()
  },
  clear: function () {
    clearInterval(playTimeInterval)
    wx.stopVoice()
    this.setData({
```

```
      playing: false,
      hasRecord: false,
      tempFilePath: '',
      formatedRecordTime: util.formatTime(0),
      recordTime: 0,
      playTime: 0
    })
  }
})
```

其中，代码第一行引用了公共代码 util.js，它的主要功能是提供统一的时间格式，文件内容如下：


```
// util/util.js
function formatTime(time) {
  if (typeof time !== 'number' || time < 0) {
    return time
  }

  var hour = parseInt(time / 3600)
  time = time % 3600
  var minute = parseInt(time / 60)
  time = time % 60
  var second = time

  return ([hour, minute, second]).map(function (n) {
    n = n.toString()
    return n[1] ? n : '0' + n
  }).join(':')
}

function formatLocation(longitude, latitude) {
  if (typeof longitude === 'string' && typeof latitude === 'string') {
    longitude = parseFloat(longitude)
    latitude = parseFloat(latitude)
  }

  longitude = longitude.toFixed(2)
  latitude = latitude.toFixed(2)

  return {
    longitude: longitude.toString().split('.'),
    latitude: latitude.toString().split('.')
  }
}

module.exports = {
  formatTime: formatTime,
  formatLocation: formatLocation
}
```

前端页面样式设计 voice.wxml 文件内容如下：

```
<!--pages/API/voice/voice.wxml-->
<view class="page-body">
```

```
<view class="page-section">
  <block wx:if="{{recording === false && playing === false && hasRecord
  === false}}">
    <view class="page-body-time">
      <text class="time-big">{{formatedRecordTime}}</text>
    </view>
    <view class="page-body-buttons">
      <view class="page-body-button"></view>
      <view class="page-body-button" bindtap="startRecord">
        <image src="/image/record.png"></image>
      </view>
      <view class="page-body-button"></view>
    </view>
  </block>

  <block wx:if="{{recording === true}}">
    <view class="page-body-time">
      <text class="time-big">{{formatedRecordTime}}</text>
    </view>
    <view class="page-body-buttons">
      <view class="page-body-button"></view>
      <view class="page-body-button" bindtap="stopRecord">
        <view class="button-stop-record"></view>
      </view>
      <view class="page-body-button"></view>
    </view>
  </block>

  <block wx:if="{{hasRecord === true && playing === false}}">
    <view class="page-body-time">
      <text class="time-big">{{formatedPlayTime}}</text>
      <text class="time-small">{{formatedRecordTime}}</text>
    </view>
    <view class="page-body-buttons">
      <view class="page-body-button"></view>
      <view class="page-body-button" bindtap="playVoice">
        <image src="/image/play.png"></image>
      </view>
      <view class="page-body-button" bindtap="clear">
        <image src="/image/trash.png"></image>
      </view>
    </view>
  </block>

  <block wx:if="{{hasRecord === true && playing === true}}">
    <view class="page-body-time">
      <text class="time-big">{{formatedPlayTime}}</text>
      <text class="time-small">{{formatedRecordTime}}</text>
    </view>
    <view class="page-body-buttons">
      <view class="page-body-button" bindtap="stopVoice">
        <image src="/image/stop.png"></image>
      </view>
      <view class="page-body-button" bindtap="clear">
```

```
          <image src="/image/trash.png"></image>
        </view>
      </view>
    </block>
  </view>
</view>
```

运行后，页面显示效果如图 8-8 所示。

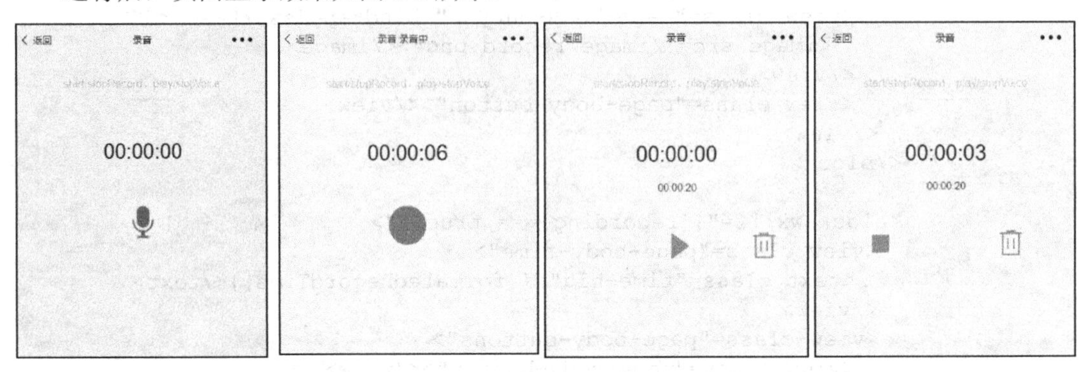

图 8-8　录音播放页面

8.2.4　音乐播放控制

1. wx.getBackgroundAudioPlayerState

wx.getBackgroundAudioPlayerState(object)用于获取后台音乐播放状态，object 参数说明如表 8-16 所示。

表 8-16　wx.getBackgroundAudioPlayerState 参数说明

参　数	类　型	必　填	说　明
success	Function	否	接口调用成功的回调函数
fail	Function	否	接口调用失败的回调函数
complete	Function	否	接口调用结束的回调函数（调用成功、失败都会执行）

success 返回参数说明如表 8-17 所示。

表 8-17　success 返回参数说明

参　数	说　明
duration	选定音频的长度（单位秒），只有在当前有音乐播放时返回
currentPosition	选定音频的播放位置（单位秒），只有在当前有音乐播放时返回
status	播放状态（2：没有音乐在播放，1：播放中，0：暂停中）
downloadPercent	音频的下载进度（整数，80 代表 80%），只有在当前有音乐播放时返回
dataUrl	歌曲数据链接，只有在当前有音乐播放时返回

参考代码如下：

```
wx.getBackgroundAudioPlayerState({
    success: function(res) {
        var status = res.status
```

```
        var dataUrl = res.dataUrl
        var currentPosition = res.currentPosition
        var duration = res.duration
        var downloadPercent = res.downloadPercent
    }
})
```

2. wx.playBackgroundAudio

wx.playBackgroundAudio(object)用于后台播放器播放音乐。对于微信客户端来说，同时只能有一个后台音乐在播放。当用户离开小程序后，音乐将暂停播放；当用户点击“显示在聊天顶部”时，音乐不会暂停播放；当用户在其他小程序占用音乐播放器时，原有小程序内的音乐将停止播放。object 参数说明如表 8-18 所示。

表 8-18　wx.palyBackgroundAudio 参数说明

参　数	类　型	必　填	说　明
dataUrl	String	是	音乐链接
title	String	否	音乐标题
coverImgUrl	String	否	封面 URL
success	Function	否	接口调用成功的回调函数
fail	Function	否	接口调用失败的回调函数
complete	Function	否	接口调用结束的回调函数（调用成功、失败都会执行）

参考代码如下：

```
wx.playBackgroundAudio({
  dataUrl: 'http://ws.stream.qqmusic.qq.com/M500001VfvsJ21xFqb.mp3?guid=
  ffffffff82def4af4b12b3cd9337d5e7&uin=346897220&vkey=6292F51E1E384E0
  61FF02C31F716658E5C81F5594D561F2E88B854E81CAAB7806D5E4F103E55D33C16
  F3FAC506D1AB172DE8600B37E43FAD&fromtag=46',
  title: '此时此刻',
  coverImgUrl: 'http://y.gtimg.cn/music/photo_new/T002R300x300M000003rsKF44
  GyaSk.jpg?max_age=2592000'
})
```

3. wx.pauseBackgroundAudio

wx.pauseBackgroundAudio()用于暂停播放音乐。

4. wx.seekBackgroundAudio

wx.seekBackgroundAudio(object)用于控制音乐播放进度。需要注意，在 iOS 6.3.30 版本的微信中，wx.seekBackgroundAudio 会有短暂延迟。object 参数说明如表 8-19 所示。

表 8-19　wx.seekBackgroundAudio 参数说明

参　数	类　型	必　填	说　明
position	Number	是	音乐位置，单位秒
success	Function	否	接口调用成功的回调函数
fail	Function	否	接口调用失败的回调函数
complete	Function	否	接口调用结束的回调函数（调用成功、失败都会执行）

5. wx.stopBackgroundAudio

wx.stopBackgroundAudio()用于停止播放音乐。

6. wx.onBackgroundAudioPlay

wx.onBackgroundAudioPlay(CALLBACK)用于监听音乐播放。

7. wx.onBackgroundAudioPause

wx.onBackgroundAudioPause(CALLBACK)用于监听音乐暂停。

8. wx.onBackgroundAudioStop

wx.onBackgroundAudioStop(CALLBACK)用于监听音乐停止。

8.2.5 音频组件控制

wx.createAudioContext(audioId)用于创建并返回 Audio 上下文 audioContext 对象。audioContext 对象通过 audioId 和<audio/>组件绑定，通过它可以操作对应的<audio/>组件。audioContext 对象包含的方法说明如表 8-20 所示。

表 8-20 audioContext 方法列表

方　法	参　数	说　明
setSrc	src	音频的地址
play	无	播放
pause	无	暂停
seek	position	跳转到指定位置，单位秒

参考代码参考 7.5.1 节 audio 音频组件部分 audio.js 的代码内容。

8.2.6 视频

wx.chooseVideo(object)用于拍摄视频或从手机相册中选择视频，返回视频的临时文件路径，基本功能同 wx.chooseImage。object 参数说明如表 8-21 所示。

表 8-21 wx.chooseVideo 参数说明

参　数	类　型	必　填	说　明
sourceType	StringArray	否	album：从相册选视频，camera：使用相机拍摄，默认为['album', 'camera']
maxDuration	Number	否	拍摄视频最长拍摄时间，单位秒，最长支持 60 秒
camera	String	否	默认调用的为前置还是后置摄像头，front：前置，back：后置，默认为 back
success	Function	否	接口调用成功，返回视频文件的临时文件路径，详见表 8-22
fail	Function	否	接口调用失败的回调函数
complete	Function	否	接口调用结束的回调函数（调用成功、失败都会执行）

success 返回参数说明如表 8-22 所示。

表 8-22 success 返回参数说明

参 数	说 明	参 数	说 明
tempFilePath	选定视频的临时文件路径	size	选定视频的数据量大小
duration	选定视频的时间长度	height	返回选定视频的长

新建一个选取/拍摄视频的页面，用来展示 wx.chooseVideo 接口的使用效果，各文件内容如下：

```
// pages/API/video/video.js
var sourceType = [ ['camera'], ['album'], ['camera', 'album'] ]
var camera = [ ['front'], ['back'], ['front', 'back'] ]
var duration = Array.apply(null, {length: 60}).map(function (n, i) {
  return i + 1
})

Page({
  data: {
    sourceTypeIndex: 2,
    sourceType: ['拍摄', '相册', '拍摄或相册'],

    cameraIndex: 2,
    camera: ['前置', '后置', '前置或后置'],

    durationIndex: 59,
    duration: duration.map(function (t) { return t + '秒'}),

    src: ''
  },
  sourceTypeChange: function (e) {
    this.setData({
      sourceTypeIndex: e.detail.value
    })
  },
  cameraChange: function (e) {
    this.setData({
      cameraIndex: e.detail.value
    })
  },
  durationChange: function (e) {
    this.setData({
      durationIndex: e.detail.value
    })
  },
  chooseVideo: function () {
    var that = this
    wx.chooseVideo({
      sourceType: sourceType[this.data.sourceTypeIndex],
      camera: camera[this.data.cameraIndex],
```

```
        maxDuration: duration[this.data.durationIndex],
        success: function (res) {
          that.setData({
            src: res.tempFilePath
          })
        }
      })
    }
  })

<!--pages/API/video/video.wxml-->
<view class="page-body">
    <view class="page-section">
      <view class="weui-cells weui-cells_after-title">
        <view class="weui-cell weui-cell_input">
          <view class="weui-cell__hd">
            <view class="weui-label">视频来源</view>
          </view>
          <view class="weui-cell__bd">
            <picker range="{{sourceType}}" bindchange="sourceTypeChange"
            value="{{sourceTypeIndex}}">
              <view class="weui-input"> {{sourceType [sourceTypeIndex]}}
              </view>
            </picker>
          </view>
        </view>
        <view class="weui-cell weui-cell_input">
          <view class="weui-cell__hd">
            <view class="weui-label">摄像头</view>
          </view>
          <view class="weui-cell__bd">
            <picker range="{{camera}}" bindchange="cameraChange"
            value="{{cameraIndex}}">
              <view class="weui-input">{{camera[cameraIndex]}}</view>
            </picker>
          </view>
        </view>
        <view class="weui-cell weui-cell_input">
          <view class="weui-cell__hd">
            <view class="weui-label">拍摄长度</view>
          </view>
          <view class="weui-cell__bd">
            <picker range="{{duration}}" bindchange="durationChange"
             value="{{durationIndex}}">
             <view class="weui-input">{{duration[durationIndex]}}</view>
            </picker>
          </view>
        </view>
      </view>

      <view class="page-body-info">
        <block wx:if="{{src === ''}}">
```

```
          <view class="image-plus image-plus-nb" bindtap="chooseVideo">
            <view class="image-plus-horizontal"></view>
            <view class="image-plus-vertical"></view>
          </view>
          <view class="image-plus-text">添加视频</view>
        </block>
        <block wx:if="{{src != ''}}">
          <video src="{{src}}" class="video"></video>
        </block>
      </view>
    </view>
  </view>
```

运行后，页面显示效果如图 8-9 所示。

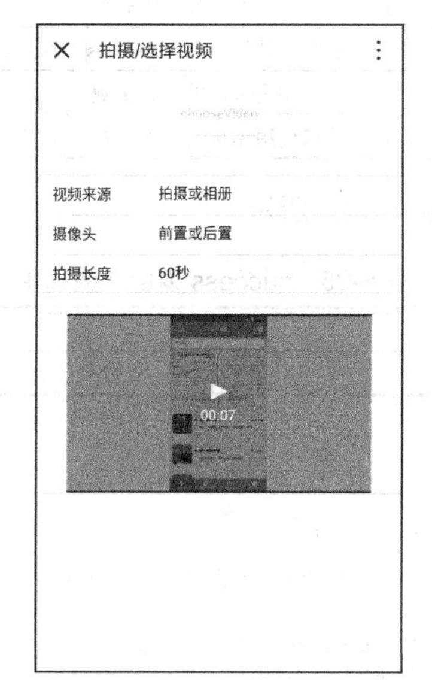

图 8-9　wx.chooseVideo 页面

8.2.7　视频组件控制

wx.createVideoContext(videoId)用于创建并返回 video 上下文 videoContext 对象。videoContext 对象通过 videoId 和一个<video/>组件绑定，通过它可以操作一个 <video/> 组件。videoContext 对象包含的方法说明如表 8-23 所示。

表 8-23　videoContext 对象方法列表

方　法	参　数	说　明
play	无	播放
pause	无	暂停
seek	position	跳转到指定位置，单位秒
sendDanmu	danmu	发送弹幕，danmu 包含两个属性 text、color

代码可参考 7.5.2 节 video 视频组件部分 video.js 的代码内容。

8.3 文件

1. wx.saveFile

wx.saveFile(object)用于保存文件到本地，以确保下次打开小程序时还能访问到相关文件。而不是像之前使用的临时路径，只能在当次使用小程序时访问相关文件。注意，本地文件存储的大小限制为 10MB。object 参数说明如表 8-24 所示。

表 8-24　wx.saveFile 参数说明

参　数	类　型	必　填	说　明
tempFilePath	String	是	需要保存的文件的临时路径
success	Function	否	返回文件的保存路径，res = {savedFilePath: '文件的保存路径'}
fail	Function	否	接口调用失败的回调函数
complete	Function	否	接口调用结束的回调函数（调用成功、失败都会执行）

success 的返回参数说明如表 8-25 所示。

表 8-25　success 返回参数说明

参　数	说　明
savedFilePath	文件的保存路径

参考代码如下：

```
wx.chooseImage({
  success: function(res) {
    var tempFilePaths = res.tempFilePaths
    wx.saveFile({
      tempFilePath: tempFilePaths[0],
      success: function(res) {
        var savedFilePath = res.savedFilePath
      }
    })
  }
})
```

2. wx.getSavedFileList

wx.getSavedFileList(object)用于获取本地已保存的文件列表，object 参数说明如表 8-26 所示。

表 8-26　wx.getSavedFileList 参数说明

参　数	类　型	必　填	说　明
success	Function	否	接口调用成功的回调函数，返回结果见表 8-27
fail	Function	否	接口调用失败的回调函数
complete	Function	否	接口调用结束的回调函数（调用成功、失败都会执行）

表 8-27　success 返回参数说明

参　数	类　型	说　明
errMsg	String	接口调用结果
fileList	Object Array	文件列表

fileList 中包含的项目说明如表 8-28 所示。

表 8-28　fileList 包含项目列表

键	类　型	说　明
filePath	String	文件的本地路径
createTime	Number	文件的保存时的时间戳，从 1970/01/01 08:00:00 到当前时间的秒数
size	Number	文件大小，单位 B

参考代码如下：

```
wx.getSavedFileList({
  success: function(res) {
    console.log(res.fileList)
  }
})
```

3. wx.getSavedFileInfo

wx.getSavedFileInfo(object)用于获取本地文件的文件信息，object 参数说明如表 8-29 所示。

表 8-29　wx.getSavedFileInfo 参数说明

参　数	类　型	必　填	说　明
filePath	String	是	文件路径
success	Function	否	接口调用成功的回调函数，返回结果见表 8-30
fail	Function	否	接口调用失败的回调函数
complete	Function	否	接口调用结束的回调函数（调用成功、失败都会执行）

表 8-30　success 返回参数说明

参　数	类　型	说　明
errMsg	String	接口调用结果
size	Number	文件大小，单位 B
createTime	Number	文件的保存时的时间戳，从 1970/01/01 08:00:00 到当前时间的秒数

参考代码如下：

```
 wx.getSavedFileInfo({
filePath: 'wxfile://somefile', //仅做示例用，非真正的文件路径
   success: function(res) {
     console.log(res.size)
     console.log(res.createTime)
   }
 })
```

4. wx.removeSavedFile

wx.removeSavedFile(object)用于删除本地存储的文件，object 参数说明如表 8-31 所示。

表 8-31　wx.removeSavedFile 参数说明

参　数	类　型	必　填	说　明
filePath	String	是	需要删除的文件路径
success	Function	否	接口调用成功的回调函数
fail	Function	否	接口调用失败的回调函数
complete	Function	否	接口调用结束的回调函数（调用成功、失败都会执行）

参考代码如下：

```
wx.getSavedFileList({
  success: function(res) {
    if (res.fileList.length > 0){
      wx.removeSavedFile({
        filePath: res.fileList[0].filePath,
        complete: function(res) {
          console.log(res)
        }
      })
    }
  }
})
```


5. wx.openDocument

wx.openDocument(object)用于新建页面打开文档，支持格式：doc、xls、ppt、pdf、docx、xlsx、pptx。object 参数说明如表 8-32 所示。

表 8-32　wx.openDocument 参数说明

参　数	说　明	必　填	说　明
filePath	String	是	文件路径，可通过 downFile 获得
success	Function	否	接口调用成功的回调函数
fail	Function	否	接口调用失败的回调函数
complete	Function	否	接口调用结束的回调函数（调用成功、失败都会执行）

参考代码如下：

```
wx.downloadFile({
  url: 'http://example.com/somefile.pdf',
  success: function (res) {
    var filePath = res.tempFilePath
    wx.openDocument({
      filePath: filePath,
      success: function (res) {
        console.log('打开文档成功')
      }
    })
  }
})
```

新建一个页面，将相册照片/拍摄照片保存到小程序中，并使其在退出小程序后仍能访问，以此来展示前面几个文件接口的使用效果，文件内容如下：

```
// pages/API/file/file.js
Page({
  onLoad: function () {
    this.setData({
      savedFilePath: wx.getStorageSync('savedFilePath')
    })
  },
  data: {
    tempFilePath: '',
    savedFilePath: '',
    dialog: {
      hidden: true
    }
  },
  chooseImage: function () {
    var that = this
    wx.chooseImage({
      count: 1,
      success: function (res) {
        that.setData({
          tempFilePath: res.tempFilePaths[0]
        })
      }
    })
  },
  saveFile: function () {
    if (this.data.tempFilePath.length > 0) {
      var that = this
      wx.saveFile({
        tempFilePath: this.data.tempFilePath,
        success: function (res) {
          that.setData({
            savedFilePath: res.savedFilePath
          })
          wx.setStorageSync('savedFilePath', res.savedFilePath)
          that.setData({
            dialog: {
              title: '保存成功',
              content: '下次进入应用时，此文件仍可用',
              hidden: false
            }
          })
        },
        fail: function (res) {
          that.setData({
            dialog: {
              title: '保存失败',
```

```
                    content: '出现了错误',
                    hidden: false
                  }
                })
              }
            })
          }
        },
        clear: function () {
          wx.setStorageSync('savedFilePath', '')
          this.setData({
            tempFilePath: '',
            savedFilePath: ''
          })
        },
        confirm: function () {
          this.setData({
            'dialog.hidden': true
          })
        }
      })

<!--pages/API/file/file.wxml-->
<view class="page-body">
    <view class="page-section">
      <view class="page-body-info">
        <block wx:if="{{tempFilePath != ''}}">
          <image src="{{tempFilePath}}" class="image" mode="aspectFit">
          </image>
        </block>
        <block wx:if="{{tempFilePath === '' && savedFilePath != ''}}">
          <image src="{{savedFilePath}}" class="image" mode="aspectFit">
          </image>
        </block>
        <block wx:if="{{tempFilePath === '' && savedFilePath === ''}}">
          <view class="image-plus image-plus-nb" bindtap="chooseImage">
            <view class="image-plus-horizontal"></view>
            <view class="image-plus-vertical"></view>
          </view>
          <view class="image-plus-text">请选择文件</view>
        </block>
      </view>
      <view class="btn-area">
        <button type="primary" bindtap="saveFile">保存文件</button>
        <button bindtap="clear">删除文件</button>
      </view>
    </view>
</view>
<modal title="{{dialog.title}}" hidden="{{dialog.hidden}}" no-cancel
bindconfirm="confirm">{{dialog.content}}</modal>
```

运行后，页面显示效果如图 8-10 所示。

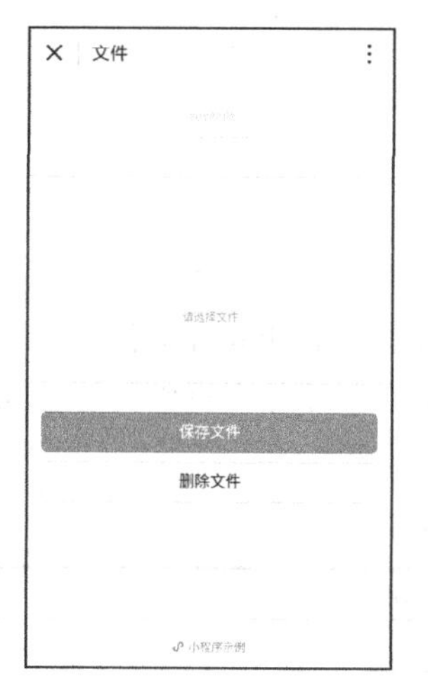

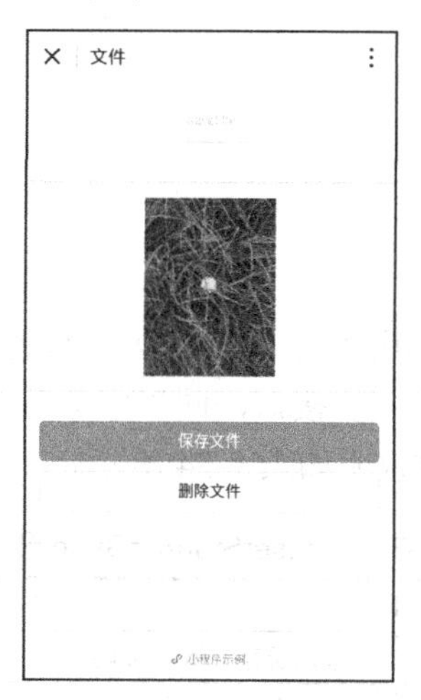

图 8-10　文件存取删除页面

8.4　数据缓存

每个微信小程序都有自己的本地缓存，可以通过 wx.setStorage（wx.setStorageSync）、wx.getStorage（wx.getStorageSync）、wx.clearStorage（wx.clearStorageSync）对本地缓存进行设置、获取和清理。同一个微信用户，同一个小程序的存储上限为 10MB。localStorage 以用户维度隔离，在同一台设备上，A 用户无法读取到 B 用户的数据。

注　意

localStorage 是永久存储的，但是我们不建议将关键信息全部存在 localStorage，以防用户换设备的情况。

1. wx.setStorage

wx.setStorage(object)用于将数据存储在本地缓存中指定的 key 中，但会覆盖原来该 key 对应的内容，这是一个异步接口，异步表示该存储过程不会阻塞当前任务。object 参数说明如表 8-33 所示。

表 8-33　wx.setStorage 参数说明

参　数	类　型	必　填	说　明
key	String	是	本地缓存中指定的 key
data	Object/String	是	需要存储的内容
success	Function	否	接口调用成功的回调函数
fail	Function	否	接口调用失败的回调函数
complete	Function	否	接口调用结束的回调函数（调用成功、失败都会执行）

参考代码如下：

```
wx.setStorage({
  key:"key",
  data:"value"
})
```

2. wx.setStorageSync

wx.setStorageSync(key，data)用于将 data 存储在本地缓存中指定的 key 中，但会覆盖原来该 key 对应的内容，这是一个同步接口，同步意味着会阻塞当前任务，直到同步方法处理完才能继续往下执行。其参数说明如表 8-34 所示。

表 8-34　wx.setStorageSync 参数说明

参　数	类　型	必　填	说　明
key	String	是	本地缓存中指定的 key
data	Object/String	是	需要存储的内容

参考代码如下：

```
try {
  wx.setStorageSync('key', 'value')
} catch (e) {
}
```

3. wx.getStorage

wx.getStorage(object)用于从本地缓存中异步获取指定 key 对应的内容，object 参数说明如表 8-35 所示。

表 8-35　wx.getStorage 参数说明

参　数	类　型	必　填	说　明
key	String	是	本地缓存中指定的 key
success	Function	是	接口调用成功的回调函数，res = {data: key 对应的内容}
fail	Function	否	接口调用失败的回调函数
complete	Function	否	接口调用结束的回调函数（调用成功、失败都会执行）

参考代码如下：

```
wx.getStorage({
  key: 'key',
  success: function(res) {
    console.log(res.data)
  }
})
```

4. wx.getStorageSync

wx.getStorageSync(key)用于从本地缓存中同步获取指定 key 对应的内容，key 参数说明如表 8-36 所示。

表 8-36　wx.getStorageSync 参数说明

参　数	类　型	必　填	说　明
key	String	是	本地缓存中指定的 key

参考代码如下：

```
try {
  var value = wx.getStorageSync('key')
  if (value) {
  // Do something with return value
  }
} catch (e) {
  // Do something when catch error
}
```

5. wx.getStorageInfo

wx.getStorageInfo(object)用于异步获取当前 storage 的相关信息，object 参数说明如表 8-37 所示。

表 8-37　wx.getStorageInfo 参数说明

参　数	类　型	必　填	说　明
success	Function	是	接口调用成功的回调函数，详见表 8-38
fail	Function	否	接口调用失败的回调函数
complete	Function	否	接口调用结束的回调函数（调用成功、失败都会执行）

表 8-38　success 返回参数说明

参　数	类　型	说　明
keys	String Array	当前 storage 中所有的 key
currentSize	Number	当前占用的空间大小，单位 KB
limitSize	Number	限制的空间大小，单位 KB

参考代码如下：

```
wx.getStorageInfo({
  success: function(res) {
    console.log(res.keys)
    console.log(res.currentSize)
    console.log(res.limitSize)
  }
})
```

6. wx.getStorageInfoSync

wx.getStorageInfoSync()用于同步获取当前 storage 的相关信息，包含当前 storage 中所有的 key、当前占用的空间大小、限制的空间大小信息等，参考代码如下：

```
try {
  var res = wx.getStorageInfoSync()
  console.log(res.keys)
  console.log(res.currentSize)
  console.log(res.limitSize)
```

```
} catch (e) {
  // Do something when catch error
}
```

7. wx.removeStorage

wx.removeStorage(object)用于从本地缓存中异步移除指定 key，object 参数说明如表 8-39 所示。

表 8-39　wx.removeStorage 参数说明

参　数	类　型	必　填	说　明
key	String	是	本地缓存中指定的 key
success	Function	是	接口调用成功的回调函数
fail	Function	否	接口调用失败的回调函数
complete	Function	否	接口调用结束的回调函数（调用成功、失败都会执行）

参考代码如下：


```
wx.removeStorage({
  key: 'key',
  success: function(res) {
    console.log(res.data)
  }
})
```

8. wx.removeStorageSync

wx.removeStorageSync(key)用于从本地缓存中同步移除指定 key，key 参数说明如表 8-40 所示。

表 8-40　wx.removeStorageSync 参数说明

参　数	类　型	必　填	说　明
key	String	是	本地缓存中指定的 key

参考代码如下：

```
try {
  wx.removeStorageSync('key')
} catch (e) {
  // Do something when catch error
}
```

9. wx.clearStorage

wx.clearStorage()用于清理本地数据缓存，参考代码如下：

```
wx.clearStorage()
```

10. wx.clearStorageSync

wx.clearStorageSync()用于同步清理本地数据缓存，参考代码如下：

```
try {
    wx.clearStorageSync()
```

```
} catch(e) {
  // Do something when catch error
}
```

新建一个页面，用于展示数据存取，这个页面可以通过输入（key，value）来存数据，通过输入 key 来查询对应的数据，文件内容如下：

```
// pages/API/storage/storage.js
Page({
  data: {
    key: '',
    data: '',
    dialog: {
      title: '',
      content: '',
      hidden: true
    }
  },
  keyChange: function (e) {
    this.data.key = e.detail.value
  },
  dataChange: function (e) {
    this.data.data = e.detail.value
  },
  getStorage: function () {
    var key = this.data.key,
        data = this.data.data
    var storageData

    if (key.length === 0) {
      this.setData({
        key: key,
        data: data,
        'dialog.hidden': false,
        'dialog.title': '读取数据失败',
        'dialog.content': 'key 不能为空'
      })
    } else {
      storageData = wx.getStorageSync(key)
      if (storageData === "") {
        this.setData({
          key: key,
          data: data,
          'dialog.hidden': false,
          'dialog.title': '读取数据失败',
          'dialog.content': '找不到 key 对应的数据'
        })
      } else {
        this.setData({
          key: key,
          data: data,
          'dialog.hidden': false,
          'dialog.title': '读取数据成功',
          'dialog.content': "data: '"+ storageData + "'"
```

```
        })
      }
    }
  },
  setStorage: function () {
    var key = this.data.key
    var data = this.data.data
    if (key.length === 0) {
      this.setData({
        key: key,
        data: data,
        'dialog.hidden': false,
        'dialog.title': '保存数据失败',
        'dialog.content': 'key 不能为空'
      })
    } else {
      wx.setStorageSync(key, data)
      this.setData({
        key: key,
        data: data,
        'dialog.hidden': false,
        'dialog.title': '存储数据成功'
      })
    }
  },
  clearStorage: function () {
    wx.clearStorageSync()
    this.setData({
      key: '',
      data: '',
      'dialog.hidden': false,
      'dialog.title': '清除数据成功',
      'dialog.content': ''
    })
  },
  confirm: function () {
    this.setData({
      'dialog.hidden': true,
      'dialog.title': '',
      'dialog.content': ''
    })
  }
})
```

```
<!--pages/API/storage/storage.wxml-->
<view class="page-body">
    <view class="page-section">
      <view class="weui-cells weui-cells_after-title">
        <view class="weui-cell weui-cell_input">
          <view class="weui-cell__hd">
            <view class="weui-label">key</view>
          </view>
          <view class="weui-cell__bd">
            <input class="weui-input" type="text" placeholder="请输入 key"
```

```
            name="key" value="{{key}}" bindinput="keyChange"></input>
          </view>
        </view>
        <view class="weui-cell weui-cell_input">
          <view class="weui-cell__hd">
            <view class="weui-label">value</view>
          </view>
          <view class="weui-cell__bd">
            <input class="weui-input" type="text" placeholder="请输入value"
            name="data" value="{{data}}" bindinput="dataChange"> </input>
          </view>
        </view>
      </view>
      <view class="btn-area">
        <button type="primary" bindtap="setStorage">存储数据</button>
        <button bindtap="getStorage">读取数据</button>
        <button bindtap="clearStorage">清理数据</button>
      </view>
    </view>
  </view>

  <modal title="{{dialog.title}}" hidden="{{dialog.hidden}}" no-cancel
  bindconfirm="confirm">{{dialog.content}}</modal>
```

运行后，页面显示效果如图 8-11 和图 8-12 所示。

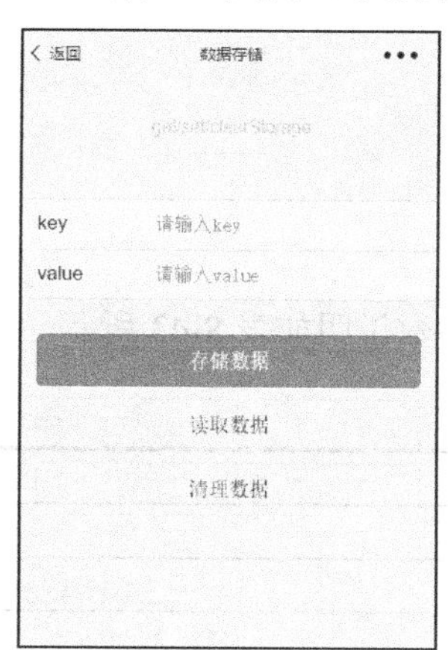

图 8-11 数据存储页面

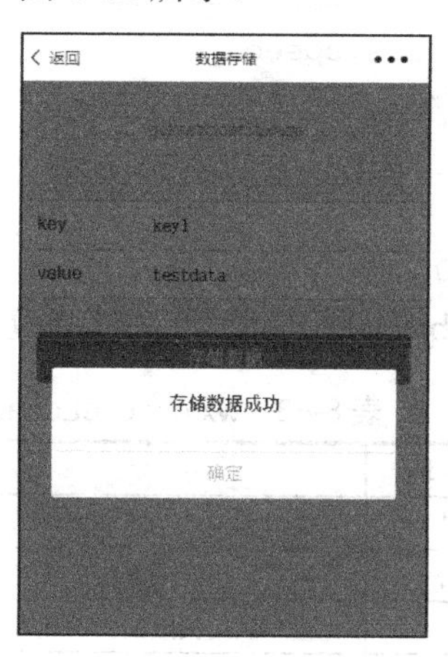

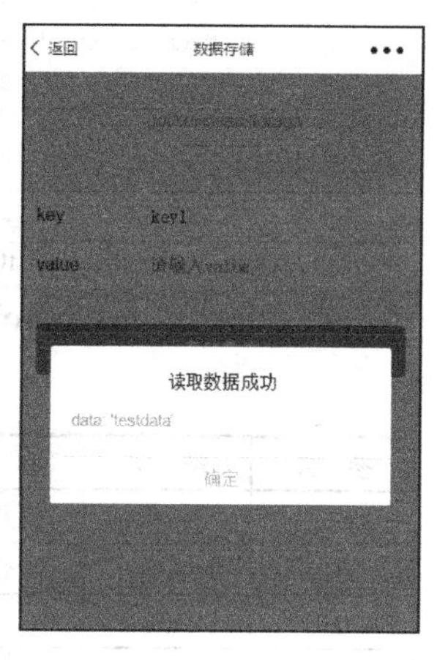

图 8-12 数据存储和读取

8.5 位置

8.5.1 获取位置

1. wx.getLocation

wx.getLocation(object)用于获取当前的地理位置、速度。当用户离开小程序后，此接口无法调用；当用户点击“显示在聊天顶部”时，此接口可继续调用。object 参数说明如表 8-41 所示。

表 8-41　wx.getLocation 参数说明

参　数	类　型	必　填	说　明
type	String	否	默认为 wgs84，返回 gps 坐标，gcj02 返回可用于 wx.openLocation 的坐标
success	Function	是	接口调用成功的回调函数，详见表 8-42
fail	Function	否	接口调用失败的回调函数
complete	Function	否	接口调用结束的回调函数（调用成功、失败都会执行）

表 8-42　success 返回参数说明

参　数	说　明
latitude	纬度，浮点数，范围为-90～90，负数表示南纬
longitude	经度，浮点数，范围为-180～180，负数表示西经
speed	速度，浮点数，单位 m/s
accuracy	位置的精确度

参考代码如下：

```
wx.getLocation({
  type: 'wgs84',
  success: function(res) {
    var latitude = res.latitude
    var longitude = res.longitude
    var speed = res.speed
    var accuracy = res.accuracy
  }
})
```

2. wx.chooseLocation

wx.chooseLocation(object)用于打开地图选择位置，object 参数说明如表 8-43 所示。

表 8-43　wx.chooseLocation 参数说明

参　数	类　型	必　填	说　明
success	Function	是	接口调用成功的回调函数，详见表 8-44
cancel	Function	否	用户取消时调用
fail	Function	否	接口调用失败的回调函数
complete	Function	否	接口调用结束的回调函数（调用成功、失败都会执行）

表 8-44　success 返回参数说明

参　数	说　明
name	位置名称
address	详细地址
latitude	纬度，浮点数，范围为-90～90，负数表示南纬
longitude	经度，浮点数，范围为-180～180，负数表示西经

新建一个页面，用来展示使用地图选择位置，文件内容如下：

```
// pages/API/choose-location/choose-location.js
var util = require('.../.../.../.../util/util.js')
```

```
var formatLocation = util.formatLocation

Page({
  data: {
    hasLocation: false,
  },
  chooseLocation: function () {
    var that = this
    wx.chooseLocation({
      success: function (res) {
        console.log(res)
        that.setData({
          hasLocation: true,
          location: formatLocation(res.longitude, res.latitude),
          locationAddress: res.address
        })
      }
    })
  },
  clear: function () {
    this.setData({
      hasLocation: false
    })
  }
})
```

其中，代码第一行引用了公共代码util.js，具体内容详见8.2.3节音频播放控制部分util.js文件的代码内容。

```
<!--pages/API/choose-location/choose-location.wxml-->
<view class="page-body">
    <view class="page-section">
      <view class="page-body-info">
        <text class="page-body-text-small">当前位置信息</text>
        <block wx:if="{{hasLocation === false}}">
          <text class="page-body-text">未选择位置</text>
        </block>
        <block wx:if="{{hasLocation === true}}">
          <text class="page-body-text">{{locationAddress}}</text>
          <view class="page-body-text-location">
            <text>E:
            {{location.longitude[0]}}°{{location.longitude[1]}}'</text>
            <text>N:
            {{location.latitude[0]}}°{{location.latitude[1]}}'</text>
          </view>
        </block>
      </view>
      <view class="btn-area">
        <button type="primary" bindtap="chooseLocation">选择位置</button>
        <button bindtap="clear">清空</button>
      </view>
    </view>
</view>
```

运行后，页面将显示当前位置信息及地图信息，位置信息如图 8-13 所示。

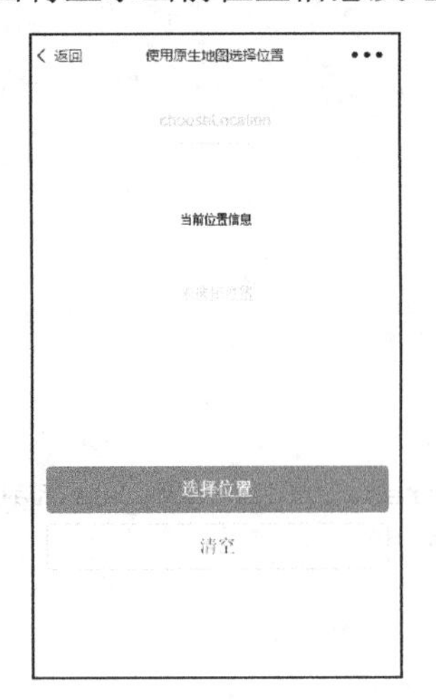

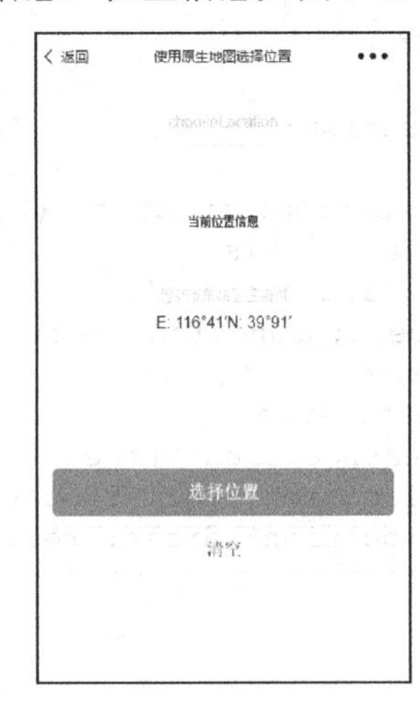

图 8-13　通过地图选点并显示

8.5.2 查看位置

wx.openLocation(object)用于使用微信内置地图查看位置，object 参数说明如表 8-45 所示。

表 8-45　wx.openLocation 参数说明

参　数	类　型	必　填	说　明
latitude	Float	是	纬度，范围为-90～90，负数表示南纬
longitude	Float	是	经度，范围为-180～180，负数表示西经
scale	Int	否	缩放比例，范围 5～18，默认为 18
name	String	否	位置名
address	String	否	地址的详细说明
success	Function	否	接口调用成功的回调函数
fail	Function	否	接口调用失败的回调函数
complete	Function	否	接口调用结束的回调函数（调用成功、失败都会执行）

参考代码如下：

```
wx.getLocation({
  type: 'gcj02', //返回可以用于 wx.openLocation 的经纬度
  success: function(res) {
    var latitude = res.latitude
    var longitude = res.longitude
    wx.openLocation({
      latitude: latitude,
      longitude: longitude,
      scale: 28
    })
  }
})
```

使用位置相关接口时，需注意以下两点：

- iOS 6.3.30 版本 type 参数不生效，只会返回 wgs84 类型的坐标信息；
- wx.getLocation、wx.chooseLocation 接口需要用户授权，应兼容用户拒绝授权的场景。

8.5.3 地图组件控制

wx.createMapContext(mapId)用于创建并返回 map 上下文 mapContext 对象。mapContext 对象通过 mapId 与一个<map/>组件绑定，通过它可以操作对应的<map/>组件。mapContext 对象包含的方法说明如表 8-46 所示。

表 8-46 mapContext 对象方法列表

方 法	参 数	说 明
getCenterLocation	object	获取当前地图中心的经纬度，返回 gcj02 坐标系，用于 wx.openLocation
moveToLocation	无	将地图中心移动到当前定位点，需要配合 map 组件的 show-location 使用

其中，getCenterLocation 的 object 参数说明如表 8-47 所示。

表 8-47 getCenterLocation 参数说明

参 数	类 型	必 填	说 明
success	Function	否	接口调用成功的回调函数，res = { longitude: "经度", latitude: "纬度"}
fail	Function	否	接口调用失败的回调函数
complete	Function	否	接口调用结束的回调函数（调用成功、失败都会执行）

结合之前的 map 组件，新建一个页面，用来展示对地图组件的控制，文件内容如下：

```
<!--pages/API/createMapContext/createMapContext.wxml-->
<view class="page-body">
    <view class="page-section page-section-gap">
      <map id="myMap" show-location></map>
<button type="primary" bindtap="getCenterLocation">获取位置</button>
<button type="primary" bindtap="moveToLocation">移动位置</button>
    </view>
</view>

// pages/API/createMapContext/createMapContext.js
Page({
  onReady: function (e) {
    // 使用 wx.createMapContext 获取 map 上下文
    this.mapCtx = wx.createMapContext('myMap')
  },
  getCenterLocation: function () {
    this.mapCtx.getCenterLocation({
      success: function(res){
        console.log(res.longitude)
        console.log(res.latitude)
      }
    })
  },
  moveToLocation: function () {
    this.mapCtx.moveToLocation()
  }
})
```

运行后，页面可以显示地图中心点的坐标，也可以实现移动地图中心到当前定位点等功能。

8.6 设备

8.6.1 系统信息

1. wx.getSystemInfo

wx.getSystemInfo(object)用于获取系统信息，object 参数说明如表 8-48 所示。

表 8-48 wx.getSystemInfo 参数说明

参 数	类 型	必 填	说 明
success	Function	是	接口调用成功的回调函数
fail	Function	否	接口调用失败的回调函数
complete	Function	否	接口调用结束的回调函数（调用成功、失败都会执行）

success 返回参数说明如表 8-49 所示。

表 8-49 success 返回参数说明

参 数	说 明	最低版本
model	手机型号	
pixelRatio	设备像素比	
screenWidth	屏幕宽度	1.1.0
screenHeight	屏幕高度	1.1.0
windowWidth	可使用窗口宽度	
windowHeight	可使用窗口高度	
language	微信设置的语言	
version	微信版本号	
system	操作系统版本	
platform	客户端平台	
SDKVersion	客户端基础库版本	1.1.0

参考代码如下：

```
wx.getSystemInfo({
  success: function(res) {
    console.log(res.model)
    console.log(res.pixelRatio)
    console.log(res.windowWidth)
    console.log(res.windowHeight)
    console.log(res.language)
    console.log(res.version)
    console.log(res.platform)
  }
})
```

2. wx.getSystemInfoSync

wx.getSystemInfoSync()用于获取系统信息同步接口，返回参数说明如表 8-50 所示。

表 8-50 wx.getSystemInfoSync 返回参数说明

参　数	说　明	最低版本
model	手机型号	
pixelRatio	设备像素比	
screenWidth	屏幕宽度	1.1.0
screenHeight	屏幕高度	1.1.0
windowWidth	可使用窗口宽度	
windowHeight	可使用窗口高度	
language	微信设置的语言	
version	微信版本号	
system	操作系统版本	
platform	客户端平台	
SDKVersion	客户端基础库版本	1.1.0

参考代码如下：

```
try {
  var res = wx.getSystemInfoSync()
  console.log(res.model)
  console.log(res.pixelRatio)
  console.log(res.windowWidth)
  console.log(res.windowHeight)
  console.log(res.language)
  console.log(res.version)
  console.log(res.platform)
} catch (e) {
  // Do something when catch error
}
```

3. wx.canIUse

wx.canIUse(String)用于判断小程序的 API、回调、参数、组件等是否在当前版本可用。String 参数使用${API}.${method}.${param}.${options}或者${component}. ${attribute}. ${option}的方式来调用，其含义如下：

- ${API} 代表 API 名字；
- ${method} 代表调用方式，有效值为 return，success，object，callback；
- ${param} 代表参数或者返回值；
- ${options} 代表参数的可选值；
- ${component} 代表组件名字；
- ${attribute} 代表组件属性；
- ${option} 代表组件属性的可选值。

参考代码如下：

```
wx.canIUse('openBluetoothAdapter')//判断能否调用初始化蓝牙适配器接口
wx.canIUse('getSystemInfoSync.return.screenWidth')//判断能否使用同步获取
```

系统信息接口 return 调用的屏幕宽度信息

wx.canIUse('getSystemInfo.success.screenWidth')//判断能否使用获取系统信息接口 success 调用返回的屏幕宽度信息

wx.canIUse('showToast.object.image')//判断能否使用 showToast 接口 object 参数的 image 属性

wx.canIUse('onCompassChange.callback.direction')//判断能否使用 onCompassChange 接口 callback 调用的 direction 参数

wx.canIUse('request.object.method.GET')//判断能否将 request 接口 object 参数 method 属性值设定为 GET

wx.canIUse('contact-button')//判断能否使用 contact-button 组件

wx.canIUse('text.selectable')//判断能否使用 text 组件的 selectable 属性

wx.canIUse('button.open-type.contact')//判断能否将 button 组件的 open-type 属性值设定为 contact

8.6.2 网络状态

1. wx.getNetworkType

wx.getNetworkType(object)用于获取网络类型，object 参数说明如表 8-51 所示。

表 8-51 wx.getNetworkType 参数说明

参 数	类 型	必 填	说 明
success	Function	是	接口调用成功，返回网络类型 networkType
fail	Function	否	接口调用失败的回调函数
complete	Function	否	接口调用结束的回调函数（调用成功、失败都会执行）

success 返回 networkType 的有效值说明如表 8-52 所示。

表 8-52 networkType 有效值

值	说 明	值	说 明
wifi	无线网络	2g	2G 网络
4g	4G 网络	unknow	Android 下不常见的网络类型
3g	3G 网络	none	无网络

参考代码如下：

```
wx.getNetworkType({
  success: function(res) {
    var networkType = res.networkType
  }
})
```

2. wx.onNetworkStatusChange

wx.onNetworkStatusChange(CALLBACK)用于监听网络状态变化，CALLBACK 返回参数说明如表 8-53 所示，networkType 有效值见表 8-52。

表 8-53　CALLBACK 返回参数说明

参　数	类　型	说　明
isConnected	Boolean	当前是否有网络连接
networkType	String	网络类型

参考代码如下：

```
wx.onNetworkStatusChange(function(res) {
  console.log(res.isConnected)
  console.log(res.networkType)
})
```

8.6.3　加速度计

1. wx.onAccelerometerChange

wx.onAccelerometerChange(CALLBACK)用于监听加速度数据，频率为 5 次/秒，接口调用后会自动开始监听，可使用 wx.stopAccelerometer 停止监听。CALLBACK 返回参数说明如表 8-54 所示。

表 8-54　wx.onAccelerometerChange 返回参数说明

参数	类　型	说　明
x	Number	X 轴
y	Number	Y 轴
z	Number	Z 轴

参考代码如下：

```
wx.onAccelerometerChange(function(res) {
  console.log(res.x)
  console.log(res.y)
  console.log(res.z)
})
```

2. wx.startAccelerometer

wx.startAccelerometer(object)用于开始监听加速度数据，object 参数说明如表 8-55 所示。

表 8-55　wx.startAccelerometer 参数说明

参　数	类　型	必　填	说　明
success	Function	否	接口调用成功的回调函数
fail	Function	否	接口调用失败的回调函数
complete	Function	否	接口调用结束的回调函数（调用成功、失败都会执行）

3. wx.stopAccelerometer

wx.stopAccelerometer(object)用于停止监听加速度数据，object 参数说明如表 8-56 所示。

表 8-56　wx.azstopAccelerometer 参数说明

参　数	类　型	必　填	说　明
success	Function	否	接口调用成功的回调函数
fail	Function	否	接口调用失败的回调函数
complete	Function	否	接口调用结束的回调函数（调用成功、失败都会执行）

新建一个页面，用来展示通过监听重力感应数据控制屏幕上小球的移动，文件内容如下：

```
// pages/API/on-accelerometer-change/on-accelerometer-change.js
Page({
  onReady: function () {
    this.drawBigBall()
    var that = this

    this.position = {
      x: 151,
      y: 151,
      vx: 0,
      vy: 0,
      ax: 0,
      ay: 0
    }
    wx.onAccelerometerChange(function (res) {
      that.setData({
        x: res.x.toFixed(2),
        y: res.y.toFixed(2),
        z: res.z.toFixed(2)
      })
      that.position.ax = Math.sin(res.x * Math.PI / 2)
      that.position.ay = -Math.sin(res.y * Math.PI / 2)
      //that.drawSmallBall()
    })

    this.interval = setInterval(function () {
      that.drawSmallBall()
    }, 17)

  },
  drawBigBall: function () {
    var context = wx.createContext()
    context.beginPath(0)
    context.arc(151, 151, 140, 0, Math.PI * 2)
    context.setFillStyle('#ffffff')
    context.setStrokeStyle('#aaaaaa')
    context.fill()
    // context.stroke()
    wx.drawCanvas({
      canvasId: 'big-ball',
      actions: context.getActions()
    })
```

```
  },
  drawSmallBall: function () {
    var p = this.position
    var strokeStyle = 'rgba(1,1,1,0)'

    p.x = p.x + p.vx
    p.y = p.y + p.vy
    p.vx = p.vx + p.ax
    p.vy = p.vy + p.ay

    if (Math.sqrt(Math.pow(Math.abs(p.x)-151, 2) + Math.pow(Math.abs(p.y)
    -151, 2)) >= 115) {
      if (p.x > 151 && p.vx > 0) {
        p.vx = 0
      }
      if (p.x < 151 && p.vx < 0) {
        p.vx = 0
      }
      if (p.y > 151 && p.vy > 0) {
        p.vy = 0
      }
      if (p.y < 151 && p.vy < 0) {
        p.vy = 0
      }
      strokeStyle = '#ff0000'
    }

    var context = wx.createContext()
    context.beginPath(0)
    context.arc(p.x, p.y, 15, 0, Math.PI * 2)
    context.setFillStyle('#1aad19')
    context.setStrokeStyle(strokeStyle)
    context.fill()
    // context.stroke()
    wx.drawCanvas({
      canvasId: 'small-ball',
      actions: context.getActions()
    })
  },
  data: {
    x: 0,
    y: 0,
    z: 0
  },
  onUnload: function () {
    clearInterval(this.interval)
  }
})
```

```
<!--pages/API/on-accelerometer-change/on-accelerometer-change.wxml-->
<view class="page-body">
```

```
    <view class="page-section page-section_center">
      <text class="page-body-text">倾斜手机即可移动下方小球</text>
      <view class="page-body-canvas">
        <canvas class="page-body-ball" show="{{true}}" canvas-id="big-ball">
        </canvas>
        <canvas class="page-body-ball" show="{{true}}" canvas-id="small
        -ball"></canvas>
      </view>
      <view class="page-body-xyz">
        <text class="page-body-title">X: {{x}}</text>
        <text class="page-body-title">Y: {{y}}</text>
        <text class="page-body-title">Z: {{z}}</text>
      </view>
  </view>
  </view>
```


打开页面，切换到“调试”选项，在页面最右上方，单击 Sensor 选项卡，打开计算机端的传感器模拟调试器。可以看到，随着鼠标拖动模拟手机的转动，屏幕上的小球也会跟着移动，同时更新显示 X、Y、Z 轴数据，如图 8-14 所示。

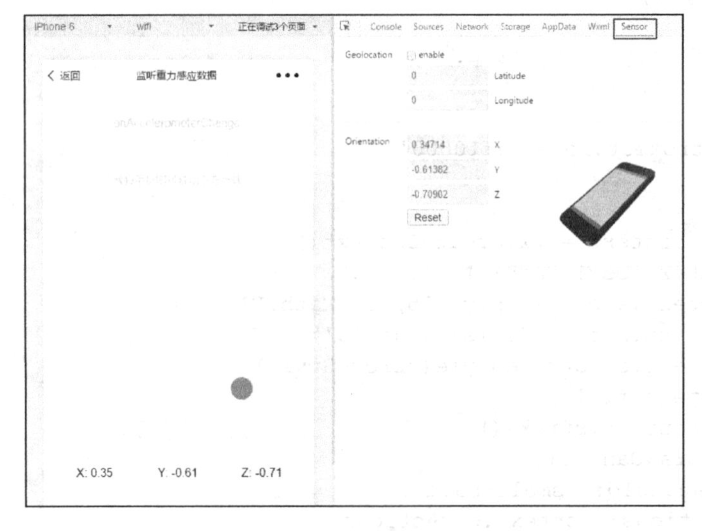

图 8-14　监听重力感应数据页面

8.6.4　罗盘

1. wx.onCompassChange

wx.onCompassChange(CALLBACK)用于监听罗盘数据，频率为 5 次/秒，接口调用后会自动开始监听，可使用 wx.stopCompass 停止监听。CALLBACK 返回参数说明如表 8-57 所示。

表 8-57　wx.onCompassChange 返回参数说明

参　数	类　型	说　明
direction	Number	面对的方向度数

参考代码如下：

```
wx.onCompassChange(function (res) {
  console.log(res.direction)
})
```

2. wx.startCompass

wx.startCompass(object)用于开始监听罗盘数据，object 参数说明如表 8-58 所示。

表 8-58　wx.startCompass 参数说明

参　数	类　型	必　填	说　明
success	Function	否	接口调用成功的回调函数
fail	Function	否	接口调用失败的回调函数
complete	Function	否	接口调用结束的回调函数（调用成功、失败都会执行）

3. wx.stopCompass

wx.stopCompass(object)用于停止监听罗盘数据，object 参数说明如表 8-59 所示。

表 8-59　wx.stopCompass 参数说明

参　数	类　型	必　填	说　明
success	Function	否	接口调用成功的回调函数
fail	Function	否	接口调用失败的回调函数
complete	Function	否	接口调用结束的回调函数（调用成功、失败都会执行）

新建一个罗盘页面，通过显示手机转动的度数来展示相关接口的使用，文件内容如下：

```
// pages/API/on-compass-change/on-compass-change.js
Page({
  data: {
    direction: 0
  },
  onReady: function () {
    var that = this
    wx.onCompassChange(function (res) {
      that.setData({
        direction: parseInt(res.direction)
      })
    })
  }
})

<!--pages/API/on-compass-change/on-compass-change.wxml-->
<view class="page-body">
    <view class="page-section page-section_center">
      <text class="page-body-text">旋转手机即可获取
      方位信息</text>
      <view class="direction">
        <view class="bg-compass-line"></view>
       <image class="bg-compass" src="compass. png"
       style="transform: rotate({{direction}}deg)">
        </image>
```

```
        <view class="direction-value">
          <text>{{direction}}</text>
          <text class="direction-degree">o</text>
        </view>
      </view>
    </view>
</view>
```

运行后，页面显示效果如图 8-15 所示。

图 8-15　监听罗盘数据

8.6.5　拨打电话

wx.makePhoneCall(object)用于跳转到系统拨打电话界面，拨打设定的号码。object 参数说明如表 8-60 所示。

表 8-60　wx.makePhoneCall 参数说明

参　数	类　型	必　填	说　明
phoneNumber	String	是	需要拨打的电话号码
success	Function	否	接口调用成功的回调函数
fail	Function	否	接口调用失败的回调函数
complete	Function	否	接口调用结束的回调函数（调用成功、失败都会执行）

新建一个页面，用来展示拨打电话接口的使用，文件内容如下：

```
// pages/API/make-phone-call/make-phone-call.js
Page({
  data: {
    disabled: true
  },
  bindInput: function(e) {
    this.inputValue = e.detail.value

    if (this.inputValue.length > 0) {
      this.setData({
        disabled: false
      })
    } else {
      this.setData({
        disabled: true
      })
    }
  },
  makePhoneCall: function () {
    var that = this
    wx.makePhoneCall({
      phoneNumber: this.inputValue,
      success: function () {
        console.log("成功拨打电话")
      }
    })
  }
})
```

```
<!--pages/API/make-phone-call/make-phone-call.wxml-->
<view class="page-body">
    <view class="page-section">
      <view class="desc">请在下方输入电话号码</view>
      <input class="input" type="number" name="input" bindinput="bindInput" />
      <view class="btn-area">
        <button type="primary" bindtap="makePhoneCall" disabled= "{{disabled}}">
        拨打</button>
      </view>
    </view>
</view>
```

运行后，页面显示效果如图 8-16 所示。

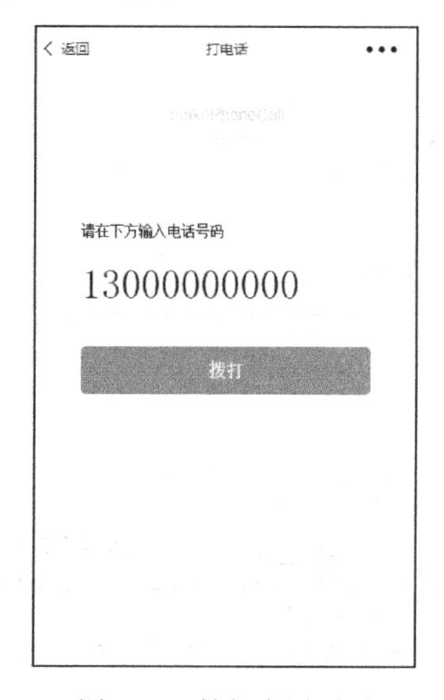

图 8-16　拨打电话页面

点击“拨打”按钮，会跳转到系统拨打电话界面，并且显示的是刚刚输入的号码。

8.6.6　扫码

wx.scanCode(object)用于调用客户端扫码界面，扫码成功后返回对应的结果，object 参数说明如表 8-61 所示。

表 8-61　wx.scanCode 参数说明

参　数	类　型	必　填	说　明
success	Function	否	接口调用成功的回调函数，见表 8-62
fail	Function	否	接口调用失败的回调函数
complete	Function	否	接口调用结束的回调函数（调用成功、失败都会执行）

表 8-62　success 返回参数说明

参　数	说　明
result	所扫码的内容
scanType	所扫码的类型

（续表）

参　数	说　明
charSet	所扫码的字符集
path	当所扫的码为当前小程序的合法二维码时，会返回此字段，内容为二维码携带的 path

新建一个页面，用来展示扫码接口的使用效果，文件内容如下：

```
// pages/API/scan-code/scan-code.js
Page({
  data: {
    result: ''
  },
  scanCode: function () {
    var that = this
    wx.scanCode({
      success: function (res) {
        that.setData({
          result: res.result
        })
      },
      fail: function (res) {
      }
    })
  }
})

<!--pages/API/scan-code/scan-code.wxml-->
<view class="page-body">
    <view class="weui-cells__title">扫码结果</view>
    <view class="weui-cells weui-cells_after-title">
      <view class="weui-cell">
        <view class="weui-cell__bd">{{result}}</view>
      </view>
    </view>
    <view class="btn-area">
      <button type="primary" bindtap="scanCode">扫一扫</button>
    </view>
</view>
```


以扫描图 8-17 所示的二维码为例，运行后，页面显示效果如图 8-18 所示。

图 8-17　二维码

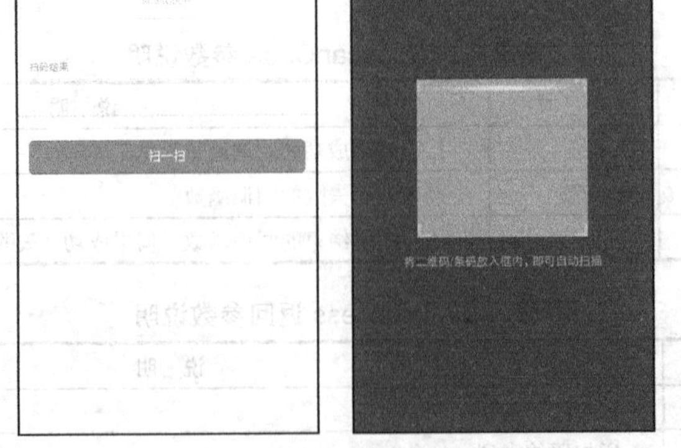

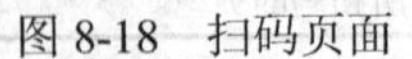

图 8-18　扫码页面

8.6.7 剪贴板

1. wx.setClipboardData

wx.setClipboardData(object)用于设置系统剪贴板的内容，object 参数说明如表 8-63 所示。

表 8-63 wx.setClipboardData 参数说明

参 数	类 型	必 填	说 明
data	String	是	需要设置的内容
success	Function	否	接口调用成功的回调函数
fail	Function	否	接口调用失败的回调函数
complete	Function	否	接口调用结束的回调函数（调用成功、失败都会执行）

2. wx.getClipboardData

wx.getClipboardData(object)用于获取系统剪贴板内容，object 参数说明如表 8-64 所示。

表 8-64 wx.getClipboardData 参数说明

参 数	类 型	必 填	说 明
success	Function	否	接口调用成功的回调函数
fail	Function	否	接口调用失败的回调函数
complete	Function	否	接口调用结束的回调函数（调用成功、失败都会执行）

success 返回参数说明如表 8-65 所示。

表 8-65 success 返回参数说明

参 数	类 型	说 明
data	String	剪贴板的内容

参考代码如下：

```
wx.setClipboardData({
  data: 'test-data',
  success: function(res) {
    wx.getClipboardData({
      success: function(res) {
        console.log(res.data) // test-data
      }
    })
  }
})
```

8.6.8 蓝牙

使用蓝牙相关接口，可以通过小程序与蓝牙设备进行连接配对。由于系统问题，目前蓝牙相关接口仅在 Mac 系统开发者工具上支持蓝牙调试。蓝牙相关接口从基础库版本 1.1.0 开始支持，低版本需要通过获取系统信息的相关接口识别基本库版本，并做兼容处理，防止出现不可用问题。

1. wx.openBluetoothAdapter

wx.openBluetoothAdapter(object)用于初始化蓝牙适配器，object 参数说明如表 8-66 所示。

表 8-66 wx.openBluetoothAdapter 参数说明

参 数	类 型	必 填	说 明
success	Function	是	成功则返回成功初始化信息
fail	Function	否	接口调用失败的回调函数
complete	Function	否	接口调用结束的回调函数（调用成功、失败都会执行）

参考代码如下：

```
wx.openBluetoothAdapter({
  success: function (res) {
    console.log(res)
  }
})
```


2. wx.closeBluetoothAdapter

wx.closeBluetoothAdapter(object)用于关闭蓝牙模块，调用该方法将断开所有已建立的链接并释放系统资源。object 参数说明如表 8-67 所示。

表 8-67 wx.closeBluetoothAdapter 参数说明

参 数	类 型	必 填	说 明
success	Function	是	成功则返回成功关闭模块信息
fail	Function	否	接口调用失败的回调函数
complete	Function	否	接口调用结束的回调函数（调用成功、失败都会执行）

参考代码如下：

```
wx.closeBluetoothAdapter({
  success: function (res) {
    console.log(res)
  }
})
```

3. wx.getBluetoothAdapterState

wx.getBluetoothAdapterState(object)用于获取本机蓝牙适配器状态，object 参数说明如表 8-68 所示。

表 8-68 wx.getBluetoothAdapterState 参数说明

参 数	类 型	必 填	说 明
success	Function	是	成功则返回本机蓝牙适配器状态
fail	Function	否	接口调用失败的回调函数
complete	Function	否	接口调用结束的回调函数（调用成功、失败都会执行）

success 返回参数说明如表 8-69 所示。

表 8-69　success 返回参数说明

参　数	类　型	说　明
adapterState	Object	蓝牙适配器信息
errMsg	String	成功：ok，错误：详细信息

其中，adapterState 蓝牙适配器包含的状态信息如表 8-70 所示。

表 8-70　adapterState 包含参数

参　数	类　型	说　明
discovering	Boolean	是否正在搜索设备
available	Boolean	蓝牙适配器是否可用

参考代码如下：

```
wx.getBluetoothAdapterState({
  success: function (res) {
    console.log(res)
  }
})
```

4. wx.onBluetoothAdapterStateChange

wx.onBluetoothAdapterStateChange(CALLBACK)用于监听蓝牙适配器状态变化事件，CALLBACK 参数说明如表 8-71 所示。

表 8-71　wx.onBluetoothAdapterStateChange 参数说明

参　数	类　型	说　明
available	Boolean	蓝牙适配器是否可用
discovering	Boolean	蓝牙适配器是否处于搜索状态

参考代码如下：

```
wx.onBluetoothAdapterStateChange(function(res) {
  console.log('adapterState changed, now is', res)
})
```

5. wx.startBluetoothDevicesDiscovery

wx.startBluetoothDevicesDiscovery(object)用于开始搜寻附近的蓝牙外围设备。注意，该操作比较耗费系统资源，请在搜索并连接到设备后调用 stop 方法停止搜索。object 参数说明如表 8-72 所示。

表 8-72　wx.startBluetoothDevicesDiscovery 参数说明

参　数	类　型	必　填	说　明
services	Array	否	蓝牙设备主 service 的 uuid 列表
success	Function	是	成功则返回本机蓝牙适配器状态

（续表）

参 数	类 型	必 填	说 明
fail	Function	否	接口调用失败的回调函数
complete	Function	否	接口调用结束的回调函数（调用成功、失败都会执行）

对于 services 参数，某些蓝牙设备会广播自己的主 service 的 uuid，如果这里传入该数组，那么根据该 uuid 列表，只搜索有这个主服务的设备。

success 返回参数说明如表 8-73 所示。

表 8-73　success 返回参数说明

参 数	类 型	说 明
errMsg	String	成功：ok，错误：详细信息

参考代码如下：

```
// 以微信硬件平台的蓝牙智能灯为例，主服务的 UUID 是 FEE7，传入这个参数，只搜索主服
务 UUID 为 FEE7 的设备
wx.startBluetoothDevicesDiscovery({
  services: ['FEE7'],
  success: function (res) {
    console.log(res)
  }
})
```


6. wx.stopBluetoothDevicesDiscovery

wx.stopBluetoothDevicesDiscovery(object)用于停止搜寻附近的蓝牙外围设备，应在确保找到需要连接的设备后调用该方法停止搜索。object 参数说明如表 8-74 所示。

表 8-74　wx.stopBluetoothDevicesDiscovery 参数说明

参 数	类 型	必 填	说 明
success	Function	是	成功则返回本机蓝牙适配器状态
fail	Function	否	接口调用失败的回调函数
complete	Function	否	接口调用结束的回调函数（调用成功、失败都会执行）

success 返回参数说明如表 8-75 所示。

表 8-75　success 返回参数说明

参 数	类 型	说 明
errMsg	string	成功：ok，错误：详细信息

其中，adapterState 蓝牙适配器状态信息见表 8-70。

参考代码如下：

```
wx.stopBluetoothDevicesDiscovery({
  success: function (res) {
    console.log(res)
  }
})
```

7. wx.getBluetoothDevices

wx.getBluetoothDevices(object)用于获取所有已发现的蓝牙设备，包括已经和本机处于连接状态的设备。object 参数说明如表 8-76 所示。

表 8-76　wx.getBluetoothDevices 参数说明

参　数	类　型	必　填	说　明
services	Array	否	蓝牙设备主 service 的 uuid 列表
success	Function	是	成功则返回本机蓝牙适配器状态
fail	Function	否	接口调用失败的回调函数
complete	Function	否	接口调用结束的回调函数（调用成功、失败都会执行）

success 返回参数说明如表 8-77 所示。

表 8-77　success 返回参数说明

参　数	类　型	说　明
devices	Array	uuid 对应的已连接设备列表
errMsg	String	成功：ok，错误：详细信息

其中，蓝牙设备信息 device 对象包含的参数如表 8-78 所示。

表 8-78　device 对象包含参数

参　数	类　型	说　明
name	String	蓝牙设备名称，某些设备可能没有
deviceId	String	用于区分设备的 id
RSSI	Int	当前蓝牙设备的信号强度
advertisData	ArrayBuffer	当前蓝牙设备的广播内容

参考代码如下：

```
wx.getBluetoothDevices({
  success: function (res) {
    console.log(res)
  }
})
```

注　意

使用 wx.getBluetoothDevices 接口时，Mac 系统可能无法获取 advertisData 及 RSSI，应使用真机调试。另外，开发者工具和 Android 上获取到的 deviceId 为设备的 MAC 地址，iOS 上则为设备的 uuid，因此 deviceId 应视情况编码到代码中。

8. wx.onBluetoothDeviceFound

wx.onBluetoothDeviceFound(CALLBACK)用于监听寻找到新设备的事件，CALLBACK 参数说明如表 8-79 所示。其中，device 对象参见表 8-78。

表 8-79　wx.onBluetoothDeviceFound 参数说明

参　数	类　型	说　明
devices	Array	新搜索到的设备列表

参考代码如下：

```
wx.onBluetoothDeviceFound(function(devices) {
  console.log('new device list has founded')
  console.dir(devices)
})
```

9. wx.getConnectedBluetoothDevices

wx.getConnectedBluetoothDevices(object)用于根据 uuid 获取处于已连接状态的设备，object 参数说明如表 8-80 所示。

表 8-80　wx.getConnectedBluetoothDevices 参数说明

参　数	类　型	必　填	说　明
services	Array	是	蓝牙设备主 service 的 uuid 列表
success	Function	是	成功则返回本机蓝牙适配器状态
fail	Function	否	接口调用失败的回调函数
complete	Function	否	接口调用结束的回调函数（调用成功、失败都会执行）

success 返回参数说明如表 8-81 所示。

表 8-81　success 返回参数说明

参　数	类　型	说　明
devices	Array	搜索到的设备列表
errMsg	String	成功：ok，错误：详细信息

蓝牙设备信息 device 对象包含的参数如表 8-82 所示。

表 8-82　device 对象包含参数

参数	类　型	说　明
name	String	蓝牙设备名称，某些设备可能没有
deviceId	String	用于区分设备的 id

参考代码如下：

```
wx.getConnectedBluetoothDevices({
  success: function (res) {
    console.log(res)
  }
})
```

10. wx.createBLEConnection

wx.createBLEConnection(object)用于连接低功耗蓝牙设备，object 参数说明如表 8-83 所示。

表 8-83　wx.createBLEConnection 参数说明

参　数	类　型	必　填	说　明
deviceId	string	是	蓝牙设备 id，参考 getDevices 接口
success	Function	是	成功则返回本机蓝牙适配器状态
fail	Function	否	接口调用失败的回调函数
complete	Function	否	接口调用结束的回调函数（调用成功、失败都会执行）

success 返回参数说明如表 8-84 所示。

表 8-84 success 返回参数说明

参 数	类 型	说 明
errMsg	String	成功：ok，错误：详细信息

参考代码如下：

```
wx.createBLEConnection({
  // 这里的 deviceId 需要在上面的 getBluetoothDevices 或 onBluetoothDeviceFound
  接口中获取
  deviceId: deviceId,
  success: function (res) {
    console.log(res)
  }
})
```

11. wx.closeBLEConnection

wx.closeBLEConnection(object)用于断开与低功耗蓝牙设备的连接，object 参数说明如表 8-85 所示。

表 8-85 wx.closeBLEConnection 参数说明

参 数	类 型	必 填	说 明
deviceId	String	是	蓝牙设备 id，参考 getDevices 接口
success	Function	是	成功则返回本机蓝牙适配器状态
fail	Function	否	接口调用失败的回调函数
complete	Function	否	接口调用结束的回调函数（调用成功、失败都会执行）

success 返回参数说明如表 8-86 所示。

表 8-86 success 返回参数说明

参 数	类 型	说 明
errMsg	String	成功：ok，错误：详细信息

参考代码如下：

```
wx.closeBLEConnection({
  success: function (res) {
    console.log(res)
  }
})
```

12. wx.onBLEConnectionStateChange

wx.onBLEConnectionStateChange(CALLBACK)用于监听低功耗蓝牙连接的错误事件，包括设备丢失、连接异常断开等。CALLBACK 参数说明如表 8-87 所示。

表 8-87 wx.onBLEConnectionStateChange 参数说明

参 数	类 型	说 明
deviceId	String	蓝牙设备 id，参考 device 对象
connected	Boolean	连接目前的状态

参考代码如下：

```
wx.onBLEConnectionStateChange(function(res) {
  // 该方法回调中可以用于处理连接意外断开等异常情况
  console.log('device ${res.deviceId} state has changed, connected:
  ${res.connected}')
})
```

13. wx.getBLEDeviceServices

wx.getBLEDeviceServices(object)用于获取蓝牙设备所有 service，object 参数说明如表 8-88 所示。

表 8-88　wx.getBLEDeviceServices 参数说明

参　数	类　型	必　填	说　明
deviceId	string	是	蓝牙设备 id，参考 getDevices 接口
success	Function	是	成功则返回本机蓝牙适配器状态
fail	Function	否	接口调用失败的回调函数
complete	Function	否	接口调用结束的回调函数（调用成功、失败都会执行）

success 返回参数说明如表 8-89 所示。

表 8-89　success 返回参数说明

参　数	类　型	说　明
services	Array	设备服务列表
errMsg	String	成功：ok，错误：详细信息

其中，service 对象包含了蓝牙设备的 service 信息，包含的参数信息如表 8-90 所示。

表 8-90　service 对象包含参数

参　数	类　型	说　明
uuid	String	蓝牙设备服务的 uuid
isPrimary	Boolean	该服务是否为主服务

参考代码如下：

```
wx.getBLEDeviceServices({
  // 这里的 deviceId 需要在上面的 getBluetoothDevices 或 onBluetooth
  DeviceFound 接口中获取
  deviceId: deviceId,
  success: function (res) {
    console.log('device services:', res.services)
  }
})
```

14. wx.getBLEDeviceCharacteristics

wx.getBLEDeviceCharacteristics(object)用于获取蓝牙设备所有 characteristic（特征值），object 参数说明如表 8-91 所示。

表 8-91　wx.getBLEDeviceCharacteristics 参数说明

参　数	类　型	必　填	说　明
deviceId	String	是	蓝牙设备 id，参考 device 对象
serviceId	String	是	蓝牙服务 uuid
success	Function	是	成功则返回本机蓝牙适配器状态
fail	Function	否	接口调用失败的回调函数
complete	Function	否	接口调用结束的回调函数（调用成功、失败都会执行）

success 返回参数说明如表 8-92 所示。

表 8-92　success 返回参数说明

参　数	类　型	说　明
characteristics	Array	设备特征值列表
errMsg	String	成功：ok，错误：详细信息

其中，characteristic 对象包含了蓝牙设备的 characteristic 信息，包含的参数信息如表 8-93 所示。

表 8-93　characteristic 对象包含参数

参　数	类　型	说　明
uuid	String	蓝牙设备特征值的 uuid
properties	Object	该特征值支持的操作类型

properties 对象包含的参数如表 8-94 所示。

表 8-94　properties 对象包含参数

参　数	类　型	说　明
read	boolean	该特征值是否支持 read 操作
write	boolean	该特征值是否支持 write 操作
notify	boolean	该特征值是否支持 notify 操作
indicate	boolean	该特征值是否支持 indicate 操作

参考代码如下：

```
wx.getBLEDeviceCharacteristics({
  // 这里的 deviceId 需要在上面的 getBluetoothDevices 或 onBluetooth
  DeviceFound 接口中获取
  deviceId: deviceId,
  // 这里的 serviceId 需要在上面的 getBLEDeviceServices 接口中获取
  serviceId: serviceId,
  success: function (res) {
    console.log('device getBLEDeviceCharacteristics:', res.characteristics)
  }
})
```

15. wx.readBLECharacteristicValue

wx.readBLECharacteristicValue(object)用于读取低功耗蓝牙设备的特征值的二进制数

据值，object 参数说明如表 8-95 所示。

注 意

设备的特征值必须支持 read 才可以成功调用该方法，具体参照 characteristic 的 properties 属性。

表 8-95　wx.readBLECharacteristicValue 参数说明

参　数	类　型	必　填	说　明
deviceId	String	是	蓝牙设备 id，参考 device 对象
serviceId	String	是	蓝牙特征值对应服务的 uuid
characteristicId	String	是	蓝牙特征值的 uuid
success	Function	是	成功则返回本机蓝牙适配器状态
fail	Function	否	接口调用失败的回调函数
complete	Function	否	接口调用结束的回调函数（调用成功、失败都会执行）

success 返回参数说明如表 8-96 所示。

表 8-96　success 返回参数说明

参　数	类　型	说　明
characteristic	Object	设备特征值信息
errMsg	String	成功：ok，错误：详细信息

characteristic 对象包含的参数如表 8-97 所示。

表 8-97　characteristic 对象包含参数

参　数	类　型	说　明
characteristicId	String	蓝牙设备特征值的 uuid
serviceId	Object	蓝牙设备特征值对应服务的 uuid
value	ArrayBuffer	蓝牙设备特征值对应的二进制值

参考代码如下：

```
// 必须在这里的回调才能获取
wx.onBLECharacteristicValueChange(function(characteristic) {
  console.log('characteristic value comed:', characteristic)
})

wx.readBLECharacteristicValue({
// 这里的 deviceId 需要在上面的 getBluetoothDevices 或 onBluetooth
DeviceFound 接口中获取
  deviceId: deviceId,
  // 这里的 serviceId 需要在上面的 getBLEDeviceServices 接口中获取
  serviceId: serviceId,
  // 这里的 characteristicId 需要在上面的 getBLEDeviceCharacteristics 接口
  中获取
  characteristicId: characteristicId,
```

```
    success: function (res) {
      console.log('readBLECharacteristicValue:', res.characteristic.value)
    }
  })
```

注 意

read 接口读取到的信息需要在 onBLECharacteristicValueChange 方法注册的回调函数中获取。同时，并行调用多次读写接口存在读写失败的可能性。

16. wx.writeBLECharacteristicValue

wx.writeBLECharacteristicValue(object)用于向低功耗蓝牙设备特征值中写入二进制数据，object 参数说明如表 8-98 所示。

注 意

设备的特征值必须支持 write 才可以成功调用，具体参照 characteristic 的 properties 属性。同时，并行调用多次读写接口存在读写失败的可能性。

表 8-98 wx.writeBLECharacteristicValue 参数说明

参 数	类 型	必 填	说 明
deviceId	string	是	蓝牙设备 id，参考 device 对象
serviceId	string	是	蓝牙特征值对应服务的 uuid
characteristicId	string	是	蓝牙特征值的 uuid
value	ArrayBuffer	是	蓝牙设备特征值对应的二进制值
success	Function	是	成功则返回本机蓝牙适配器状态
fail	Function	否	接口调用失败的回调函数
complete	Function	否	接口调用结束的回调函数（调用成功、失败都会执行）

success 返回参数说明如表 8-99 所示。

表 8-99 success 返回参数说明

参 数	类 型	说 明
errMsg	string	成功：ok，错误：详细信息

参考代码如下：

```
// 这里的回调可以获取到 write 导致的特征值改变
wx.onBLECharacteristicValueChange(function(characteristic) {
  console.log('characteristic value changed:', characteristic)
})

// 向蓝牙设备发送一个 0x00 的十六进制数据
let buffer = new ArrayBuffer(1)
let dataView = new DataView(buffer)
dataView.setUint8(0, 0)

wx.writeBLECharacteristicValue({
```

```
// 这里的 deviceId 需要在上面的 getBluetoothDevices 或 onBluetooth Device
Found 接口中获取
  deviceId: deviceId,
  // 这里的 serviceId 需要在上面的 getBLEDeviceServices 接口中获取
  serviceId: serviceId,
  // 这里的 characteristicId 需要在上面的 getBLEDeviceCharacteristics 接口
  中获取
  characteristicId: characteristicId,
  // 这里的 value 是 ArrayBuffer 类型
  value: buffer,
  success: function (res) {
    console.log('writeBLECharacteristicValue success', res.errMsg)
  }
})
```

17. wx.notifyBLECharacteristicValueChange

wx.notifyBLECharacteristicValueChange(object)用于启用低功耗蓝牙设备特征值变化时的 notify 功能，object 参数说明如表 8-100 所示。

注 意

设备的特征值必须支持 notify 才可以成功调用，具体参照 characteristic 的 properties 属性。另外，必须先启用 notify 才能监听到设备 characteristicValueChange 事件。

表 8-100　wx.notifyBLECharacteristicValueChange 参数说明

参 数	类 型	必 填	说 明
deviceId	string	是	蓝牙设备 id，参考 device 对象
serviceId	string	是	蓝牙特征值对应服务的 uuid
characteristicId	string	是	蓝牙特征值的 uuid
state	boolean	是	true：启用 notify；false：停用 notify
success	Function	是	成功则返回本机蓝牙适配器状态
fail	Function	否	接口调用失败的回调函数
complete	Function	否	接口调用结束的回调函数（调用成功、失败都会执行）

success 返回参数说明如表 8-101 所示。

表 8-101　success 返回参数说明

参 数	类 型	说 明
errMsg	string	成功：ok，错误：详细信息

参考代码如下：

```
wx.notifyBLECharacteristicValueChange({
  state: true, // 启用 notify 功能
  // 这里的 deviceId 需要在上面的 getBluetoothDevices 或 onBluetoothDevice
  Found 接口中获取
  deviceId: deviceId,
  // 这里的 serviceId 需要在上面的 getBLEDeviceServices 接口中获取
```

```
    serviceId: serviceId,
    // 这里的 characteristicId 需要在上面的 getBLEDeviceCharacteristics 接口中获取
    characteristicId: characteristicId,
    success: function (res) {
      console.log('notifyBLECharacteristicValueChange success', res.errMsg)
    }
  })
```

18. wx.onBLECharacteristicValueChange

wx.onBLECharacteristicValueChange(CALLBACK)用于监听低功耗蓝牙设备的特征值变化，必须先启用 notify 接口才能接收到设备推送的 notification。CALLBACK 参数说明如表 8-102 所示。

表 8-102　wx.onBLECharacteristicValueChange 参数说明

参　数	类　型	说　明
deviceId	string	蓝牙设备 id，参考 device 对象
serviceId	string	特征值所属服务 uuid
characteristicId	string	特征值 uuid
value	ArrayBuffer	特征值最新的值

参考代码如下：

```
wx.onBLECharacteristicValueChange(function(res) {
  console.log('characteristic ${res.characteristicId} has changed, now
  is ${res.value}')
})
```

8.7　界面

8.7.1　交互反馈

1. wx.showToast

wx.showToast(object)用于显示消息提示框，object 参数说明如表 8-103 所示。

表 8-103　wx.showToast 参数说明

参　数	类　型	必　填	说　明	最低版本
title	String	是	提示的内容	
icon	String	否	图标，有效值“success”“loading”	
image	String	否	自定义图标的本地路径，image 的优先级高于 icon	1.1.0
duration	Number	否	提示的延迟时间，单位毫秒，默认为 1500	
mask	Boolean	否	是否显示透明蒙层，防止触摸穿透，默认为 false	
success	Function	否	接口调用成功的回调函数	

（续表）

参　数	类　型	必　填	说　明	最低版本
fail	Function	否	接口调用失败的回调函数	
complete	Function	否	接口调用结束的回调函数（调用成功、失败都会执行）	

参考代码如下：

```
wx.showToast({
  title: '成功',
  icon: 'success',
  duration: 2000
})
```

运行后，页面显示效果如图 8-19 所示。

图 8-19　不同 icon 的 toast

2. wx.showLoading

wx.showLoading(object)用于显示 loading 提示框，需主动调用 wx.hideLoading 才能关闭提示框。object 参数说明如表 8-104 所示。

表 8-104　wx.showLoading 参数说明

参　数	类　型	必　填	说　明
title	String	是	提示的内容
mask	Boolean	否	是否显示透明蒙层，防止触摸穿透，默认为 false
success	Function	否	接口调用成功的回调函数
fail	Function	否	接口调用失败的回调函数
complete	Function	否	接口调用结束的回调函数（调用成功、失败都会执行）

3. wx.hideToast

wx.hideToast()用于隐藏消息提示框。

4. wx.hideLoading

wx.hideLoading()用于隐藏 loading 提示框。

5. wx.showModal

wx.showModal(object)用于显示模态弹窗，object 参数说明如表 8-105 所示。

表 8-105　wx.showModal 参数说明

参　数	类　型	必　填	说　明
title	String	是	提示的标题
content	String	是	提示的内容

（续表）

参　数	类　型	必　填	说　明
showCancel	Boolean	否	是否显示取消按钮，默认为 true
cancelText	String	否	取消按钮的文字，默认为“取消”，最多 4 个字符
cancelColor	HexColor	否	取消按钮的文字颜色，默认为#000000
confirmText	String	否	确定按钮的文字，默认为“确定”，最多 4 个字符
confirmColor	HexColor	否	确定按钮的文字颜色，默认为#3CC51F
success	Function	否	接口调用成功的回调函数
fail	Function	否	接口调用失败的回调函数
complete	Function	否	接口调用结束的回调函数（调用成功、失败都会执行）

success 返回参数说明如表 8-106 所示。

表 8-106　success 返回参数说明

参　数	类　型	说　明	最低版本
confirm	Boolean	为 true 时，表示用户点击了“确定”按钮	
cancel	Boolean	为 true 时，表示用户点击了“取消”按钮（用于 Android 系统区分点击“蒙层”关闭还是点击“取消”按钮关闭）	1.1.0

参考代码如下：

```
//有标题无取消按钮
wx.showModal({
  title: "弹窗标题",
  content: "弹窗内容，告知当前状态、信息和解决方法，描述文字尽量控制在三行内",
  showCancel: false,
  confirmText: "确定"
})
//无标题有取消按钮
wx.showModal({
  content: "弹窗内容，告知当前状态、信息和解决方法，描述文字尽量控制在三行内",
  confirmText: "确定",
  cancelText: "取消"
})
```

运行后，页面显示效果如图 8-20 所示。

图 8-20　wx.showModal 示例

6. wx.showActionSheet

wx.showActionSheet(object)用于显示操作菜单，object 参数说明如表 8-107 所示。

表 8-107　wx.showActionSheet 参数说明

参　数	类　型	必　填	说　明
itemList	String Array	是	按钮的文字数组，数组长度最大为 6 个
itemColor	HexColor	否	按钮的文字颜色，默认为#000000
success	Function	否	接口调用成功的回调函数，详见表 8-108
fail	Function	否	接口调用失败的回调函数
complete	Function	否	接口调用结束的回调函数（调用成功、失败都会执行）

success 返回参数说明如表 8-108 所示。

表 8-108　success 返回参数说明

参　数	类　型	说　明
tapIndex	Number	用户点击按钮从上到下的顺序，从 0 开始

参考代码如下：

```
wx.showActionSheet({
 itemList: ['item1', 'item2', 'item3', 'item4'],
  success: function (e) {
    console.log(e.tapIndex)
  }
})
```

运行后，页面显示效果如图 8-21 所示。

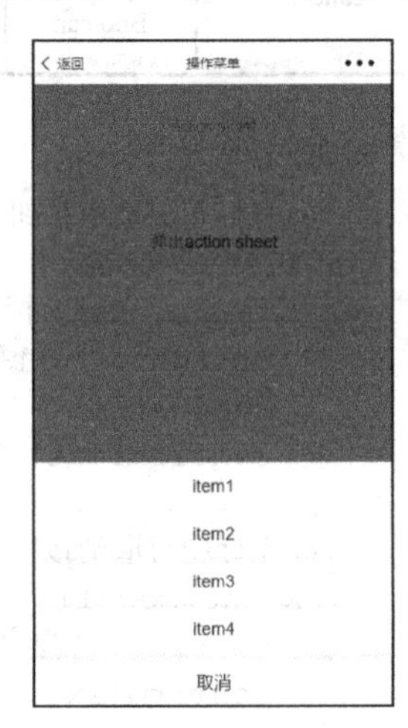

图 8-21　wx.showActionSheet 示例

8.7.2　设置导航条

1. wx.setNavigationBarTitle

wx.setNavigationBarTitle(object)用于动态设置当前页面的标题，object 参数说明如表 8-109 所示。

表 8-109　wx.setNavigationBarTitle 参数说明

参　数	类　型	必　填	说　明
title	String	是	页面标题
success	Function	否	接口调用成功的回调函数
fail	Function	否	接口调用失败的回调函数
complete	Function	否	接口调用结束的回调函数（调用成功、失败都会执行）

2. wx.showNavigationBarLoading

wx.showNavigationBarLoading()用于在当前页面显示导航条加载动画，如图 8-22 所示。

3. wx.hideNavigationBarLoading

wx.hideNavigationBarLoading()用于隐藏导航条加载动画。

< 返回　　标题栏加载动画　　•••

图 8-22　标题栏加载动画

8.7.3　导航

1. wx.navigateTo

wx.navigateTo(object)用于保留当前页面，跳转到应用内的某个页面，使用 wx.navigate Back 可以返回到原页面。object 参数说明如表 8-110 所示。

表 8-110　wx.navigateTo 参数说明

参　数	类　型	必　填	说　明
url	String	是	需要跳转的应用内非 tabBar 的页面的路径，路径后可以带参数。参数与路径之间使用“?”分隔，参数键与参数值使用“=”相连，不同参数使用“&”分隔；如 path?key=value&key2=value2
success	Function	否	接口调用成功的回调函数
fail	Function	否	接口调用失败的回调函数
complete	Function	否	接口调用结束的回调函数（调用成功、失败都会执行）

注　意

为了不给用户使用小程序造成困扰，小程序规定页面路径只能是 5 层，应尽量避免多层级的交互方式。

2. wx.redirectTo

wx.redirectTo(object)用于关闭当前页面，跳转到应用内的某个页面。object 参数说明如表 8-111 所示。

表 8-111　wx.redirectTo 参数说明

参　数	类　型	必　填	说　明
url	String	是	需要跳转的应用内非 tabBar 的页面的路径，路径后可以带参数。参数与路径之间使用“?”分隔，参数键与参数值使用“=”相连，不同参数使用“&”分隔；如 path?key=value&key2=value2
success	Function	否	接口调用成功的回调函数
fail	Function	否	接口调用失败的回调函数
complete	Function	否	接口调用结束的回调函数（调用成功、失败都会执行）

3. wx.switchTab

wx.switchTab(object)用于跳转到 tabBar 页面，并关闭其他所有非 tabBar 页面。object 参数说明如表 8-112 所示。

表 8-112　wx.switchTab 参数说明

参　数	类　型	必　填	说　明
url	String	是	需要跳转的 tabBar 页面的路径（需是在 app.json 的 tabBar 字段定义的页面），路径后不能带参数
success	Function	否	接口调用成功的回调函数
fail	Function	否	接口调用失败的回调函数
complete	Function	否	接口调用结束的回调函数（调用成功、失败都会执行）

参考代码如下：

```
{
  "tabBar": {
    "list": [{
      "pagePath": "index",
      "text": "首页"
    },{
     "pagePath": "other",
     "text": "其他"
    }]
  }
}

wx.switchTab({
  url: '/index'
})
```


4. wx.navigateBack

wx.navigateBack(object)用于关闭当前页面，返回上一页面或多级页面。可通过getCurrentPages()获取当前的页面栈，决定需要返回几层。object 参数说明如表 8-113 所示。

表 8-113　wx.navigateBack 参数说明

参　数	类　型	默认值	说　明
delta	Number	1	返回的页面数，如果 delta 大于现有页面数，则返回到首页

参考代码如下：

```
// 注意：调用 navigateTo 跳转时，调用该方法的页面会被加入堆栈，而 redirectTo 方
法则不会，见下方参考代码。

// 此处是 A 页面
wx.navigateTo({
  url: 'B?id=1'
})

// 此处是 B 页面
wx.navigateTo({
  url: 'C?id=1'
})

// 在 C 页面内 navigateBack，将返回 A 页面
wx.navigateBack({
  delta: 2
})
```

5. wx.reLaunch

wx.reLaunch(object)用于关闭所有页面，打开到应用内的某个页面。object 参数说明如表 8-114 所示。

表 8-114　wx.reLaunch 参数说明

参　数	类　型	必　填	说　明
url	String	是	需要跳转的应用内非 tabBar 的页面的路径，路径后可以带参数。参数与路径之间使用"？"分隔，参数键与参数值使用"="相连，不同参数使用"&"分隔；如 path?key=value&key2=value2
success	Function	否	接口调用成功的回调函数
fail	Function	否	接口调用失败的回调函数
complete	Function	否	接口调用结束的回调函数（调用成功、失败都会执行）

8.7.4　动画

wx.createAnimation(object)用于创建一个动画实例 animation，通过调用实例的方法来描述动画，最后通过动画实例的 export 方法导出动画数据传递给组件的 animation 属性。object 参数说明如表 8-115 所示。

注　意

每次调用 export 方法后，会清掉之前的动画操作。

表 8-115　wx.createAnimation 参数说明

参　数	类　型	必　填	默认值	说　明
duration	Integer	否	400	动画持续时间，单位毫秒
timingFunction	String	否	linear	定义动画的效果
delay	Integer	否	0	动画延迟时间，单位毫秒
transformOrigin	String	否	50% 50% 0	设置 transform-origin

timingFunction 的有效值说明如表 8-116 所示。

表 8-116　timingFunction 的有效值

值	说　明
linear	动画从头到尾的速度是相同的
ease	动画以低速开始，然后加快，在结束前变慢
ease-in	动画以低速开始
ease-in-out	动画以低速开始和结束
ease-out	动画以低速结束
step-start	动画第一帧就跳至结束状态直到结束
step-end	动画一直保持开始状态，最后一帧跳到结束状态

animation 对象的方法，包括样式、旋转、缩放、偏移、倾斜、矩阵变形这六种。animation 动画实例可以调用这几种方法来描述动画，调用结束后会返回自身，支持链式调用的写法。下面分别介绍这几种方法。

1．样式

样式方法列表如表 8-117 所示。

表 8-117　样式方法列表

方　法	参　数	说　明
opacity	value	透明度，参数范围 0～1
backgroundColor	color	颜色值
width	length	长度值，如果传入 Number，则默认使用 px，可传入其他自定义单位的长度值
height	length	长度值，如果传入 Number，则默认使用 px，可传入其他自定义单位的长度值
top	length	长度值，如果传入 Number，则默认使用 px，可传入其他自定义单位的长度值
left	length	长度值，如果传入 Number，则默认使用 px，可传入其他自定义单位的长度值
bottom	length	长度值，如果传入 Number，则默认使用 px，可传入其他自定义单位的长度值
right	length	长度值，如果传入 Number，则默认使用 px，可传入其他自定义单位的长度值

2．旋转

旋转方法列表如表 8-118 所示。

表 8-118　旋转方法列表

方　法	参　数	说　明
rotate	deg	deg 的范围-180～180，从原点顺时针旋转一个 deg 角度
rotateX	deg	deg 的范围-180～180，在 X 轴旋转一个 deg 角度
rotateY	deg	deg 的范围-180～180，在 Y 轴旋转一个 deg 角度
rotateZ	deg	deg 的范围-180～180，在 Z 轴旋转一个 deg 角度
rotate3d	(x,y,z,deg)	同 transform-function rotate3d

注：transform-function rotate3d 详见 https://developer.mozilla.org/en-US/docs/Web/CSS/ transform-function/rotate3d。

3．缩放

缩放方法列表如表 8-119 所示。

表 8-119　缩放方法列表

方　法	参　数	说　明
scale	sx,[sy]	一个参数时，表示在 X 轴、Y 轴同时缩放 sx 倍；两个参数时，表示在 X 轴缩放 sx 倍，在 Y 轴缩放 sy 倍
scaleX	sx	在 X 轴缩放 sx 倍
scaleY	sy	在 Y 轴缩放 sy 倍
scaleZ	sz	在 Z 轴缩放 sy 倍
scale3d	(sx,sy,sz)	在 X 轴缩放 sx 倍，在 Y 轴缩放 sy 倍，在 Z 轴缩放 sz 倍

4．偏移

偏移方法列表如表 8-120 所示。

表 8-120 偏移方法列表

方 法	参 数	说 明
translate	tx,[ty]	一个参数时，表示在 X 轴偏移 tx，单位 px；两个参数时，表示在 X 轴偏移 tx，在 Y 轴偏移 ty，单位 px
translateX	tx	在 X 轴偏移 tx，单位 px
translateY	ty	在 Y 轴偏移 tx，单位 px
translateZ	tz	在 Z 轴偏移 tx，单位 px
translate3d	(tx,ty,tz)	在 X 轴偏移 tx，在 Y 轴偏移 ty，在 Z 轴偏移 tz，单位 px

5. 倾斜

倾斜方法列表如表 8-121 所示。

表 8-121 倾斜方法列表

方 法	参 数	说 明
skew	ax,[ay]	参数范围-180～180；一个参数时，Y 轴坐标不变，X 轴坐标延顺时针倾斜 ax 度；两个参数时，分别在 X 轴倾斜 ax 度，在 Y 轴倾斜 ay 度
skewX	ax	参数范围-180～180；Y 轴坐标不变，X 轴坐标延顺时针倾斜 ax 度
skewY	ay	参数范围-180～180；X 轴坐标不变，Y 轴坐标延顺时针倾斜 ay 度

6. 矩阵变形

矩阵变形方法列表如表 8-122 所示。

表 8-122 矩阵变形方法列表

方 法	参 数	说 明
matrix	(a,b,c,d,tx,ty)	同 transform-function matrix
matrix3d		同 transform-function matrix3d

注：transform-function matrix 详见 https://developer.mozilla.org/en-US/docs/Web/CSS/ transform-function/matri；transform-function matrix3d 详见 https://developer.mozilla.org/en- US/docs/Web/ CSS/transform-function/matrix3d。

调用动画操作方法后要调用 step 函数来表示一组动画完成，构成一个动画队列。可以在一组动画中调用任意多个动画方法，一组动画中的所有动画会同时开始，一组动画完成后才会进行下一组动画。step 函数可以传入一个与 wx.createAnimation 一样的配置参数用于指定当前组动画的配置。

新建一个页面，用来展示部分动画接口的使用效果，文件内容如下：

```
// pages/API/animation/animation.js
Page({
  onReady: function () {
    this.animation = wx.createAnimation()
  },
  rotate: function () {
    this.animation.rotate(Math.random() * 720 - 360).step()
    this.setData({animation: this.animation.export()})
  },
  scale: function () {
```

```
    this.animation.scale(Math.random() * 2).step()
    this.setData({animation: this.animation.export()})
  },
  translate: function () {
    this.animation.translate(Math.random() * 100 - 50, Math.random() *
    100 - 50).step()
    this.setData({animation: this.animation.export()})
  },
  skew: function () {
    this.animation.skew(Math.random() * 90, Math.random() * 90).step()
    this.setData({animation: this.animation.export()})
  },
  rotateAndScale: function () {
    this.animation.rotate(Math.random() * 720 - 360)
      .scale(Math.random() * 2)
      .step()
    this.setData({animation: this.animation.export()})
  },
  rotateThenScale: function () {
    this.animation.rotate(Math.random() * 720 - 360).step()
      .scale(Math.random() * 2).step()
    this.setData({animation: this.animation.export()})
  },
  all: function () {
    this.animation.rotate(Math.random() * 720 - 360)
      .scale(Math.random() * 2)
      .translate(Math.random() * 100 - 50, Math.random() * 100 - 50)
      .skew(Math.random() * 90, Math.random() * 90)
      .step()
    this.setData({animation: this.animation.export()})
  },
  allInQueue: function () {
    this.animation.rotate(Math.random() * 720 - 360).step()
      .scale(Math.random() * 2).step()
      .translate(Math.random() * 100 - 50, Math.random() * 100 - 50).step()
      .skew(Math.random() * 90, Math.random() * 90).step()
    this.setData({animation: this.animation.export()})
  },
  reset: function () {
    this.animation.rotate(0, 0)
              .scale(1)
              .translate(0, 0)
              .skew(0, 0)
              .step({duration: 0})
    this.setData({animation: this.animation.export()})
  }
})

<!--pages/API/animation/animation.wxml-->
<view class="page-body">
  <view class="page-section">
```

```
    <view class="animation-element-wrapper">
      <view class="animation-element" animation="{{animation}}"></view>
    </view>
    <scroll-view class="animation-buttons" scroll-y="true">
      <button class="animation-button" bindtap="rotate">旋转</button>
      <button class="animation-button" bindtap=
      "scale">缩放</button>
      <button class="animation-button" bindtap=
      "translate">移动</button>
      <button class="animation-button" bindtap=
      "skew">倾斜</button>
      <button class="animation-button" bindtap=
      "rotateAndScale">旋转并缩放</button>
      <button class="animation-button" bindtap=
      "rotateThenScale">旋转后缩放</button>
      <button class="animation-button" bindtap=
      "all">同时展示全部</button>
      <button class="animation-button" bindtap=
      "allInQueue">顺序展示全部</button>
      <button class="animation-button animation-
      button-reset" bindtap= "reset">还原
      </button>
    </scroll-view>
  </view>
</view>
```

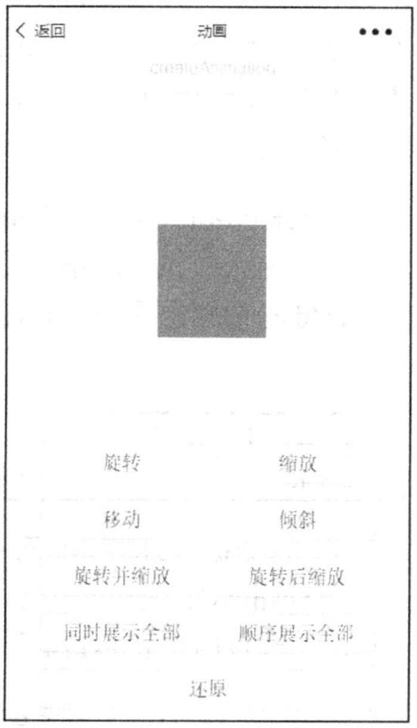

图 8-23　animation 示例

运行后，页面显示效果如图 8-23 所示。点击相应的按钮，屏幕中的小方块就会进行相应的动作变换。

8.7.5 绘图

在前端 wxml 文件中，<canvas/>组件用于显示绘图结果。所有在<canvas/>中的画图操作则都必须使用 JavaScript 完成。为了方便我们后端 js 代码的编写，默认在下文的所有例子中，前端<canvas />组件定义如下：

```
<canvas canvas-id="myCanvas" style="border: 1px solid;"/>
```

通过 js 控制<canvas />组件完成绘图任务，一般需要以下三个步骤。

- 第一步，创建一个 Canvas 绘图上下文 CanvasContext。CanvasContext 是小程序内建的一个对象，包括一些绘图的方法。

```
const ctx = wx.createCanvasContext('myCanvas')
```

- 第二步，使用 CanvasContext 进行绘图描述，通过 CanvasContext 对象的各种方法描述要在 Canvas 中绘制什么内容。例如，设置绘图上下文的填充色为红色，再用该填充色填充绘制一个矩形。

```
ctx.setFillStyle('red');
ctx.fillRect(10, 10, 150, 75)
```

图 8-24　画一个矩形

- 第三步，画图。

```
ctx.draw()
```

运行结果如图 8-24 所示。

canvas 在一个二维的网格中，坐标起点为左上角的(0,0)。例如，若使用了 fillRect(10,10,150,75)这个方法，它的含义为：从左上角坐标点(10,10)开始，画一个 150px×75px 的矩形。

接下来，我们介绍一些绘图操作的相关接口。

1. wx.createCanvasContext

wx.createCanvasContext(canvasId)用于创建 canvas 绘图上下文（指定 canvasId），通过 canvasId 与前端定义的<canvas/>组件绑定起来。其参数说明如表 8-123 所示。

表 8-123　wx.createCanvasContext 参数说明

参　数	类　型	说　明
canvasId	String	表示前端画布，传入定义在 <canvas /> 中的 canvas-id

2. wx.canvasToTempFilePath

wx.canvasToTempFilePath(object)用于把当前画布内容导出生成图片，并返回文件路径。object 参数说明如表 8-124 所示。

表 8-124　wx.canvasToTempFilePath 参数说明

参　数	类　型	必　填	说　明
canvasId	String	是	画布标识，传入<canvas/> 的 cavas-id
success	Function	否	接口调用成功的回调函数
fail	Function	否	接口调用失败的回调函数
complete	Function	否	接口调用结束的回调函数（调用成功、失败都会执行）

参考代码如下：

```
wx.canvasToTempFilePath({
  canvasId: 'myCanvas',
  success: function(res) {
    console.log(res.tempFilePath)
  }
})
```

3. setFillStyle

canvasContext.setFillStyle()用于设置填充色。如果在绘制图形时，没有使用 setFillStyle()设置填充色，则默认颜色为黑色（black）。其参数说明如表 8-125 所示。

表 8-125　setFillStyle 参数说明

参　数	类　型	说　明
color	Color	填充色

参考代码如下：

```
const ctx = wx.createCanvasContext('myCanvas')
ctx.setFillStyle('red')
ctx.fillRect(10, 10, 150, 75)
ctx.draw()
```

运行后，显示效果如图 8-25 所示。

图 8-25　使用 setFillStyle 函数填充矩形颜色

4. setStrokeStyle

canvasContext.setStrokeStyle()用于设置边框线条颜色，如果没有设置，则默认为黑色（black）。其参数说明如表 8-126 所示。

表 8-126　setStrokeStyle 参数说明

参　数	类　型	说　明
color	Color	填充色

参考代码如下：

```
const ctx = wx.createCanvasContext('myCanvas')
ctx.setStrokeStyle('red')
ctx.strokeRect(10, 10, 150, 75)
ctx.draw()
```

运行后，显示效果如图 8-26 所示。

5. setShadow

canvasContext.setShadow()用于设置阴影样式。其参数说明如表 8-127 所示。

表 8-127　setShadow 参数说明

参　数	类　型	范　围	说　明
offsetX	Number		阴影相对于形状在水平方向的偏移
offsetY	Number		阴影相对于形状在竖直方向的偏移
blur	Number	0～100	阴影的模糊级别，数值越大越模糊
color	Color		阴影的颜色

如果没有设置，则 offsetX 默认为 0，offsetY 默认为 0，blur 默认为 0，color 默认为 black。参考代码如下：

```
const ctx = wx.createCanvasContext('myCanvas')
ctx.setFillStyle('red')
ctx.setShadow(10, 50, 50, 'blue')
ctx.fillRect(10, 10, 150, 75)
ctx.draw()
```

运行后，显示效果如图 8-27 所示。

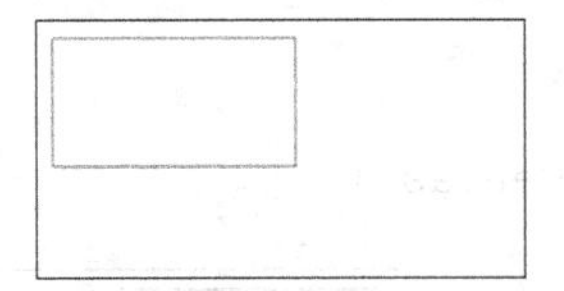

图 8-26　使用 setStrokeStyle 设置边框颜色

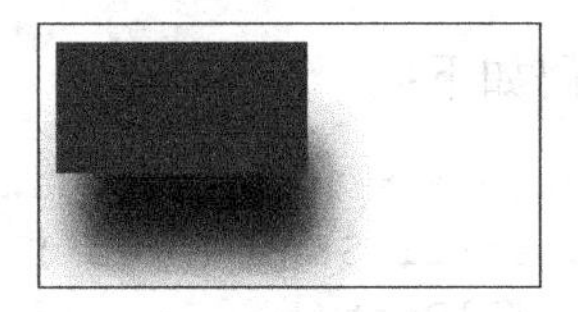

图 8-27　矩形和阴影

6. createLinearGradient

canvasContext.createLinearGradient()用于创建一个线性的渐变颜色。至少需要使用 addColorStop()来指定两个渐变点。其参数说明如表 8-128 所示。

表 8-128　createLinearGradient 参数说明

参　数	类　型	说　明
x0	Number	起点的 x 坐标
y0	Number	起点的 y 坐标
x1	Number	终点的 x 坐标
y1	Number	终点的 y 坐标

参考代码如下：

```
const ctx = wx.createCanvasContext('myCanvas')

// 创建红色到白色的渐变色
const grd = ctx.createLinearGradient(0, 0, 200, 0)
grd.addColorStop(0, 'red')
grd.addColorStop(1, 'white')

// 使用渐变色填充矩形
ctx.setFillStyle(grd)
ctx.fillRect(10, 10, 150, 80)
ctx.draw()
```

运行后，显示效果如图 8-28 所示。

7. createCircularGradient

canvasContext.createCircularGradient()用于创建一个圆形的渐变颜色，起点在圆心，终点在圆环。同样至少需要使用 addColorStop()来指定两个渐变点。其参数说明如表 8-129 所示。

表 8-129　createCircularGradient 参数说明

参　数	类　型	说　明
x	Number	圆心的 x 坐标
y	Number	圆心的 y 坐标
r	Number	圆的半径

参考代码如下：

```
const ctx = wx.createCanvasContext('myCanvas')

// 创建圆形渐变色
```

```
const grd = ctx.createCircularGradient(75, 50, 50)
grd.addColorStop(0, 'red')
grd.addColorStop(1, 'white')

// 使用圆形渐变色填充矩形
ctx.setFillStyle(grd)
ctx.fillRect(10, 10, 150, 80)
ctx.draw()
```

运行后，显示效果如图 8-29 所示。

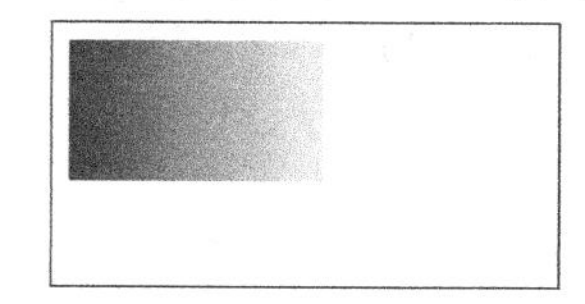

图 8-28　渐变填充

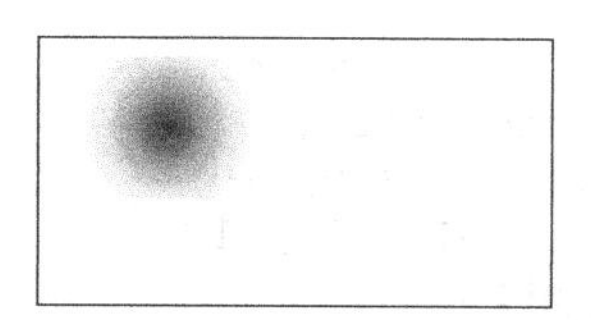

图 8-29　圆心到边缘的渐变填充

8. addColorStop

canvasContext.addColorStop()用于创建一个颜色的渐变点，其参数说明如表 8-130 所示。

表 8-130　addColorStop 参数说明

参　数	类　型	说　明
stop	Number(0-1)	表示渐变点在起点和终点之间的位置
color	Color	渐变点的颜色

注　意

在使用时，小于最小 stop 的部分会按最小 stop 的 color 来渲染，大于最大 stop 的部分会按最大 stop 的 color 来渲染。

参考代码如下：

```
const ctx = wx.createCanvasContext('myCanvas')

// 创建彩虹线性渐变色
const grd = ctx.createLinearGradient(30, 10, 120, 10)
grd.addColorStop(0, 'red')
grd.addColorStop(0.16, 'orange')
grd.addColorStop(0.33, 'yellow')
grd.addColorStop(0.5, 'green')
grd.addColorStop(0.66, 'cyan')
grd.addColorStop(0.83, 'blue')
grd.addColorStop(1, 'purple')

// 使用渐变色填充矩形
ctx.setFillStyle(grd)
ctx.fillRect(10, 10, 150, 80)
ctx.draw()
```

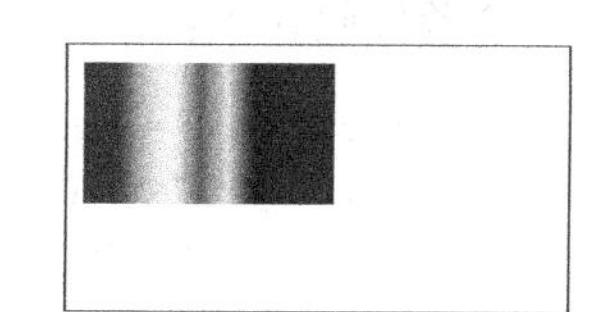

图 8-30　线性渐变色绘制彩虹条

运行后，显示效果如图 8-30 所示。

9. setLineWidth

canvasContext.setLineWidth()用于设置线条宽度，其参数说明如表 8-131 所示。

表 8-131　setLineWidth 参数说明

参　数	类　型	说　明
lineWidth	Number	线条的宽度，单位 px

参考代码如下：

```
const ctx = wx.createCanvasContext('myCanvas')
ctx.beginPath()
ctx.moveTo(10, 10)
ctx.lineTo(150, 10)
ctx.stroke()

ctx.beginPath()
ctx.setLineWidth(5)
ctx.moveTo(10, 30)
ctx.lineTo(150, 30)
ctx.stroke()

ctx.beginPath()
ctx.setLineWidth(10)
ctx.moveTo(10, 50)
ctx.lineTo(150, 50)
ctx.stroke()

ctx.beginPath()
ctx.setLineWidth(15)
ctx.moveTo(10, 70)
ctx.lineTo(150, 70)
ctx.stroke()

ctx.draw()
```

图 8-31　绘制不同粗细的线条

运行后，显示效果如图 8-31 所示。

10. setLineCap

canvasContext.setLineCap()用于设置线条的端点样式，其参数说明如表 8-132 所示。

表 8-132　setLineCap 参数说明

参　数	类　型	范　围	说　明
lineCap	String	“butt”“round”“square”	线条的结束端点样式

参考代码如下：

```
const ctx = wx.createCanvasContext('myCanvas')
ctx.beginPath()
ctx.moveTo(10, 10)
ctx.lineTo(150, 10)
ctx.stroke()
```

```
ctx.beginPath()
ctx.setLineCap('butt')
ctx.setLineWidth(10)
ctx.moveTo(10, 30)
ctx.lineTo(150, 30)
ctx.stroke()

ctx.beginPath()
ctx.setLineCap('round')
ctx.setLineWidth(10)
ctx.moveTo(10, 50)
ctx.lineTo(150, 50)
ctx.stroke()

ctx.beginPath()
ctx.setLineCap('square')
ctx.setLineWidth(10)
ctx.moveTo(10, 70)
ctx.lineTo(150, 70)
ctx.stroke()

ctx.draw()
```

图 8-32　不同端点样式的线条

运行后，显示效果如图 8-32 所示。

11. setLineJoin

canvasContext.setLineJoin()用于设置线条的交点样式，其参数说明如表 8-133 所示。

表 8-133　setLineJoin 参数说明

参　数	类　型	范　围	说　明
lineJoin	String	"bevel" "round" "miter"	线条的结束交点样式

参考代码如下：

```
const ctx = wx.createCanvasContext('myCanvas')
ctx.beginPath()
ctx.moveTo(10, 10)
ctx.lineTo(100, 50)
ctx.lineTo(10, 90)
ctx.stroke()

ctx.beginPath()
ctx.setLineJoin('bevel')
ctx.setLineWidth(10)
ctx.moveTo(50, 10)
ctx.lineTo(140, 50)
ctx.lineTo(50, 90)
ctx.stroke()

ctx.beginPath()
ctx.setLineJoin('round')
```

```
ctx.setLineWidth(10)
ctx.moveTo(90, 10)
ctx.lineTo(180, 50)
ctx.lineTo(90, 90)
ctx.stroke()

ctx.beginPath()
ctx.setLineJoin('miter')
ctx.setLineWidth(10)
ctx.moveTo(130, 10)
ctx.lineTo(220, 50)
ctx.lineTo(130, 90)
ctx.stroke()

ctx.draw()
```

运行后，显示效果如图 8-33 所示。

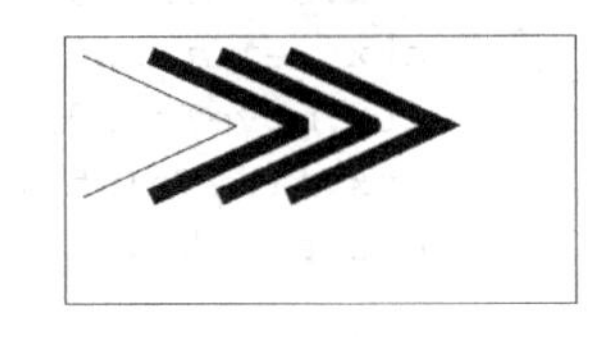

图 8-33　不同的线条交点样式

12. setMiterLimit

canvasContext.setMiterLimit()用于设置最大斜接长度。斜接长度是指在两条线交汇处内角和外角之间的距离，当 setLineJoin()为 miter 时才有效。超过最大倾斜长度时，连接处将以 lineJoin 值为 bevel 来显示。其参数说明见表 8-134。

表 8-134　setMiterLimit 参数说明

参　数	类　型	说　明
miterLimit	Number	最大斜接长度

参考代码如下：

```
const ctx = wx.createCanvasContext('myCanvas')
ctx.beginPath()
ctx.setLineWidth(10)
ctx.setLineJoin('miter')
ctx.setMiterLimit(1)
ctx.moveTo(10, 10)
ctx.lineTo(100, 50)
ctx.lineTo(10, 90)
ctx.stroke()

ctx.beginPath()
ctx.setLineWidth(10)
ctx.setLineJoin('miter')
ctx.setMiterLimit(2)
ctx.moveTo(50, 10)
ctx.lineTo(140, 50)
ctx.lineTo(50, 90)
ctx.stroke()

ctx.beginPath()
ctx.setLineWidth(10)
ctx.setLineJoin('miter')
ctx.setMiterLimit(3)
ctx.moveTo(90, 10)
ctx.lineTo(180, 50)
ctx.lineTo(90, 90)
```

```
ctx.stroke()

ctx.beginPath()
ctx.setLineWidth(10)
ctx.setLineJoin('miter')
ctx.setMiterLimit(4)
ctx.moveTo(130, 10)
ctx.lineTo(220, 50)
ctx.lineTo(130, 90)
ctx.stroke()

ctx.draw()
```

运行后，显示效果如图 8-34 所示。

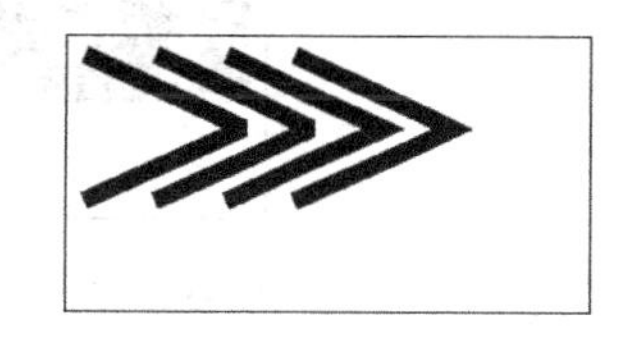

图 8-34 不同的斜接长度

13. rect

canvasContext.rect()用于创建一个矩形。如果想要这个矩形在 canvas 中绘制出来，还需要调用 fill()或者 stroke()方法。其参数说明如表 8-135 所示。

表 8-135 rect 参数说明

参 数	类 型	说 明
x	Number	矩形路径左上角的 x 坐标
y	Number	矩形路径左上角的 y 坐标
width	Number	矩形路径的宽度
height	Number	矩形路径的高度

参考代码如下：

```
const ctx = wx.createCanvasContext('myCanvas')
ctx.rect(10, 10, 150, 75)
ctx.setFillStyle('red')
ctx.fill()
ctx.draw()
```

运行后，显示效果如图 8-35 所示。

14. fillRect

canvasContext.fillRect()用于填充一个矩形。使用 setFillStyle()设置填充色，默认为黑色。其参数说明如表 8-136 所示。

表 8-136 fillRect 参数说明

参 数	类 型	说 明
x	Number	矩形路径左上角的 x 坐标
y	Number	矩形路径左上角的 y 坐标
width	Number	矩形路径的宽度
height	Number	矩形路径的高度

参考代码如下：

```
const ctx = wx.createCanvasContext('myCanvas')
ctx.setFillStyle('red')
```

```
ctx.fillRect(10, 10, 150, 75)
ctx.draw()
```

运行后，显示效果如图 8-36 所示。

图 8-35　绘制一个红色矩形

图 8-36　创建并填充一个红色矩形

15. strokeRect

canvasContext.strokeRect()用于画一个矩形（非填充）。setFillStroke()用于设置矩形线条的颜色，默认为黑色。其参数说明如表 8-137 所示。

表 8-137　strokeRect 参数说明

参　数	类　型	说　明
x	Number	矩形路径左上角的 x 坐标
y	Number	矩形路径左上角的 y 坐标
width	Number	矩形路径的宽度
height	Number	矩形路径的高度

参考代码如下：

```
const ctx = wx.createCanvasContext('myCanvas')
ctx.setStrokeStyle('red')
ctx.strokeRect(10, 10, 150, 75)
ctx.draw()
```

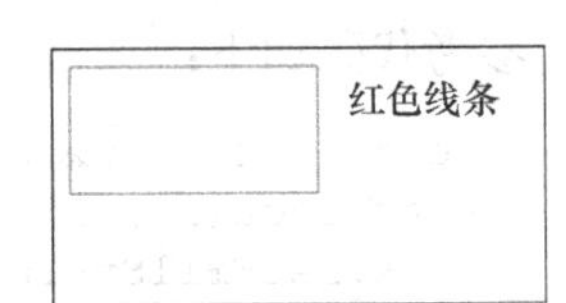

图 8-37　使用红色线条绘制的矩形

运行后，显示效果如图 8-37 所示。

16. clearRect

canvasContext.clearRect()用于清除画布上在该矩形区域内的内容，并不是在该区域画一个白色的矩形，起到橡皮擦的作用。其参数说明如表 8-138 所示。

表 8-138　clearRect 参数说明

参　数	类　型	说　明
x	Number	矩形区域左上角的 x 坐标
y	Number	矩形区域左上角的 y 坐标
width	Number	矩形区域的宽度
height	Number	矩形区域的高度

参考代码如下：

```
const ctx = wx.createCanvasContext('myCanvas')
ctx.setFillStyle('red')
ctx.fillRect(0, 0, 150, 200)
ctx.setFillStyle('blue')
```

```
ctx.fillRect(150, 0, 150, 200)
ctx.clearRect(10, 10, 150, 75)
ctx.draw()
```

运行后，显示效果如图 8-38 所示。

图 8-38　清空矩形部分可见 canvas 背景色（非白色）

17. fill

canvasContext.fill()用于对当前路径中的内容进行填充，默认为黑色。如果当前路径没有闭合，fill 方法会将起点和终点进行连接，然后填充，如图 8-39 所示。fill()填充的路径是从 beginPath()开始计算，但是不会将 fillRect()包含进去，如图 8-40 所示。

图 8-39　fill 方法示例一

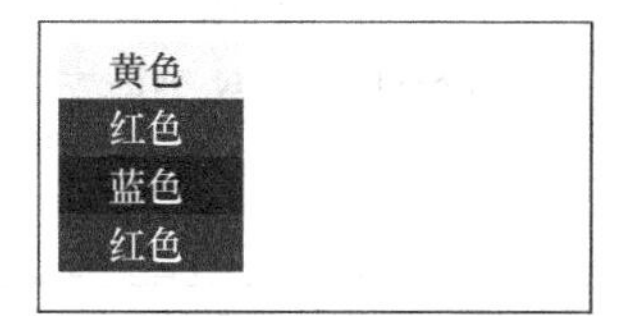

图 8-40　fill 方法示例二

示例一：

```
const ctx = wx.createCanvasContext('myCanvas')
ctx.moveTo(10, 10)
ctx.lineTo(100, 10)
ctx.lineTo(100, 100)
ctx.fill()
ctx.draw()
```

示例二：

```
const ctx = wx.createCanvasContext('myCanvas')
// 第一个填充路径，填充第一个矩形为黄色
ctx.rect(10, 10, 100, 30)
ctx.setFillStyle('yellow')
ctx.fill()

// 一个新的填充路径，第二个矩形，但是还没有填充颜色
ctx.beginPath()
ctx.rect(10, 40, 100, 30)

// 第三个矩形，fillRect 只负责填充当前矩形为蓝色，不会填充第二个矩形
ctx.setFillStyle('blue')
ctx.fillRect(10, 70, 100, 30)

//第四个矩形，属于之前的那个填充路径，还未被填充
ctx.rect(10, 100, 100, 30)

// 设定填充颜色为红色，填充第二个和第四个矩形
ctx.setFillStyle('red')
```

```
ctx.fill()
ctx.draw()
```

18. stroke

canvasContext.stroke()描绘的路径从 beginPath()开始计算，但是不会将 strokeRect()包含进去，类似于前面的 fill 方法，如图 8-41、图 8-42 所示。

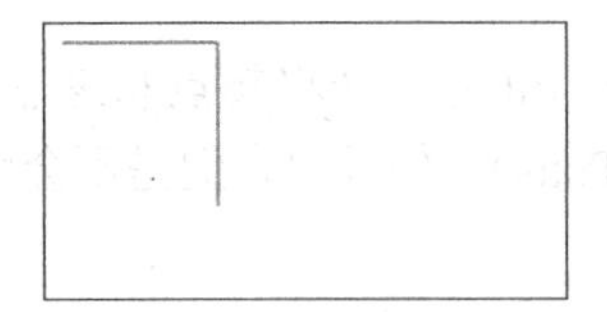

图 8-41　stroke 示例一

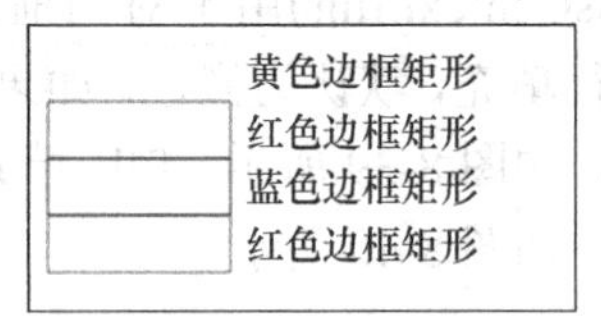

图 8-42　stroke 示例二

示例一：

```
const ctx = wx.createCanvasContext('myCanvas')
ctx.moveTo(10, 10)
ctx.lineTo(100, 10)
ctx.lineTo(100, 100)
ctx.stroke()
ctx.draw()
```


示例二：

```
const ctx = wx.createCanvasContext('myCanvas')
// 第一个矩形绘制边框为黄色
ctx.rect(10, 10, 100, 30)
ctx.setStrokeStyle('yellow')
ctx.stroke()

// 开始一条新的绘制路径，绘制第二个矩形，暂未设置边框色
ctx.beginPath()
ctx.rect(10, 40, 100, 30)

// 第三个矩形，使用 strokeRect 设置了边框为蓝色，对第二个矩形无影响
ctx.setStrokeStyle('blue')
ctx.strokeRect(10, 70, 100, 30)

//第四个矩形，属于之前的绘制路径，暂未被设置边框颜色
ctx.rect(10, 100, 100, 30)

// 设置边框为红色，并绘制当前路径矩形边框，即第二个和第四个矩形边框被设置为红色
ctx.setStrokeStyle('red')
ctx.stroke()
ctx.draw()
```

19. beginPath

canvasContext.beginPath()用于开始创建一个路径，需要调用 fill()或者 stroke()才会使用路径进行填充或描边。在第一次使用 fill()或者 stroke()时，相当于调用了一次 beginPath()。在同一个路径内的多次 setFillStyle()、setStrokeStyle()、setLineWidth()等设置，以最后一次设置为准。

20. closePath

canvasContext.closePath()用于关闭一个路径，关闭路径会连接路径的起点和终点。如果关闭路径后没有调用 fill()或者 stroke()并开启了新的路径，之前的路径将不会被渲染，如图 8-43、图 8-44 所示。

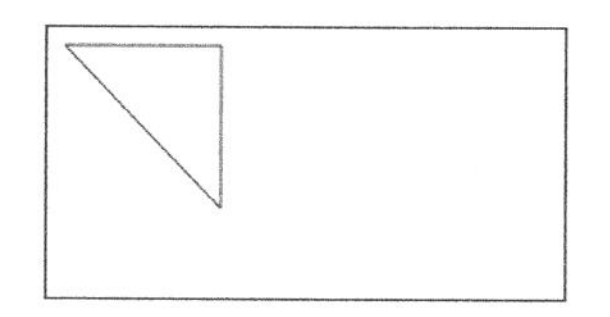

图 8-43　closePath 自动连接起点和终点

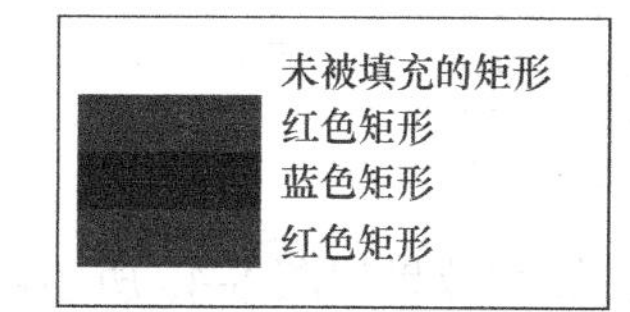

图 8-44　closePath 后未使用 fill()填充就开启新的路径

示例一：

```
const ctx = wx.createCanvasContext('myCanvas')
ctx.moveTo(10, 10)
ctx.lineTo(100, 10)
ctx.lineTo(100, 100)
ctx.closePath()
ctx.stroke()
ctx.draw()
```

示例二：

```
const ctx = wx.createCanvasContext('myCanvas')
// closePath 后没有调用 fill 就开始了新的路径，该矩形不会被填充
ctx.rect(10, 10, 100, 30)
ctx.closePath()

// 该矩形将由 fill 填充为红色
ctx.beginPath()
ctx.rect(10, 40, 100, 30)

// 该矩形将由 fillRect 填充为蓝色
ctx.setFillStyle('blue')
ctx.fillRect(10, 70, 100, 30)

//该矩形将由 fill 填充为红色
ctx.rect(10, 100, 100, 30)

ctx.setFillStyle('red')
ctx.fill()
ctx.draw()
```

21. moveTo

canvasContext.moveTo()用于把路径移动到画布中的指定点，不创建线条，可以使用 stroke()来画线条。其参数说明如表 8-139 所示。

表 8-139　moveTo 参数说明

参　数	类　型	说　明
x	Number	目标位置的 x 坐标
y	Number	目标位置的 y 坐标

参考代码如下：

```
const ctx = wx.createCanvasContext('myCanvas')
ctx.moveTo(10, 10)
ctx.lineTo(100, 10)

ctx.moveTo(10, 50)
ctx.lineTo(100, 50)
ctx.stroke()
ctx.draw()
```

运行后，显示效果如图 8-45 所示。

22. lineTo

canvasContext.lineTo()用于增加一个新点，然后创建一条从上次的指定点到目标点的线，依然使用 stroke 方法来画线条。其参数说明如表 8-140 所示。

表 8-140　lineTo 参数

参　数	类　型	说　明
x	Number	目标位置的 x 坐标
y	Number	目标位置的 y 坐标

参考代码如下：

```
const ctx = wx.createCanvasContext('myCanvas')
ctx.moveTo(10, 10)
ctx.rect(10, 10, 100, 50)
ctx.lineTo(110, 60)
ctx.stroke()
ctx.draw()
```

运行后，显示效果如图 8-46 所示。

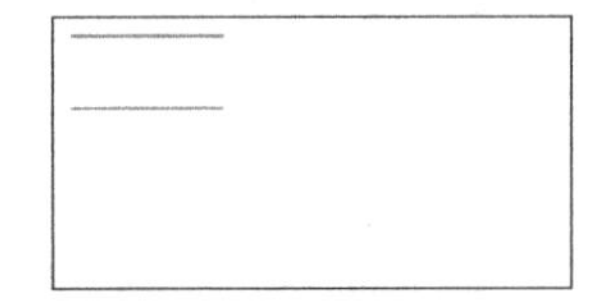

图 8-45　使用 moveTo 在不同起点绘制线条

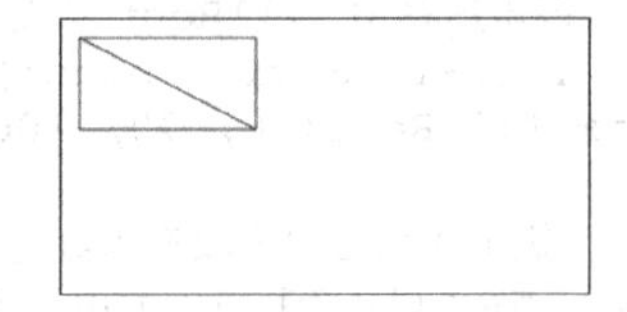

图 8-46　使用 lineTo 指定线条终点

23. arc

canvasContext.arc()用于画一条弧线，和画一条直线一样，可以使用 stroke()或 fill()填充弧线，使其在 canvas 中可见。其参数说明如表 8-141 所示。

表 8-141　arc 参数

参　数	类　型	说　明
x	Number	圆的 x 坐标
y	Number	圆的 y 坐标
r	Number	圆的半径
sAngle	Number	起始弧度，单位弧度（在 3 点钟方向）

（续表）

参 数	类 型	说 明
eAngle	Number	终止弧度
counterclockwise	Boolean	可选。指定弧度的方向是逆时针还是顺时针，默认为 false，即顺时针

如果想要画一个圆，可以用 arc()指定起始弧度为 0，终止弧度为 2×Math.PI。参考代码如下：

```
const ctx = wx.createCanvasContext('myCanvas')

// 填充一个圆心为点（100，75），半径为 50，起始弧度为 0，终止弧度为 2π 的灰色的圆
ctx.arc(100, 75, 50, 0, 2 * Math.PI)
ctx.setFillStyle('#EEEEEE')
ctx.fill()

ctx.beginPath()
//画纵轴线
ctx.moveTo(40, 75)
ctx.lineTo(160, 75)
//画横轴线
ctx.moveTo(100, 15)
ctx.lineTo(100, 135)
ctx.setStrokeStyle('#AAAAAA')
ctx.stroke()

//标注弧度点
ctx.setFontSize(12)
ctx.setFillStyle('black')
ctx.fillText('0', 165, 78)
ctx.fillText('0.5*PI', 83, 145)
ctx.fillText('1*PI', 15, 78)
ctx.fillText('1.5*PI', 83, 10)

// 标注圆心（绿色），起始点（红色），弧线终点（蓝色）三个关键点
ctx.beginPath()
ctx.arc(100, 75, 2, 0, 2 * Math.PI)
ctx.setFillStyle('lightgreen')
ctx.fill()

ctx.beginPath()
ctx.arc(100, 25, 2, 0, 2 * Math.PI)
ctx.setFillStyle('blue')
ctx.fill()

ctx.beginPath()
ctx.arc(150, 75, 2, 0, 2 * Math.PI)
ctx.setFillStyle('red')
ctx.fill()

// 画一个 3/4 圆弧的弧线
ctx.beginPath()
ctx.arc(100, 75, 50, 0, 1.5 * Math.PI)
ctx.setStrokeStyle('#333333')
```

```
ctx.stroke()

ctx.draw()
```

运行后，显示效果如图 8-47 所示。

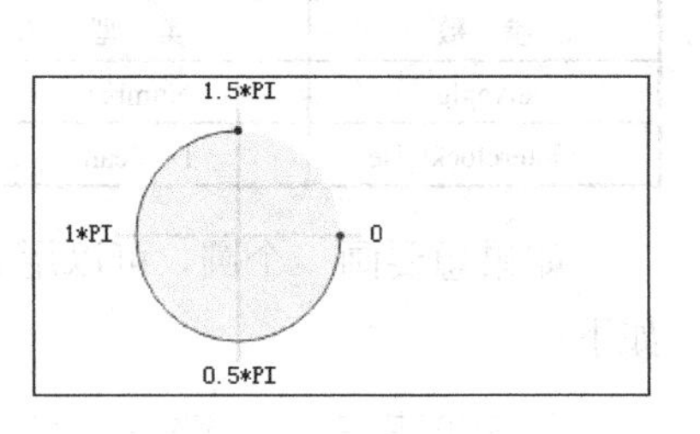

图 8-47　圆弧

24. bezierCurveTo

canvasContext.bezierCurveTo()用于创建三次方贝塞尔曲线路径，曲线的起始点为路径中前一个点。其参数说明如表 8-142 所示。

表 8-142　bezierCurveTo 参数说明

参　数	类　型	说　明
cp1x	Number	第一个贝塞尔控制点的 x 坐标
cp1y	Number	第一个贝塞尔控制点的 y 坐标
cp2x	Number	第二个贝塞尔控制点的 x 坐标
cp2y	Number	第二个贝塞尔控制点的 y 坐标
x	Number	结束点的 x 坐标
y	Number	结束点的 y 坐标

参考代码如下：

```
const ctx = wx.createCanvasContext('myCanvas')

// 绘制起始点（红色）和终点（绿色）
ctx.beginPath()
ctx.arc(20, 20, 2, 0, 2 * Math.PI)
ctx.setFillStyle('red')
ctx.fill()

ctx.beginPath()
ctx.arc(200, 20, 2, 0, 2 * Math.PI)
ctx.setFillStyle('lightgreen')
ctx.fill()

//绘制两个控制点（蓝色）
ctx.beginPath()
ctx.arc(20, 100, 2, 0, 2 * Math.PI)
ctx.arc(200, 100, 2, 0, 2 * Math.PI)
ctx.setFillStyle('blue')
ctx.fill()

ctx.setFillStyle('black')
ctx.setFontSize(12)

// 绘制辅助线
ctx.beginPath()
ctx.moveTo(20, 20)
ctx.lineTo(20, 100)
ctx.lineTo(150, 75)
```

```
ctx.moveTo(200, 20)
ctx.lineTo(200, 100)
ctx.lineTo(70, 75)
ctx.setStrokeStyle('#AAAAAA')
ctx.stroke()

// 绘制三次方贝塞尔曲线
ctx.beginPath()
ctx.moveTo(20, 20)
ctx.bezierCurveTo(20, 100, 200, 100, 200, 20)
ctx.setStrokeStyle('black')
ctx.stroke()
ctx.draw()
```

运行后，显示效果如图 8-48 所示。

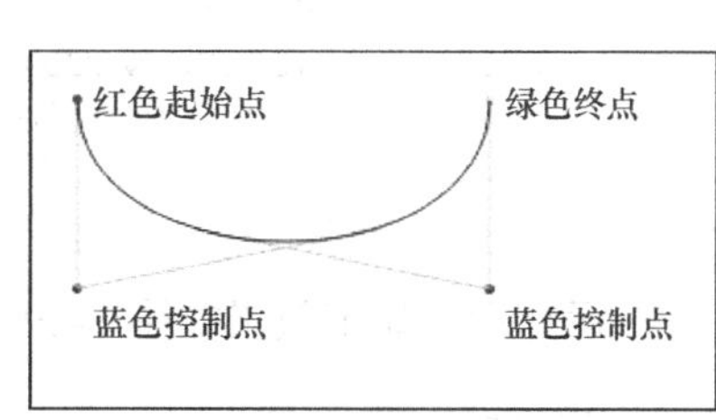

图 8-48　贝塞尔曲线

25. quadraticCurveTo

canvasContext.quadraticCurveTo()用于创建二次贝塞尔曲线路径，曲线的起始点为路径中前一个点。其参数说明如表 8-143 所示。

表 8-143　quadraticCurveTo 参数说明

参　数	类　型	说　明
cpx	Number	贝塞尔控制点的 x 坐标
cpy	Number	贝塞尔控制点的 y 坐标
x	Number	结束点的 x 坐标
y	Number	结束点的 y 坐标

参考代码如下：

```
const ctx = wx.createCanvasContext('myCanvas')

// 绘制起始点（红色）和终点（绿色）以及控制点（蓝色）
ctx.beginPath()
ctx.arc(20, 20, 2, 0, 2 * Math.PI)
ctx.setFillStyle('red')
ctx.fill()

ctx.beginPath()
ctx.arc(200, 20, 2, 0, 2 * Math.PI)
ctx.setFillStyle('lightgreen')
ctx.fill()

ctx.beginPath()
ctx.arc(20, 100, 2, 0, 2 * Math.PI)
ctx.setFillStyle('blue')
ctx.fill()

ctx.setFillStyle('black')
ctx.setFontSize(12)

// 绘制辅助线
```

```
ctx.beginPath()
ctx.moveTo(20, 20)
ctx.lineTo(20, 100)
ctx.lineTo(200, 20)
ctx.setStrokeStyle('#AAAAAA')
ctx.stroke()

// 绘制二次方贝塞尔曲线
ctx.beginPath()
ctx.moveTo(20, 20)
ctx.quadraticCurveTo(20, 100, 200, 20)
ctx.setStrokeStyle('black')
ctx.stroke()
ctx.draw()
```

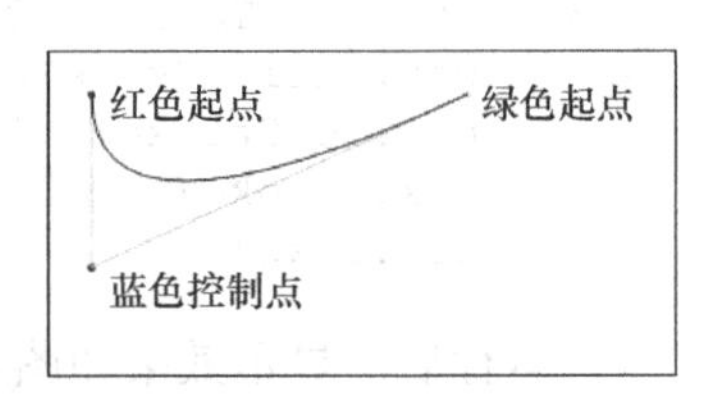

图 8-49　二次方贝塞尔曲线

运行后，显示效果如图 8-49 所示。

26. scale

canvasContext.scale()用于在调用 scale 方法后创建的路径，其横纵坐标会被缩放。多次调用 scale()，倍数会相乘。其参数说明如表 8-144 所示。

表 8-144　scale 参数说明

参　数	类　型	说　明
scaleWidth	Number	横坐标缩放的倍数（1 = 100%，0.5 = 50%，2 = 200%）
scaleHeight	Number	纵坐标轴缩放的倍数（1 = 100%，0.5 = 50%，2 = 200%）

参考代码如下：

```
const ctx = wx.createCanvasContext('myCanvas')
ctx.strokeRect(10, 10, 25, 15)
ctx.scale(2, 2)
ctx.strokeRect(10, 10, 25, 15)
ctx.scale(2, 2)
ctx.strokeRect(10, 10, 25, 15)
ctx.draw()
```

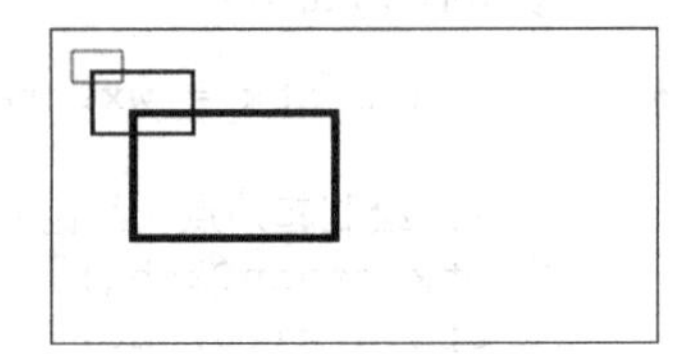
图 8-50　缩放效果

运行后，显示效果如图 8-50 所示。

27. rotate

canvasContext.rotate()用于以原点为中心，顺时针旋转当前坐标轴。多次调用 rotate()，旋转的角度会叠加。其参数说明如表 8-145 所示。

表 8-145　rotate 参数说明

参　数	类　型	说　明
rotate	Number	旋转角度，以弧度计（degrees×Math.PI/180；degrees 范围为 0～360）

参考代码如下：

```
const ctx = wx.createCanvasContext('myCanvas')
ctx.strokeRect(100, 10, 150, 100)
ctx.rotate(20 * Math.PI / 180)
```

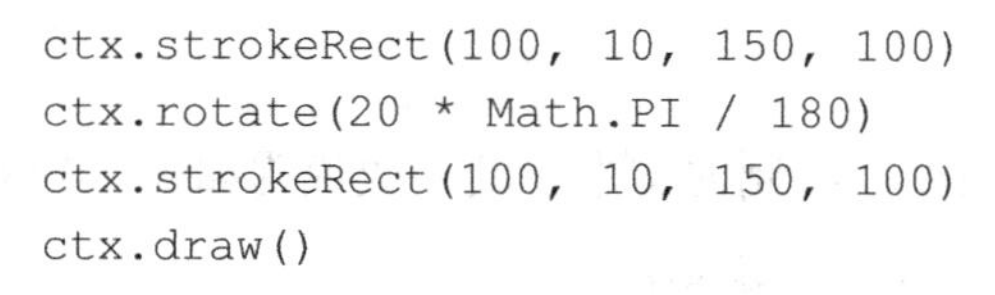

```
ctx.strokeRect(100, 10, 150, 100)
ctx.rotate(20 * Math.PI / 180)
ctx.strokeRect(100, 10, 150, 100)
ctx.draw()
```

运行后，显示效果如图 8-51 所示。

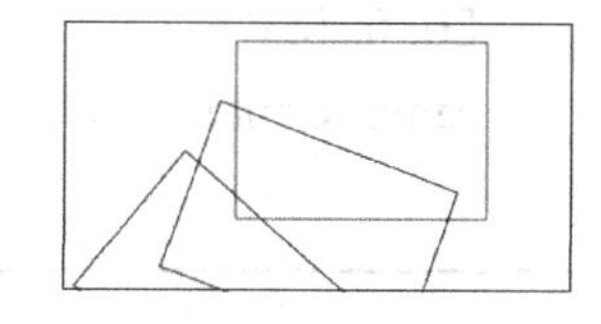

图 8-51　旋转坐标轴

28. translate

canvasContext.translate()用于对当前坐标系的原点进行变换，默认的坐标系原点为页面左上角。其参数说明如表 8-146 所示。

表 8-146　translate 参数说明

参　数	类　型	说　明
x	Number	水平坐标平移量
y	Number	竖直坐标平移量

参考代码如下：

```
const ctx = wx.createCanvasContext('myCanvas')
ctx.strokeRect(10, 10, 150, 100)
ctx.translate(20, 20)
ctx.strokeRect(10, 10, 150, 100)
ctx.translate(20, 20)
ctx.strokeRect(10, 10, 150, 100)
ctx.draw()
```

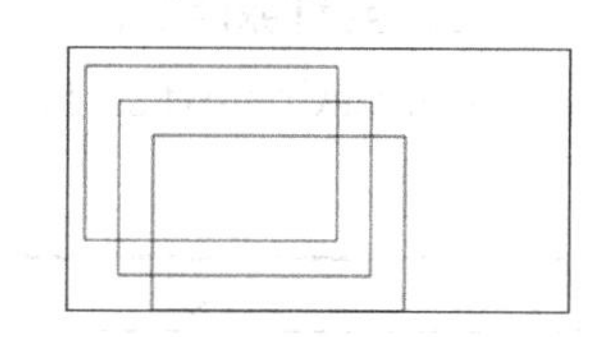

图 8-52　变换坐标轴原点

运行后，显示效果如图 8-52 所示。

29. setFontSize

canvasContext.setFontSize()用于设置字体字号，其参数说明如表 8-147 所示。

表 8-147　setFrontSize 参数说明

参　数	类　型	说　明
fontSize	Number	字体的字号

参考代码如下：

```
const ctx = wx.createCanvasContext('myCanvas')
ctx.setFontSize(20)
ctx.fillText('20', 20, 20)
ctx.setFontSize(30)
ctx.fillText('30', 40, 40)
ctx.setFontSize(40)
ctx.fillText('40', 60, 60)
ctx.setFontSize(50)
ctx.fillText('50', 90, 90)
ctx.draw()
```

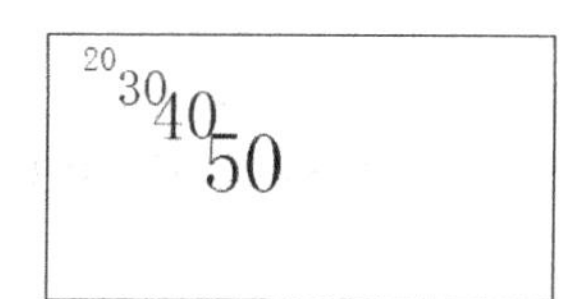

图 8-53　不同的字体大小

运行后，显示效果如图 8-53 所示。

30. fillText

canvasContext.fillText()用于在画布上填充被绘制的文本，其参数说明如表 8-148 所示。

表 8-148　fillText 参数说明

参　数	类　型	说　明
text	String	在画布上输出的文本
x	Number	绘制文本的左上角 x 坐标位置
y	Number	绘制文本的左上角 y 坐标位置

参考代码如下：

```
const ctx = wx.createCanvasContext('myCanvas')
ctx.setFontSize(20)
ctx.fillText('Hello', 20, 20)
ctx.fillText('MINA', 100, 100)
ctx.draw()
```

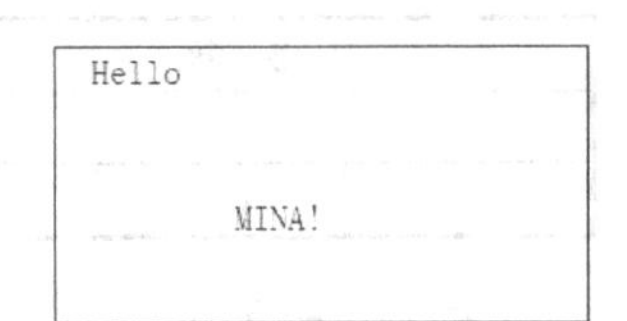

图 8-54　在画布上填充文字

运行后，显示效果如图 8-54 所示。

31. setTextAlign

canvasContext.setTextAlign()用于设置文字的对齐，其参数说明如表 8-149 所示。

表 8-149　setTextAlign 参数说明

参　数	类　型	说　明
align	String	可选值 left、center、right

参考代码如下：

```
const ctx = wx.createCanvasContext('myCanvas')

ctx.setStrokeStyle('red')
ctx.moveTo(150, 20)
ctx.lineTo(150, 170)
ctx.stroke()

ctx.setFontSize(15)
ctx.setTextAlign('left')
ctx.fillText('textAlign=left', 150, 60)

ctx.setTextAlign('center')
ctx.fillText('textAlign=center', 150, 80)

ctx.setTextAlign('right')
ctx.fillText('textAlign=right', 150, 100)

ctx.draw()
```

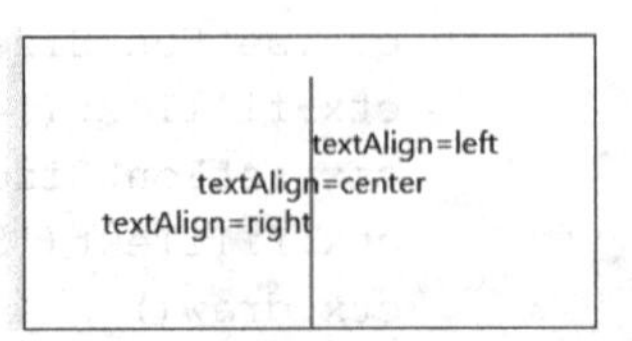

图 8-55　不同的对齐方式

运行后，显示效果如图 8-55 所示。

32. drawImage

canvasContext.drawImage()用于绘制图像，图像保持原始尺寸。其参数说明如表 8-150 所示。

表 8-150　drawImage 参数说明

参　数	类　型	说　明
imageResource	String	所要绘制的图片资源
x	Number	图像左上角的 x 坐标
y	Number	图像左上角的 y 坐标
width	Number	图像宽度
height	Number	图像高度

参考代码如下：

```
const ctx = wx.createCanvasContext('myCanvas')
wx.chooseImage({
  success: function(res){
    ctx.drawImage(res.tempFilePaths[0], 0, 0, 150, 100)
    ctx.draw()
  }
})
```

运行后，显示效果如图 8-56 所示。

图 8-56　在 canvas 中绘制图像

33. setGlobalAlpha

canvasContext.setGlobalAlpha()用于设置全局画笔透明度，其参数说明如表 8-151 所示。

表 8-151　setGlobalAlpha 参数说明

参　数	类　型	范　围	说　明
alpha	Number	0～1	透明度，0 表示完全透明，1 表示完全不透明

参考代码如下：

```
const ctx = wx.createCanvasContext('myCanvas')

ctx.setFillStyle('red')
ctx.fillRect(10, 10, 150, 100)
ctx.setGlobalAlpha(0.2)
ctx.setFillStyle('blue')
ctx.fillRect(50, 50, 150, 100)
ctx.setFillStyle('yellow')
ctx.fillRect(100, 100, 150, 100)

ctx.draw()
```

运行后，显示效果如图 8-57 所示。

34. save

canvasContext.save()用于保存当前的绘图上下文。

35. restore

canvasContext.restore()用于恢复之前保存的绘图上下文。

参考代码如下：

```
const ctx = wx.createCanvasContext('myCanvas')

// 保存默认的填充样式（黑色）
ctx.save()
//使用红色填充矩形
ctx.setFillStyle('red')
ctx.fillRect(10, 10, 150, 100)

// 恢复之前保存的填充样式
ctx.restore()
//使用黑色填充矩形
ctx.fillRect(50, 50, 150, 100)

ctx.draw()
```


运行后，显示效果如图 8-58 所示。

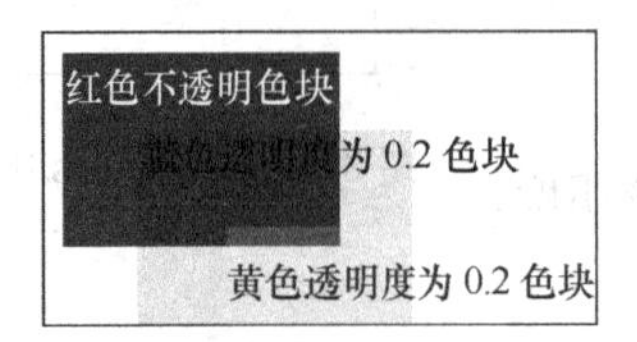

图 8-57　不同透明度色块

图 8-58　使用保存的默认样式填充矩形

36. draw

canvasContext.draw()用于将之前在绘图上下文中的描述（路径、变形、样式）画到 canvas 中，绘图上下文需要由 wx.createCanvasContext(canvasId) 来创建。其参数说明如表 8-152 所示。

表 8-152　draw 参数说明

参　数	类　型	说　明
reserve	Boolean	非必填。本次绘制是否接着上一次绘制，若 reserve 参数为 false，则在本次调用 drawCanvas 绘制之前 native 层应先清空画布再继续绘制；若 reserver 参数为 true，则保留当前画布上的内容，将本次调用 drawCanvas 绘制的内容覆盖在上面。默认为 false

若清空上一次画布内容绘制，参考代码如下：

```
const ctx = wx.createCanvasContext('myCanvas')

ctx.setFillStyle('red')
ctx.fillRect(10, 10, 150, 100)
ctx.draw()
```

```
//在绘制黑色矩形时，前面绘制的红色矩形将被清除
ctx.fillRect(50, 50, 150, 100)
ctx.draw()
```

运行后，显示效果如图 8-59 所示。

若保留上一次内容继续绘制，参考代码如下：

```
const ctx = wx.createCanvasContext('myCanvas')

ctx.setFillStyle('red')
ctx.fillRect(10, 10, 150, 100)
ctx.draw()
ctx.fillRect(50, 50, 150, 100)
ctx.draw(true)
```

运行后，显示效果如图 8-60 所示。

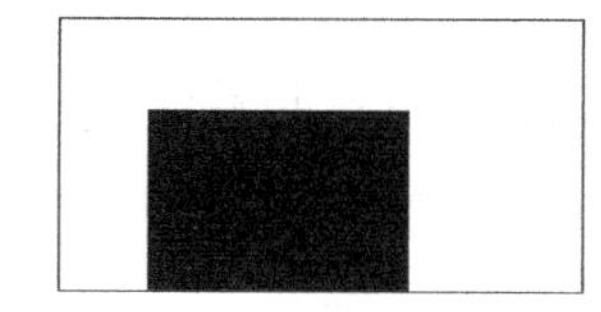

图 8-59　红色矩形被清除，留下黑色矩形

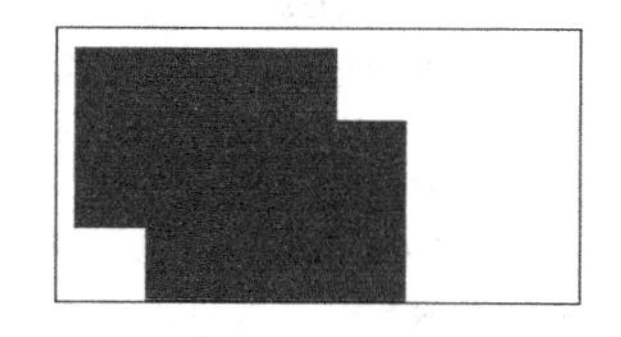

图 8-60　两次绘制的矩形均被保留

8.7.6　下拉刷新

1. Page.onPullDownRefresh

在 Page 中定义 onPullDownRefresh 处理函数，可用于监听该页面用户下拉刷新事件。使用下拉刷新前，需要在 config 的 window 选项中开启 enablePullDownRefresh。处理完数据刷新后，wx.stopPullDownRefresh()可以停止当前页面的下拉刷新。

2. wx.stopPullDownRefresh

wx.stopPullDownRefresh()用于停止当前页面下拉刷新。首先在 config 中开启下拉刷新配置选项，代码如下：

```
{
    "navigationBarTitleText": "下拉刷新",
    "enablePullDownRefresh": true
}
```

新建一个页面，用来展示下拉刷新的使用效果，文件内容如下：

```
// pages/API/pull-down-refresh/pull-down-refresh.js
Page({
  onPullDownRefresh: function () {
    wx.showToast({
      title: 'loading...',
      icon: 'loading'
    })
    console.log('onPullDownRefresh', new Date())
```

```
  },
  stopPullDownRefresh: function () {
    wx.stopPullDownRefresh({
      complete: function (res) {
        wx.hideToast()
        console.log(res, new Date())
      }
    })
  }
})

<!--pages/API/pull-down-refresh/pull-down-refresh.wxml-->
<view class="page-body">
    <view class="page-section">
      <view class="page-body-info">
        <text class="page-body-text">下滑页面即可刷新</text>
      </view>
      <view class="btn-area">
        <button bindtap="stopPullDownRefresh">停止刷新</button>
      </view>
    </view>
</view>
```


运行后，显示效果如图 8-61 所示。

图 8-61　下拉刷新

8.8　第三方平台

1. wx.getExtConfig

wx.getExtConfig(object)用于获取第三方平台自定义的数据字段，object 参数说明如表 8-153 所示。

表 8-153　getExtConfig 参数说明

参　数	类　型	必　填	返　回
success	Function	否	返回第三方平台自定义的数据
fail	Function	否	接口调用失败的回调函数
complete	Function	否	接口调用结束的回调函数（调用成功、失败都会执行）

success 返回参数说明如表 8-154 所示。

表 8-154　success 返回参数说明

参　数	类　型	说　明
errMsg	String	调用结果
extConfig	Object	第三方平台自定义的数据

注　意

wx.getExtConfig 暂时无法通过 wx.canIUse 判断是否兼容，开发者需要自行根据 wx.getExtConfig 是否存在来进行兼容判断。

参考代码如下：

```
if(wx.getExtConfig) {
  wx.getExtConfig({
    success: function (res) {
      console.log(res.extConfig)
    }
  })
}
```

2. wx.getExtConfigSync

wx.getExtConfigSync()用于获取第三方平台自定义的数据字段的同步接口，其返回数据说明如表 8-155 所示。

表 8-155　getExtConfigSync 返回数据

参　数	类　型	说　明
extConfig	Object	第三方平台自定义的数据

同样，wx.getExtConfigSync 暂时无法通过 wx.canIUse 判断是否兼容，开发者需要自行根据 wx.getExtConfigSync 是否存在来进行兼容判断。

参考代码如下：

```
let extConfig = wx.getExtConfigSync? wx.getExtConfigSync(): {}
console.log(extConfig)
```

8.9 开放接口

8.9.1 登录

1. wx.login

wx.login(object)用于调用接口获取登录凭证（code）进而换取用户登录态信息，包括用户的唯一标识（openid）及本次登录的会话密钥（session_key）。用户数据的加解密通信需要依赖会话密钥完成。object 参数说明如表 8-156 所示。

注 意

在 iOS/Android 6.3.30 版本中， app.onLaunch 调用 wx.login 时会出现异常。

表 8-156 wx.login 参数说明

参数名	类 型	必 填	说 明
success	Function	否	接口调用成功的回调函数
fail	Function	否	接口调用失败的回调函数
complete	Function	否	接口调用结束的回调函数（调用成功、失败都会执行）

success 返回参数说明如表 8-157 所示。

表 8-157 success 返回参数说明

参数名	类 型	说 明
errMsg	String	调用结果
code	String	用户允许登录后，回调内容会带上 code（有效期为五分钟），开发者需要将 code 发送到开发者服务器后台，使用 code 换取 session_key api，将 code 换成 openid 和 session_key

参考代码如下：

```
//app.js
App({
  onLaunch: function() {
    wx.login({
      success: function(res) {
        if (res.code) {
          //发起网络请求
          wx.request({
            url: 'https://test.com/onLogin',
            data: {
              code: res.code
            }
          })
        } else {
          console.log('获取用户登录态失败！' + res.errMsg)
        }
      }
    });
  }
})
```

code 换取 session_key：这是一个 HTTPS 接口，开发者服务器使用 code 获取 session_key 和 openid。其中，session_key 是对用户数据进行签名加密的密钥。为了自身应用安全，session_key 不应该在网络上传输。

接口地址：https://api.weixin.qq.com/sns/jscode2session?appid=AppID&secret=SECRET&js_code=JSCODE&grant_type=authorization_code。

请求参数说明如表 8-158 所示。

表 8-158　code 换取 session_key 请求参数说明

参　数	必　填	说　明
appid	是	小程序唯一标识
secret	是	小程序的 AppSecret
js_code	是	登录时获取的 code
grant_type	是	填写为 authorization_code

其返回参数说明如表 8-159 所示。

表 8-159　返回参数说明

参　数	说　明
openid	用户唯一标识
session_key	会话密钥

2. wx.checkSession

wx.checkSession(object)用于检测用户登录态。通过上述接口获得的用户登录态拥有一定的时效性，用户越久未使用小程序，其登录态越有可能失效。反之，如果用户一直在使用小程序，则用户登录态一直保持有效。具体时效逻辑由微信维护，对开发者透明。开发者只需要调用 wx.checkSession 接口检测当前用户登录态是否有效。登录态过期后，开发者可以再调用 wx.login 获取新的用户登录态。object 参数说明如表 8-160 所示。

表 8-160　wx.checkSession 参数说明

参数名	类　型	必　填	说　明
success	Function	否	接口调用成功的回调函数，登录态未过期
fail	Function	否	接口调用失败的回调函数，登录态已过期
complete	Function	否	接口调用结束的回调函数（调用成功、失败都会执行）

参考代码如下：

```
wx.checkSession({
  success: function(){
    //session 未过期，并且在本生命周期一直有效
  },
  fail: function(){
    //登录态过期
    wx.login() //重新登录
    ......
  }
})
```

通过 wx.login 方法获取到用户登录态之后，需要维护登录态。开发者要注意，不应该直接将 session_key、openid 等字段作为用户的标识或者 session 的标识，而应该自己派发一个 session 登录态（如图 8-62 所示）。对于开发者自己生成的 session，应该保证其安全性且不应该设置较长的过期时间。session 派发到小程序客户端之后，可将其存储在 storage 中，用于后续通信使用。

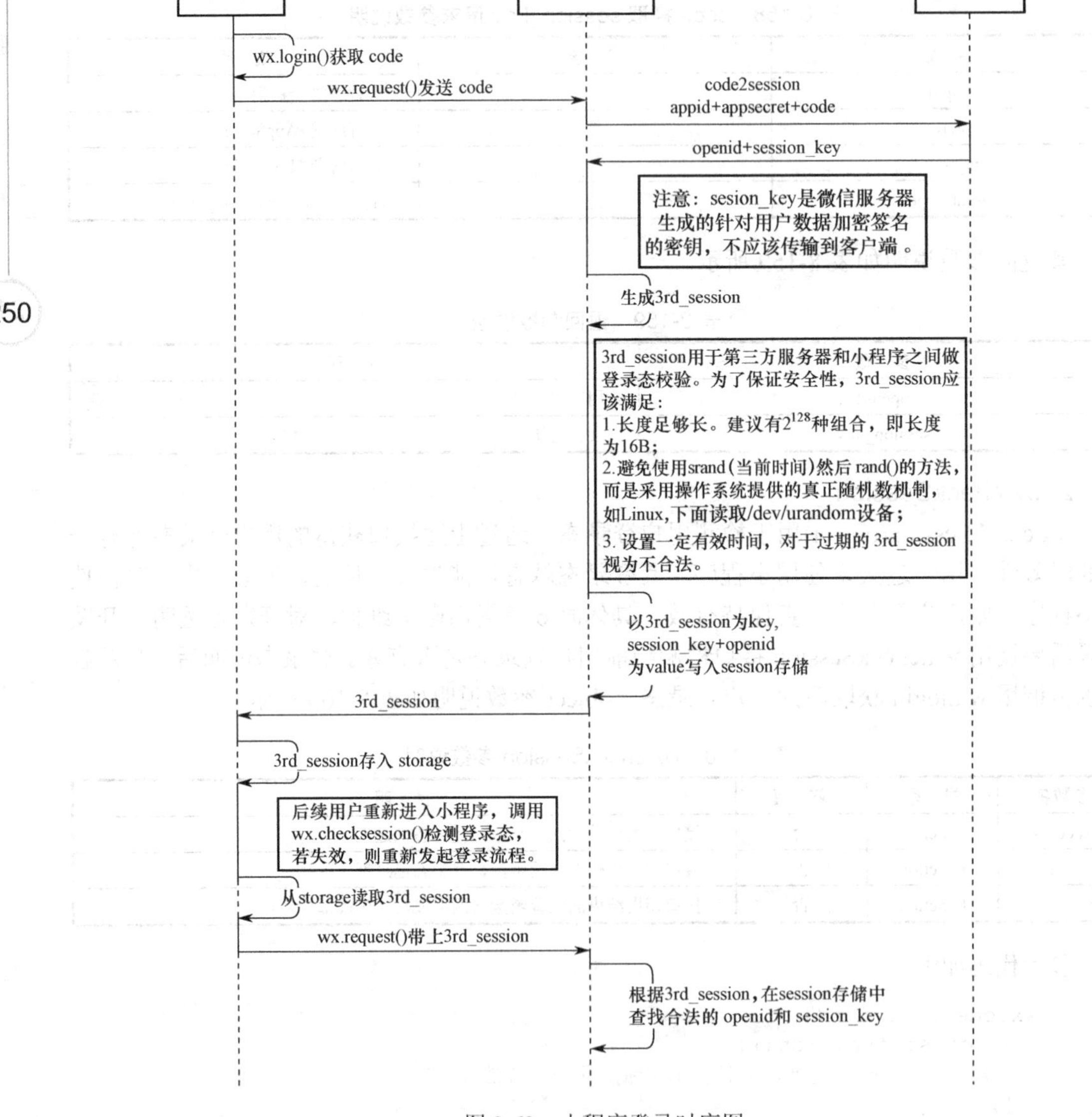

图 8-62　小程序登录时序图

3. 签名加密

为了确保开放接口返回用户数据的安全性，微信会对明文数据进行签名。开发者可以根据业务需要对数据包进行签名校验，确保数据的完整性。

- 签名校验算法涉及用户的 session_key，通过 wx.login 登录流程获取用户 session_key，并自行维护与应用自身登录态的对应关系。
- 通过调用接口（如 wx.getUserInfo）获取数据时，接口会同时返回 rawData、signature，其中 signature = sha1(rawData + session_key)。
- 开发者将 signature、rawData 发送到开发者服务器进行校验。服务器利用用户对应的 session_key 使用相同的算法计算出签名 signature2，比对 signature 与 signature2 即可校验数据的完整性。

接下来，我们以 wx.getUserInfo 的数据校验为例进行说明，接口返回的 rawData 如下：

```
{
  "nickName": "Band",
  "gender": 1,
  "language": "zh_CN",
  "city": "Guangzhou",
  "province": "Guangdong",
  "country": "CN",
  "avatarUrl":"http://wx.qlogo.cn/mmopen/vi_32/1vZvI39NWFQ9XM4LtQpFrQJ1xlg
  Zxx3w7bQxKARol6503Iuswjjn6nIGBiaycAjAtpujxyzYsrztuuICqIM5ibXQ/0"
}
```

用户的 session_key 如下：

```
HyVFkGl5F5OQWJZZaNzBBg==
```

因此，用于签名的字符串如下：

```
{"nickName":"Band","gender":1,"language":"zh_CN","city":"Guangzhou","
province":"Guangdong","country":"CN","avatarUrl":"http://wx.qlogo.cn/
mmopen/vi_32/1vZvI39NWFQ9XM4LtQpFrQJ1xlgZxx3w7bQxKARol6503Iuswjjn6nIG
BiaycAjAtpujxyzYsrztuuICqIM5ibXQ/0"}HyVFkGl5F5OQWJZZaNzBBg==
```

使用 sha1 得到的结果如下：

```
75e81ceda165f4ffa64f4068af58c64b8f54b88c
```

接口如果涉及敏感数据（如 wx.getUserInfo 中的 openId 和 unionId ），接口的明文内容将不包含这些敏感数据。开发者如需获取敏感数据，需要对接口返回的加密数据（encryptedData）进行对称解密，解密算法如下：

- 对称解密使用的算法为 AES-128-CBC，数据采用 PKCS#7 填充；
- 对称解密的目标密文为 Base64_Decode(encryptedData)；
- 对称解密秘钥 aeskey = Base64_Decode(session_key)，aeskey 为 16 字节；
- 对称解密算法初始向量为 Base64_Decode(iv)，其中 iv 由数据接口返回。

微信官方提供了多种编程语言的参考代码（http://t.cn/RXgymoh），每种语言类型的接口名字均一致，调用方式可以参照示例。

另外，为了应用能校验数据的有效性，微信会在敏感数据加上数据水印（watermark）。watermark 的参数说明如表 8-161 所示。

表 8-161　数据水印参数说明

参　数	类　型	说　明
watermark	Object	数据水印
appid	String	敏感数据归属 appid，开发者可校验此参数与自身 appid 是否一致
timestamp	DateInt	敏感数据获取的时间戳，开发者可以用于数据时效性校验

以接口 wx.getUserInfo 敏感数据中的 watermark 为例，代码如下：

```
{
    "openId": "OPENID",
    "nickName": "NICKNAME",
    "gender": GENDER,
    "city": "CITY",
    "province": "PROVINCE",
    "country": "COUNTRY",
    "avatarUrl": "AVATARURL",
    "unionId": "UNIONID",
    "watermark":
    {
        "appid":"AppID",
        "timestamp":TIMESTAMP
    }
}
```

8.9.2　用户信息

wx.getUserInfo(object)用于获取用户信息，需要先调用 wx.login 接口。object 参数说明如表 8-162 所示。

注　意

wx.getUserInfo 接口需要用户授权，应兼容用户拒绝授权的场景。

当 withCredentials 为 true 时，要求此前调用过 wx.login 且登录态尚未过期，此时返回的数据会包含 encryptedData、iv 等敏感信息；当 withCredentials 为 false 时，不要求有登录态，返回的数据不包含 encryptedData、iv 等敏感信息。

表 8-162　wx.getUserInfo 参数说明

参　数	类　型	必　填	说　明	最低版本
withCredentials	Boolean	否	是否带上登录态信息	1.1.0
success	Function	否	接口调用成功的回调函数	
fail	Function	否	接口调用失败的回调函数	
complete	Function	否	接口调用结束的回调函数（调用成功、失败都会执行）	

success 返回参数说明如表 8-163 所示。

表 8-163 success 返回参数说明

参 数	类 型	说 明
userInfo	Object	用户信息对象，不包括 openid 等敏感信息
rawData	String	不包括敏感信息的原始数据字符串，用于计算签名
signature	String	使用 sha1（rawData + sessionkey）得到字符串，用于校验用户信息，参考文档 signature（http://t.cn/RMiehuu）
encryptedData	String	包括敏感数据在内的完整用户信息的加密数据，详细见加密数据解密算法（8.9.1 节签名加密部分）
iv	String	加密算法的初始向量，详细见加密数据解密算法（8.9.1 节签名加密部分）

参考代码如下：

```
wx.getUserInfo({
  success: function(res) {
    var userInfo = res.userInfo
    var nickName = userInfo.nickName
    var avatarUrl = userInfo.avatarUrl
    var gender = userInfo.gender //性别 0：未知、1：男、2：女
    var province = userInfo.province
    var city = userInfo.city
    var country = userInfo.country
  }
})
```

encryptedData 解密后，变为如下 JSON 结构：

```
{
    "openId": "OPENID",
    "nickName": "NICKNAME",
    "gender": GENDER,
    "city": "CITY",
    "province": "PROVINCE",
    "country": "COUNTRY",
    "avatarUrl": "AVATARURL",
    "unionId": "UNIONID",
    "watermark":
    {
        "appid":"AppID",
        "timestamp":TIMESTAMP
    }
}
```

其中，unionid 是一种方便开发者在不同应用之间确定唯一用户的标志。如果开发者拥有多个移动应用、网站应用和公众账号（包括小程序），可通过 unionid 来区分用户的唯一性，因为只要是同一个微信开放平台账号下的移动应用、网站应用和公众账号（包括小程序），用户的 unionid 是唯一的。换句话说，同一用户，对同一个微信开放平台下的不同应用，unionid 是相同的。想要获得 unionid，需要微信开放平台账号已完成开发者资质认证，然后绑定自己的公众号或者小程序。可通过访问 https://open.weixin.qq.com/获取更多信息。

8.9.3 微信支付

wx.requestPayment(object)用于发起微信支付。object 参数说明如表 8-164 所示。

表 8-164 requestPayment 参数说明

参数	类型	必填	说明
timeStamp	String	是	时间戳从 1970 年 1 月 1 日 00:00:00 至今的秒数，即当前的时间
nonceStr	String	是	随机字符串，长度为 32 个字符以下
package	String	是	统一下单接口返回的 prepay_id 参数值，提交格式如 prepay_id=*
signType	String	是	签名算法，暂支持 MD5
paySign	String	是	签名，具体签名方案参见微信公众号支付帮助文档
success	Function	否	接口调用成功的回调函数
fail	Function	否	接口调用失败的回调函数
complete	Function	否	接口调用结束的回调函数（调用成功、失败都会执行）

微信公众号支付帮助文档见 http://t.cn/RGrsV3k，更多信息可查看微信支付接口文档（http://t.cn/RXBr8Wz）。返回结果如表 8-165 所示。

表 8-165 支付请求返回结果

回调类型	errMsg	说明
success	requestPayment:ok	调用支付成功
fail	requestPayment:fail cancel	用户取消支付
fail	requestPayment:fail (detail message)	调用支付失败，其中 detail message 为后台返回的详细失败原因

参考代码如下：

```
wx.requestPayment({
   'timeStamp': '',
   'nonceStr': '',
   'package': '',
   'signType': 'MD5',
   'paySign': '',
   'success':function(res){
   },
   'fail':function(res){
   }
})
```

注 意

在微信 6.5.2 及之前版本中，用户取消支付不会触发 fail 回调，只会触发 complete 回调，回调 errMsg 为 requestPayment:cancel。

8.9.4 模板消息

1. 使用说明

登录 https://mp.weixin.qq.com 可获取模板，如图 8-63 所示，如果没有合适的模板，可以申请添加新模板，审核通过后可使用，详见后文模板审核说明。

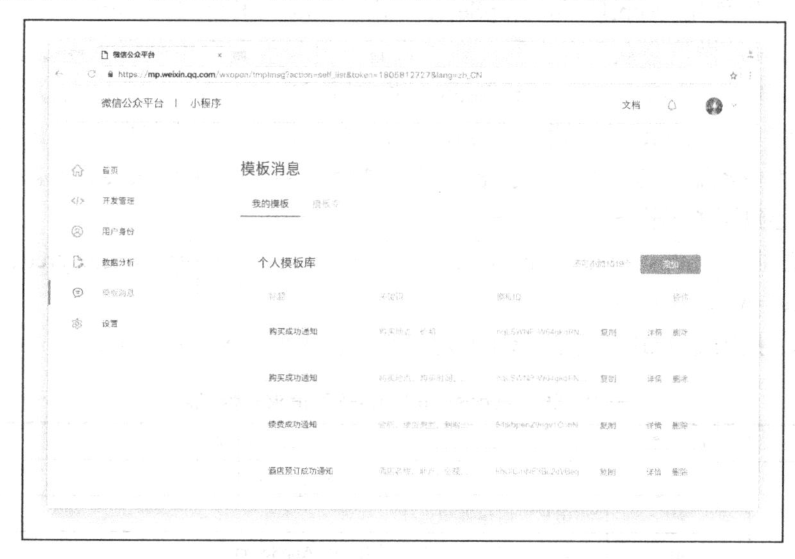

图 8-63　模板获取

注　意

微信 6.5.2 及以上版本支持模板功能，低于该版本将无法收到模板消息。

页面的 <form/> 组件中，当属性 report-submit 为 true 时，可以声明为需发模板消息，此时点击按钮提交表单可以获取 formId，用于发送模板消息。或者当用户完成支付行为，可以获取 prepay_id 用于发送模板消息。具体调用接口下发模板的方法见“接口说明”。

2. 接口说明

（1）获取 access_token

access_token 是全局唯一接口调用凭据，开发者调用各接口时都需使用，应妥善保存。access_token 的存储至少要保留 512 个字符空间，其有效期目前为 2 个小时，需定时刷新，重复获取将导致上次获取的 access_token 失效。

公众平台 API 调用所需 access_token 的使用及生成方式说明如下。

- 为了保密 AppSecrect，第三方需要一个 access_token 获取和刷新的中控服务器，而其他业务逻辑服务器所使用的 access_token 均来自该中控服务器，不应各自去刷新，否则会造成 access_token 覆盖而影响业务。
- 目前 access_token 的有效期通过返回的 expires_in 传达，目前是 7200 秒之内的值。中控服务器需要根据这个有效时间提前刷新新的 access_token。在刷新过程中，中控服务器对外输出的依然是旧的 access_token，此时公众平台后台会保证在刷新短时间内，新旧 access_token 都可用，这保证了第三方业务的平滑过渡。

- access_token 的有效时间可能会在未来有调整，所以中控服务器不仅需要内部定时主动刷新，还需要提供被动刷新 access_token 的接口，这样便于业务服务器在 API 调用时，获知 access_token 已超时的情况下，可以触发 access_token 的刷新流程。

开发者可以使用 AppID 和 AppSecret 调用本接口来获取 access_token。AppID 和 AppSecret 可登录微信公众平台官网，在“设置→开发设置”中获得（需要已经绑定成为开发者，且账号没有异常状态）。AppSecret 生成后应自行保存，因为在公众平台每次生成查看都会导致 AppSecret 被重置。注意调用所有微信接口时均需使用 HTTPS 协议，如果第三方不使用中控服务器，而是选择各个业务逻辑点各自去刷新 access_token，就可能会产生冲突，导致服务不稳定。

接口地址为 https://api.weixin.qq.com/cgi-bin/token?grant_type=client_credential&appid=AppID&secret=AppSECRET。

HTTP 请求方式为 GET 请求。GET 请求参数说明如表 8-166 所示。

表 8-166　access_token GET 请求参数说明

参　数	必　填	说　明
grant_type	是	获取 access_token 填写 client_credential
appid	是	第三方用户唯一凭证
secret	是	第三方用户唯一凭证密钥，即 AppSecret

返回参数说明如表 8-167 所示。

表 8-167　access_tpken 返回参数说明

参　数	说　明
access_token	获取到的凭证
expires_in	凭证有效时间，单位秒

示例返回数据如下：

```
{"access_token": "ACCESS_TOKEN", "expires_in": 7200}
```

错误时微信会返回错误码等信息，JSON 数据包示例如下（该示例为 AppID 无效错误）：

```
{"errcode": 40013, "errmsg": "invalid appid"}
```

（2）发送模板消息

接口地址为 https://api.weixin.qq.com/cgi-bin/message/wxopen/template/send?access_token=ACCESS_TOKEN。其中，ACCESS_TOKEN 需要替换为上文获取到的 access_token。POST 参数说明如表 8-168 所示。HTTP 请求方式为 POST 请求。

表 8-168　发送模板消息 POST 参数说明

参　数	必　填	说　明
touser	是	接收者（用户）的 openid
template_id	是	所需下发的模板消息的 id

（续表）

参 数	必 填	说 明
page	否	点击模板卡片后的跳转页面，仅限本小程序内的页面，支持带参数（示例 index?foo=bar），该字段不填则模板无跳转
form_id	是	表单提交场景下，为 submit 事件带上的 formId；支付场景下，为本次支付的 prepay_id
data	是	模板内容，不填则下发空模板
color	否	模板内容字体的颜色，不填默认黑色
emphasis_keyword	否	模板需要放大的关键词，不填则默认无放大

参考代码如下：

```
{
  "touser": "OPENID",
  "template_id": "TEMPLATE_ID",
  "page": "index",
  "form_id": "FORMID",
  "data": {
      "keyword1": {
          "value": "339208499",
          "color": "#173177"
      },
      "keyword2": {
          "value": "2015年01月05日 12:30",
          "color": "#173177"
      },
      "keyword3": {
          "value": "粤海喜来登酒店",
          "color": "#173177"
      } ,
      "keyword4": {
          "value": "广州市天河区天河路208号",
          "color": "#173177"
      }
  },
  "emphasis_keyword": "keyword1.DATA"
}
```

在调用模板消息接口后，会返回 JSON 数据包，正常时返回的 JSON 数据包如下：

```
{
  "errcode": 0,
  "errmsg": "ok",
}
```

错误时会返回错误码信息，如表 8-169 所示。

表 8-169　错误码说明

返回码	说 明
40037	template_id 不正确
41028	form_id 不正确，或者过期
41029	form_id 已被使用

（续表）

返回码	说　明
41030	page 不正确
45009	接口调用超过限额（目前默认每个账号日调用限额为 100 万）

模板使用效果如图 8-64 所示。

图 8-64　模板使用效果

3. 下发条件说明

（1）支付

若用户在小程序内完成过支付行为，则可允许开发者向用户在 7 天内推送有限条数的模板消息（1 次支付可下发 1 条，多次支付下条数独立，互相不影响）。

（2）提交表单

当用户在小程序内发生过提交表单行为且该表单声明为要发模板消息的，可允许开发者向用户在 7 天内推送有限条数的模板消息（1 次提交表单可下发 1 条，多次提交下条数独立，相互不影响）。

4. 审核说明

审核说明如下：

- 标题不能存在相同；
- 标题意思不能存在过度相似；
- 标题必须以“提醒”或“通知”结尾；
- 标题不能带特殊符号、个性化字词等没有行业通用性的内容；
- 标题必须能体现具体服务场景；
- 标题不能涉及营销相关内容，包括不限于：消费优惠类、购物返利类、商品更新类、优惠券类、代金券类、红包类、会员卡类、积分类、活动类等营销倾向通知；
- 同一标题下，关键词不能存在相同；
- 同一标题下，关键词不能存在过度相似；
- 关键词不能带特殊符号、个性化字词等没有行业通用性的内容；
- 关键词内容示例必须与关键词对应匹配；
- 关键词不能太过宽泛，需要具有限制性，例如：“内容”这个就太宽泛，不能审核通过。

5. 违规说明

除不能违反运营规范外，还不能违反以下规则，包括但不限于：

- 不允许恶意诱导用户进行触发操作，以达到可向用户下发模板目的；
- 不允许恶意骚扰，下发对用户造成骚扰的模板；
- 不允许恶意营销，下发营销目的模板；
- 不允许通过服务号下发模板来告知用户在小程序内触发的服务相关内容。

6. 处罚说明

根据违规情况给予相应梯度的处罚，一般处罚规则如下：

- 第一次违规，删除违规模板以示警告；
- 第二次违规，封禁接口 7 天；
- 第三次违规，封禁接口 30 天；
- 第四次违规，永久封禁接口；
- 处罚结果及原因以站内信形式告知。

8.9.5 客服消息

1. 接收消息和事件

在页面中使用<contact-button/>可以显示进入客服会话按钮。

当用户在客服会话发送消息（或进行某些特定的用户操作引发的事件推送）时，微信服务器会将消息(或事件)的数据包(JSON 或者 XML 格式)POST 请求开发者填写的 URL。开发者收到请求后可以使用发送客服消息接口进行异步回复。

微信服务器在将用户的消息发给小程序的开发者服务器地址（开发设置处配置）后，微信服务器在 5 秒内收不到响应会断掉连接，并且重新发起请求，共重试 3 次，如果在调试中，发现用户无法收到响应的消息，可以检查是否消息处理超时。关于重试的消息排重，有 msgid 的消息推荐使用 msgid 排重，事件类型消息推荐使用“FromUserName + CreateTime”排重。

服务器收到请求必须做出下述回复，这样微信服务器才不会对此做任何处理，并且不会发起重试，否则，将出现严重的错误提示。

- 直接回复 success（推荐方式）。
- 直接回复空串（指字节长度为 0 的空字符串，而不是结构体中 content 字段的内容为空）。

一旦遇到以下情况，微信都会在小程序会话中，向用户下发系统提示“该小程序客服暂时无法提供服务，请稍后再试”。

- 开发者在 5 秒内未回复任何内容。
- 开发者回复了异常数据。

如果开发者希望增强安全性，可以在开发者中心处开启消息加密，这样，用户发给小程序的消息及小程序被动回复用户消息都会继续加密，详见消息加解密说明（http://t.cn/RXgCOTX）。

各消息类型推送的 JSON、XML 数据包结构如下。

（1）文本消息

用户在客服会话中发送文本消息时将产生如下数据包。

- XML 格式

```
<xml>
   <ToUserName><![CDATA[toUser]]></ToUserName>
   <FromUserName><![CDATA[fromUser]]></FromUserName>
```

```
    <CreateTime>1482048670</CreateTime>
    <MsgType><![CDATA[text]]></MsgType>
    <Content><![CDATA[this is a test]]></Content>
    <MsgId>1234567890123456</MsgId>
</xml>
```

- JSON 格式

```
{
    "ToUserName": "toUser",
    "FromUserName": "fromUser",
    "CreateTime": 1482048670,
    "MsgType": "text",
    "Content": "this is a test",
    "MsgId": 1234567890123456
}
```

参数说明如表 8-170 所示。

表 8-170 文字消息参数说明

参 数	说 明
ToUserName	小程序的原始 ID
FromUserName	发送者的 openid
CreateTime	消息创建时间（整型）
MsgType	text
Content	文本消息内容
MsgId	消息 ID，64 位整型

（2）图片消息

用户在客服会话中发送图片消息时将产生如下数据包。

- XML 格式

```
<xml>
    <ToUserName><![CDATA[toUser]]></ToUserName>
    <FromUserName><![CDATA[fromUser]]></FromUserName>
    <CreateTime>1482048670</CreateTime>
    <MsgType><![CDATA[image]]></MsgType>
    <PicUrl><![CDATA[this is a url]]></PicUrl>
    <MediaId><![CDATA[media_id]]></MediaId>
    <MsgId>1234567890123456</MsgId>
</xml>
```

- JSON 格式

```
{
    "ToUserName": "toUser",
    "FromUserName": "fromUser",
    "CreateTime": 1482048670,
    "MsgType": "image",
    "PicUrl": "this is a url",
```

```
    "MediaId": "media_id",
    "MsgId": 1234567890123456
}
```

参数说明如表 8-171 所示。

表 8-171　图片消息参数说明

参　数	说　明
ToUserName	小程序的原始 ID
FromUserName	发送者的 openid
CreateTime	消息创建时间（整型）
MsgType	image
PicUrl	图片链接（由系统生成）
MediaId	图片消息媒体 ID，可以调用获取临时素材接口拉取数据
MsgId	消息 ID，64 位整型

（3）进入会话事件

用户在小程序“客服会话按钮”进入客服会话时将产生如下数据包。

- XML 格式

```
<xml>
  <ToUserName><![CDATA[toUser]]></ToUserName>
  <FromUserName><![CDATA[fromUser]]></FromUserName>
  <CreateTime>1482048670</CreateTime>
  <MsgType><![CDATA[event]]></MsgType>
  <Event><![CDATA[user_enter_tempsession]]></Event>
  <SessionFrom><![CDATA[sessionFrom]]></SessionFrom>
</xml>
```

- JSON 格式

```
{
  "ToUserName": "toUser",
  "FromUserName": "fromUser",
  "CreateTime": 1482048670,
  "MsgType": "event",
  "Event": "user_enter_tempsession",
  "SessionFrom": "sessionFrom"
}
```

参数说明如表 8-172 所示。

表 8-172　进入会话事件参数说明

参　数	说　明
ToUserName	小程序的原始 ID
FromUserName	发送者的 openid
CreateTime	事件创建时间（整型）
MsgType	event
Event	事件类型，user_enter_tempsession
SessionFrom	开发者在客服会话按钮设置的 sessionFrom 参数

2. 发送客服消息

当用户和小程序客服产生特定动作的交互时（具体动作列表如表 8-173 所示），微信将会把消息数据推送给开发者，开发者可以在一段时间内（目前修改为 48 小时）调用客服接口，通过 POST 一个 JSON 数据包发送消息给普通用户。此接口主要用于实现客服等有人工消息处理环节的功能，方便开发者为用户提供更加优质的服务。

目前允许的动作列表如表 8-173 所示，不同动作触发后，允许的客服接口下发消息条数和下发时限不同。下发条数达到上限后，会收到错误返回码，返回码说明如表 8-175 所示。

表 8-173　用户和小程序特定动作交互列表

用户动作	允许下发条数限制	下发时限
用户通过客服消息按钮进入会话	1 条	1 分钟
用户发送信息	3 条	48 小时

客服发送消息调用接口请求说明如下。

- 接口地址：https://api.weixin.qq.com/cgi-bin/message/custom/send?access_token=ACCESS_TOKEN。
- HTTP 请求方式：POST 请求。

各消息类型所需的 JSON 数据包如下。

- 发送文本消息

```
{
  "touser":"OPENID",
  "msgtype":"text",
  "text":
   {
    "content":"Hello World"
   }
}
```

- 发送图片消息

```
{
  "touser":"OPENID",
  "msgtype":"image",
  "image":
   {
     "media_id":"MEDIA_ID"
}
}
```

其参数说明如表 8-174 所示。

表 8-174　发送客服消息参数说明

参　数	必　须	说　明	值
access_token	是	调用接口凭证	通过 access_token 接口获取
touser	是	普通用户	openid
msgtype	是	消息类型	文本为 text，图片为 image

（续表）

参　数	必　须	说　明	值
content	是	文本消息内容	
media_id	是	发送的图片的媒体 ID	通过新增素材接口上传图片文件获得

返回码说明如表 8-175 所示。

表 8-175　返回码说明

参　数	说　明
-1	系统繁忙，此时请开发者稍候再试
0	请求成功
40001	获取 access_token 时 AppSecret 错误，或者 access_token 无效。开发者应认真比对 AppSecret 的正确性，或查看是否正在为恰当的小程序调用接口
40002	不合法的凭证类型
40003	不合法的 openid，请开发者确认 openid 否是其他小程序的 openid
45015	回复时间超过限制
45047	客服接口下行条数超过上限
48001	API 功能未授权，请确认小程序已获得该接口

3. 临时素材接口

（1）获取临时素材

小程序可以使用本接口获取客服消息内的临时素材（即下载临时的多媒体文件）。目前，小程序仅支持下载图片文件。

- 接口地址：https://api.weixin.qq.com/cgi-bin/media/get?access_ token=ACCESS_TOKEN&media _ id=MEDIA_ID。
- HTTP 请求方式：GET，HTTPS 调用。
- 请求示例（示例为通过 curl 命令获取多媒体文件）如下：

```
curl -I -G https://api.weixin.qq.com/cgi-bin/media/get?access_token=ACCESS_TOKEN&media_ id=MEDIA_ID
```

参数说明如表 8-176 所示。

表 8-176　获取临时素材参数说明

参　数	必　须	说　明
access_token	是	调用接口凭证
media_id	是	媒体文件 ID

在正确情况下，返回的 HTTP 头如下：

```
HTTP/1.1 200 OK
Connection: close
Content-Type: image/jpeg
Content-disposition: attachment; filename="MEDIA_ID.jpg"
Date: Sun, 06 Jan 2013 10:20:18 GMT
Cache-Control: no-cache, must-revalidate
Content-Length: 339721
```

```
curl -G "https://api.weixin.qq.com/cgi-bin/media/get?access_token=ACCESS_
TOKEN&media _id=MEDIA_ID"
```

如果返回的是视频消息素材，则内容如下：

```
{
  "video_url":DOWN_URL
}
```

错误情况下，返回的 JSON 数据包示例如下（示例为无效媒体 ID 错误）：

```
{
  "errcode":40007,
  "errmsg":"invalid media_id"
}
```

（2）新增临时素材

小程序可以使用本接口把媒体文件（目前仅支持图片）上传到微信服务器，用户发送客服消息或被动回复用户消息。

- 接口地址：https://api.weixin.qq.com/cgi-bin/media/ upload?access_ token=ACCESS_TOKEN&type=TYPE。
- HTTP 请求方式：POST/FORM，HTTPS 调用。
- 调用示例（使用 curl 命令，用 FORM 表单方式上传一个多媒体文件）如下：

```
curl -F media=@test.jpg https://api.weixin.qq.com/cgi-bin/media/ upload?
access_ token=ACCESS_ TOKEN&type=TYPE
```

参数说明如表 8-177 所示。

表 8-177　新增临时素材参数说明

参　数	必　须	说　明
access_token	是	调用接口凭证
type	是	image
media	是	form-data 中媒体文件标识，有 filename、filelength、content-type 等信息

正确情况下，返回的 JSON 数据包结果如下：

```
{
  "type":"TYPE",
  "media_id":"MEDIA_ID",
  "created_at":123456789
}
```

返回参数说明如表 8-178 所示。

表 8-178　新增临时素材返回参数说明

参　数	描　述
type	image
media_id	媒体文件上传后，获取标识
created_at	媒体文件上传时间戳

错误情况下，返回的 JSON 数据包示例如下（示例为无效媒体类型错误）：

```
{
  "errcode":40004,
  "errmsg":"invalid media type"
}
```

4. 接入指引

接入微信小程序消息服务，开发者需要按照如下步骤完成：

- 填写服务器配置；
- 验证服务器地址的有效性；
- 依据接口文档实现业务逻辑。

下面详细介绍这三个步骤。

（1）填写服务器配置

登录微信小程序官网后，在小程序官网的“设置→消息服务器”页面（如图 8-65 所示，管理员应扫码启用消息服务），填写服务器地址（URL）、Token 和 EncodingAESKey。

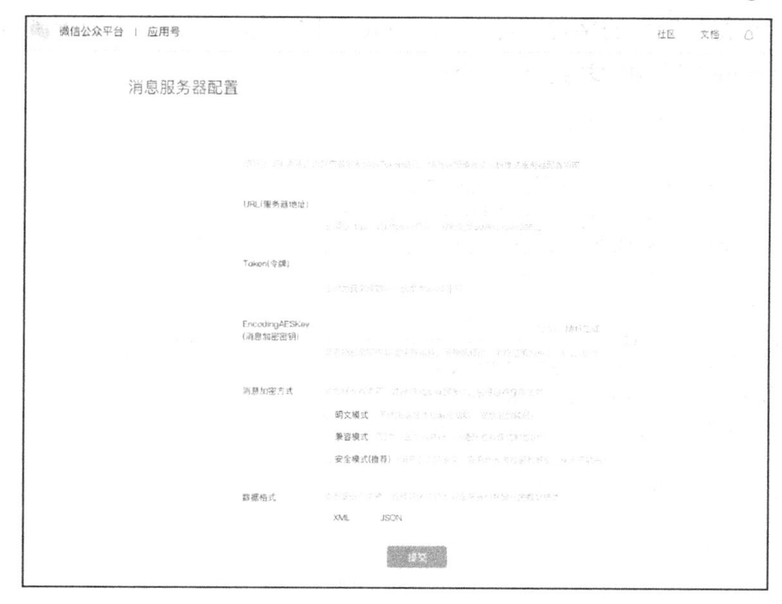

图 8-65　填写服务器配置

URL 是开发者用来接收微信消息和事件的接口，Token 可由开发者任意填写，作为生成签名（该 Token 会和接口 URL 中包含的 Token 进行比对，从而验证安全性），EncodingAESKey 可由开发者手动填写或随机生成，作为消息体加密、解密的密钥。

同时，开发者可选择消息加、解密方式：明文模式、兼容模式或安全模式。可以选择消息的数据格式：XML 或 JSON。加密方式的默认状态是明文模式，而数据格式的默认状态是 XML 格式。

模式的选择与服务器配置在提交后都会立即生效，开发者应谨慎填写及选择，切换加密方式和数据格式需要提前配置好相关代码，详情可参考消息加、解密说明。

（2）验证消息的确来自微信服务器

开发者提交信息后，微信服务器将发送 GET 请求到填写的服务器地址 URL 上，GET 请求携带参数如表 8-179 所示。

表 8-179 验证消息 GET 请求携带参数

参 数	描 述
signature	微信加密签名，signature 结合了开发者填写的 token 参数和请求中的 timestamp 参数、nonce 参数
timestamp	时间戳
nonce	随机数
echostr	随机字符串

开发者通过 signature 对请求进行校验。若确认此次 GET 请求来自微信服务器，应原样返回 echostr 参数内容，则接入生效，成为开发者成功，否则接入失败。加密/校验流程如下：

- 将 token、timestamp、nonce 三个参数进行字典序排序；
- 将三个参数字符串拼接成一个字符串进行 sha1 加密；
- 开发者获得加密后的字符串可与 signature 对比，标识该请求来源于微信。

检验 signature 的 PHP 参考代码如下：

```
private function checkSignature()
{
    $signature = $_GET["signature"];
    $timestamp = $_GET["timestamp"];
    $nonce = $_GET["nonce"];

    $token = TOKEN;
    $tmpArr = array($token, $timestamp, $nonce);
    sort($tmpArr, SORT_STRING);
    $tmpStr = implode( $tmpArr );
    $tmpStr = sha1( $tmpStr );

    if( $tmpStr == $signature ){
        return true;
    }else{
        return false;
    }
}
```

（3）依据接口文档实现业务逻辑

验证 URL 有效性成功后即接入生效，成为开发者。至此用户在向小程序客服发送消息或者进入会话时，开发者填写的服务器配置 URL 将得到微信服务器推送过来的消息和事件，开发者可以依据自身业务逻辑进行响应。

注 意

开发者所填写的 URL 必须以 http://或 https://开头，分别支持 80 端口和 443 端口。

8.9.6 分享

1. Page.onShareAppMessage

在 Page 中定义的 onShareAppMessage 函数用于设置该页面的分享信息。用户点击“分享”按钮时会调用此接口，而且只有定义了此事件处理函数，右上角菜单才会显示“分享”按钮。此事件需要返回一个 object，用于自定义分享内容。

自定义分享包括的字段说明如表 8-180 所示。

表 8-180 自定义分享字段说明

字 段	说 明	默认值
title	分享标题	当前小程序名称
path	分享路径	当前页面 path ，必须是以 “/” 开头的完整路径
success	分享成功的回调函数	
fail	分享失败的回调函数	
complete	分享结束的回调函数（分享成功、失败都会执行）	

分享回调结果说明如表 8-181 所示。

表 8-181 分享回调结果说明

回调类型	errMsg	说 明
success	shareAppMessage:ok	分享成功
fail	shareAppMessage:fail cancel	用户取消分享
fail	shareAppMessage:fail (detail message)	分享失败，其中 detail message 为详细失败信息

注 意

Page.onShareAppMessage 的回调函数从微信版本 6.5.7 开始才支持。

参考代码如下：

```
Page({
  onShareAppMessage: function () {
    return {
      title: '自定义分享标题',
      path: '/page/user?id=123',
      success: function(res) {
      // 分享成功
      },
      fail: function(res) {
      // 分享失败
      }
    }
  }
})
```

2. showShareMenu

wx.showShareMenu(object)用于显示分享按钮，object 参数说明如表 8-182 所示。

表 8-182　showShareMenu 参数说明

参　数	类　型	必　填	说　明
success	Function	否	接口调用成功的回调函数
fail	Function	否	接口调用失败的回调函数
complete	Function	否	接口调用结束的回调函数（调用成功、失败都会执行）

3. hideShareMenu

wx.hideShareMenu(object)用于隐藏分享按钮，object 参数说明如表 8-183 所示。

表 8-183　hideShareMenu 参数说明

参　数	类　型	必　填	说　明
success	Function	否	接口调用成功的回调函数
fail	Function	否	接口调用失败的回调函数
complete	Function	否	接口调用结束的回调函数（调用成功、失败都会执行）

注　意

分享图片是不能自定义的，小程序会取当前页面从顶部开始高度为 80%屏幕宽度的图像作为分享图片。

8.9.7　获取二维码

通过后台接口可以获取小程序任意页面的二维码，扫描该二维码可以直接进入小程序对应的页面。

- 小程序码获取接口地址：https://api.weixin.qq.com/wxa/getwxacode?access_token=ACCESS_TOKEN。
- 普通二维码获取接口地址：https://api.weixin.qq.com/cgi-bin/wxaapp/ createwxaqrcode?access_token=ACCESS_TOKEN。

其中，access_token 的获取可参考微信公众平台文档（http://t.cn/RXrPMTL）。POST 参数说明如表 8-184 所示。

表 8-184　获取二维码 POST 参数说明

参　数	默认值	说　明
path		不能为空，最大长度为 128 字节
width	430	二维码的宽度

参考代码如下：

```
{"path": "pages/index?query=1", "width": 430}
```

其中，pages/index 需要在 app.json 的 pages 中定义。

获取二维码时，需注意以下几点：

- 通过该接口，仅能生成已发布的小程序的二维码；
- 可以在开发者工具预览时生成开发版的带参二维码；
- 带参二维码只有 100000 个，请谨慎调用；
- POST 参数需要转成 JSON 字符串，不支持 form 表单提交。

8.9.8 收货地址

wx.chooseAddress(object)用于调起用户编辑收货地址的原生页面，并在编辑完成后返回用户选择的地址。object 参数说明如表 8-185 所示。

注 意

此接口需要用户授权，应注意兼容用户拒绝授权的场景。

表 8-185 chooseAddress 参数说明

参 数	类 型	必 填	返 回
success	Function	否	返回用户选择的收货地址信息
fail	Function	否	接口调用失败的回调函数
complete	Function	否	接口调用结束的回调函数（调用成功、失败都会执行）

success 返回参数说明如表 8-186 所示。

表 8-186 success 返回参数说明

参 数	类 型	说 明
errMsg	String	调用结果
userName	String	收货人姓名
postalCode	String	邮编
provinceName	String	国标收货地址第一级地址
cityName	String	国标收货地址第二级地址
countyName	String	国标收货地址第三级地址
detailInfo	String	详细收货地址信息
nationalCode	String	收货地址国家码
telNumber	String	收货人手机号码

参考代码如下：

```
wx.chooseAddress({
  success: function (res) {
    console.log(res.userName)
    console.log(res.postalCode)
    console.log(res.provinceName)
    console.log(res.cityName)
    console.log(res.countyName)
    console.log(res.detailInfo)
    console.log(res.nationalCode)
```

```
    console.log(res.telNumber)
  }
})
```

8.9.9 卡券

目前开发者工具上尚未支持小程序卡券的调试，应在真机上调试。更多卡券相关信息，可参考微信卡券接口文档（http://t.cn/RXrh1tM）。

1. wx.addCard

wx.addCard(object)用于批量添加卡券，object 参数说明如表 8-187 所示。

表 8-187 addCard 参数说明

参 数	类 型	必 填	说 明
cardList	ObjectArray	是	需要添加的卡券列表
success	Function	否	接口调用成功的回调函数
fail	Function	否	接口调用失败的回调函数
complete	Function	否	接口调用结束的回调函数（调用成功、失败都会执行）

回调结果说明如表 8-188 所示。

表 8-188 批量添加卡券回调结果

回调类型	errMsg	说 明
success	addCard:ok	添加卡券成功
fail	addCard:fail cancel	用户取消添加卡券
fail	addCard:fail (detail message)	添加卡券失败，其中 detail message 为后台返回的详细失败原因

success 返回参数说明如表 8-189 所示。

表 8-189 success 返回参数说明

参 数	类 型	说 明
cardList	ObjectArray	卡券添加结果

参考代码如下：

```
wx.addCard({
  cardList: [
  {
    cardId: '',
    cardExt: '{"code": "", "openid": "", "timestamp": "", "signature":""}'
  },
   {
     cardId: '',
     cardExt: '{"code": "", "openid": "", "timestamp": "", "signature":""}'
   }
  ],
  success: function(res) {
    console.log(res.cardList) // 卡券添加结果
  }
})
```

2. wx.openCard

wx.openCard(object)用于查看微信卡包中的卡券，object 参数说明如表 8-190 所示。

表 8-190　openCard 参数说明

参　数	类　型	必　填	说　明
cardList	ObjectArray	是	需要打开的卡券列表
success	Function	否	接口调用成功的回调函数
fail	Function	否	接口调用失败的回调函数
complete	Function	否	接口调用结束的回调函数（调用成功、失败都会执行）

参考代码如下：

```
wx.openCard({
  cardList: [
    {
      cardId: '',
      code: ''
    }, {
      cardId: '',
      code: ''
    }
  ],
  success: function(res) {
  }
})
```

8.9.10　设置

wx.openSetting(object)用于调起客户端小程序设置界面，返回用户设置的操作结果。object 参数说明如表 8-191 所示。

表 8-191　openSetting 参数说明

参　数	类　型	必　填	说　明
success	Function	否	接口调用成功的回调函数，返回内容见表 8-192
fail	Function	否	接口调用失败的回调函数
complete	Function	否	接口调用结束的回调函数（调用成功、失败都会执行）

表 8-192　success 返回参数说明

参　数	类　型	说　明
authSetting	Object	用户授权结果，其中 key 为 scope 值，value 为 Bool 值，表示用户是否允许授权

scope 说明如表 8-193 所示。

表 8-193　scope 说明

scope	对应接口
scope.userInfo	wx.getUserInfo
scope.userLocation	wx.getLocation，wx.chooseLocation

（续表）

scope	对应接口
scope.address	wx.chooseAddress
scope.record	wx.startRecord

参考代码如下：

```
wx.openSetting({
  success: (res) => {
     res.authSetting = {
       "scope.userInfo": true,
       "scope.userLocation": true
     }
  }
})
```


8.10 数据分析

开发者通过数据分享接口，可获取到小程序的各项数据指标，便于进行数据存储和整理。数据分析详细功能介绍及指标解释可参考数据分析文档（http://t.cn/RXrLLGM）。

8.10.1 概况趋势

小程序的详细数据可从访问分析中获取，概况中可提供累计用户数等部分指标数据。接口地址为 https://api.weixin.qq.com/datacube/getweanalysisappiddailysummarytrend? access_token=ACCESS_TOKEN。

POST 请求参数说明如表 8-194 所示。

表 8-194 获取访问趋势 POST 参数

参 数	必 填	说 明
begin_date	是	开始日期
end_date	是	结束日期，限定查询 1 天数据，end_date 允许设置的最大值为昨日

POST 内容示例如下：

```
{
  "begin_date" : "20170313",
  "end_date" : "20170313"
}
```

返回参数说明如表 8-195 所示。

表 8-195 返回参数说明

参 数	说 明
visit_total	累计用户数
share_pv	分享次数
share_uv	分享人数

返回数据示例如下：

```
{
  "list": [
    {
      "ref_date": "20170313",
      "visit_total": 391,
      "share_pv": 572,
      "share_uv": 383
    }
  ]
}
```

8.10.2　访问趋势

1. 日趋势

接口地址为 https://api.weixin.qq.com/datacube/getweanalysisappiddailyvisittrend? access_token=ACCESS_TOKEN。

POST 参数说明如表 8-196 所示。

表 8-196　日趋势 POST 参数说明

参　数	必　填	说　明
begin_date	是	开始日期
end_date	是	结束日期，限定查询 1 天数据，end_date 允许设置的最大值为昨日

POST 内容示例如下：

```
{
  "begin_date" : "20170313",
  "end_date" : "20170313"
}
```

返回参数说明如表 8-197 所示。

表 8-197　日趋势返回参数说明

参　数	说　明
ref_date	时间，如 20170313
session_cnt	打开次数
visit_pv	访问次数
visit_uv	访问人数
visit_uv_new	新用户数
stay_time_uv	人均停留时长（浮点型，单位秒）
stay_time_session	次均停留时长（浮点型，单位秒）
visit_depth	平均访问深度（浮点型）

返回数据示例如下：

```
{
  "list": [
    {
      "ref_date": "20170313",
      "session_cnt": 142549,
      "visit_pv": 472351,
      "visit_uv": 55500,
      "visit_uv_new": 5464,
      "stay_time_session": 0,
      "visit_depth": 1.9838
    }
  ]
}
```

2. 周趋势

接口地址为 https://api.weixin.qq.com/datacube/getweanalysisappidweeklyvisittrend? access_token=ACCESS_TOKEN。

POST 参数说明如表 8-198 所示。

表 8-198　周趋势 POST 参数说明

参　数	必　填	说　明
begin_date	是	开始日期，为周一日期
end_date	是	结束日期，为周日日期，限定查询一周数据

注　意

请求 JSON 和返回 JSON 与天的一致，这里限定查询一个自然周的数据，时间必须按照自然周的方式输入，例如，20170306（周一）和 20170312（周日）。

POST 内容示例如下：

```
{
  "begin_date":"20170306",
  "end_date":"20170312"
}
```

返回参数说明如表 8-199 所示。

表 8-199　周趋势返回参数说明

参　数	说　明
ref_date	时间，如 20170306-20170312
session_cnt	打开次数（自然周内汇总）
visit_pv	访问次数（自然周内汇总）
visit_uv	访问人数（自然周内去重）

（续表）

参　数	说　明
visit_uv_new	新用户数（自然周内去重）
stay_time_uv	人均停留时长（浮点型，单位秒）
stay_time_session	次均停留时长（浮点型，单位秒）
visit_depth	平均访问深度（浮点型）

返回内容示例如下：

```
{
  "list": [
    {
      "ref_date": "20170306-20170312",
      "session_cnt": 986780,
      "visit_pv": 3251840,
      "visit_uv": 189405,
      "visit_uv_new": 45592,
      "stay_time_session": 54.5346,
      "visit_depth": 1.9735
    }
  ]
}
```

3. 月趋势

接口地址为 https://api.weixin.qq.com/datacube/getweanalysisappidmonthlyvisittrend? access_token=ACCESS_TOKEN。

POST 参数说明如表 8-200 所示。

表 8-200　月趋势 POST 参数说明

参　数	必　填	说　明
begin_date	是	开始日期，为自然月第一天
end_date	是	结束日期，为自然月最后一天，限定查询一个月数据

注　意

请求 JSON 和返回 JSON 与天的一致，这里限定查询一个自然月的数据，时间必须按照自然月的方式输入。例如，20170201（月初）和 20170228（月末）。

POST 内容示例如下。

```
{
  "begin_date":"20170201",
  "end_date":"20170228"
}
```

返回参数说明如表 8-201 所示。

表 8-201　月趋势返回参数说明

参　数	说　明
ref_date	时间，如 201702
session_cnt	打开次数（自然月内汇总）
visit_pv	访问次数（自然月内汇总）
visit_uv	访问人数（自然月内去重）
visit_uv_new	新用户数（自然月内去重）
stay_time_uv	人均停留时长（浮点型，单位秒）
stay_time_session	次均停留时长（浮点型，单位秒）
visit_depth	平均访问深度（浮点型）

返回内容示例如下：

```
{
  "list": [
    {
      "ref_date": "201702",
      "session_cnt": 126513,
      "visit_pv": 426113,
      "visit_uv": 48659,
      "visit_uv_new": 6726,
      "stay_time_session": 56.4112,
      "visit_depth": 2.0189
    }
  ]
}
```

8.10.3　访问分布

访问分布，可便于运营者统计用户进入小程序的各个来源比例，以进行有针对性的营销或改进。访问分布接口地址为 https://api.weixin.qq.com/datacube/getweanalysisappidvisitdistribution?access_token=ACCESS_TOKEN。

POST 参数说明如表 8-202 所示。

表 8-202　访问分布 POST 参数说明

参　数	必　填	说　明
begin_date	是	开始日期
end_date	是	结束日期，限定查询 1 天数据，end_date 允许设置的最大值为昨日

POST 内容示例如下：

```
{
  "begin_date":"20170313",
  "end_date":"20170313"
}
```

返回参数说明如表 8-203 所示。

表 8-203　访问分布返回参数说明

参　数	说　明
ref_date	时间，如 20170313
list	存入所有类型的指标情况

其中，list 的每一项内容如表 8-204 所示。

表 8-204　list 说明

参　数	说　明
index	分布类型
item_list	分布数据列表

分布类型（index）的取值范围说明如表 8-205 所示。

表 8-205　分布类型取值范围说明

值	说　明
access_source_session_cnt	访问来源分布
access_staytime_info	访问时长分布
access_depth_info	访问深度的分布

每个数据项包括的内容说明如表 8-206 所示。

表 8-206　数据项说明

参　数	说　明
key	场景 ID
value	场景下的值（均为整数型）

key 值对应关系如表 8-207 所示。

表 8-207　key 值对应关系

分布类型	场景 ID	说　明
访问来源 (index="access_source_session_cnt")	1	小程序历史列表
	2	搜索
	3	会话
	4	二维码
	5	公众号主页
	6	聊天顶部
	7	系统桌面
	8	小程序主页
	9	附件的小程序
	10	其他
	11	模板消息
	12	客服消息

（续表）

分布类型	场景 ID	说　明
访问时长 (index="access_staytime_info")	1	0～2 秒
	2	3～5 秒
	3	6～10 秒
	4	11～20 秒
	5	20～30 秒
	6	30～50 秒
	7	50～100 秒
	8	> 100 秒
平均访问深度 (index="access_depth_info")	1	1 页
	2	2 页
	3	3 页
	4	4 页
	5	5 页
	6	6～10 页
	7	> 10 页

返回数据示例如下：

```
{
  "ref_date": "20170313",
  "list": [
    {
      "index": "access_source_session_cnt",
      "item_list": [
        {
          "key": 10,
          "value": 5
        },
        {
          "key": 8,
          "value": 687
        },
        {
          "key": 7,
          "value": 10740
        },
        {
          "key": 6,
          "value": 1961
        },
        {
          "key": 5,
          "value": 677
        },
        {
          "key": 4,
          "value": 653
        },
        {
```

```
        "key": 3,
        "value": 1120
      },
      {
        "key": 2,
        "value": 10243
      },
      {
        "key": 1,
        "value": 116578
      }
    ]
  },
  {
    "index": "access_staytime_info",
    "item_list": [
      {
        "key": 8,
        "value": 16329
      },
      {
        "key": 7,
        "value": 19322
      },
      {
        "key": 6,
        "value": 21832
      },
      {
        "key": 5,
        "value": 19539
      },
      {
        "key": 4,
        "value": 29670
      },
      {
        "key": 3,
        "value": 19667
      },
      {
        "key": 2,
        "value": 11794
      },
      {
        "key": 1,
        "value": 4511
      }
    ]
  },
  {
    "index": "access_depth_info",
    "item_list": [
      {
        "key": 5,
        "value": 217
      },
```

```
            {
              "key": 4,
              "value": 3259
            },
            {
              "key": 3,
              "value": 32445
            },
            {
              "key": 2,
              "value": 63542
            },
            {
              "key": 1,
              "value": 43201
            }
          ]
        }
      ]
    }
```


8.10.4　访问留存

1. 日留存

接口地址为 https://api.weixin.qq.com/datacube/getweanalysisappiddailyretaininfo? access_token=ACCESS_TOKEN。

POST 参数说明如表 8-208 所示。

表 8-208　日访问留存 POST 参数说明

参　数	必　填	说　明
begin_date	是	开始日期
end_date	是	结束日期，限定查询 1 天数据，end_date 允许设置的最大值为昨日

POST 内容示例如下：

```
{
  "begin_date" : "20170313",
  "end_date" : "20170313"
}
```

返回参数说明如表 8-209 所示。

表 8-209　日访问留存请求返回参数说明

参　数	说　明
visit_uv_new	新增用户留存
visit_uv	活跃用户留存

其中，visit_uv、visit_uv_new 包括的每一项内容如表 8-210 所示。

表 8-210　visit_uv，visit_uv_new 说明

参　数	说　明
key	标识，0 开始，0 表示当天，1 表示 1 天后，以此类推，key 取值分别是：0，1，2，3，4，5，6，7，14，30
value	key 对应日期的新增用户数/活跃用户数（key=0 时）或留存用户数（k＞0 时）

返回数据示例如下：

```
{
  "ref_date": "20170313",
  "visit_uv_new": [
    {
      "key": 0,
      "value": 5464
    }
  ],
  "visit_uv": [
    {
      "key": 0,
      "value": 55500
    }
  ]
}
```

2. 周留存

接口地址为 https://api.weixin.qq.com/datacube/getweanalysisappidweeklyretaininfo?access_token=ACCESS_TOKEN。

POST 参数说明如表 8-211 所示。

表 8-211　周留存请求 POST 参数说明

参　数	必　填	说　明
begin_date	是	开始日期，为周一日期
end_date	是	结束日期，为周日日期，限定查询一周数据

注　意

请求 JSON 和返回 JSON 与天的一致，这里限定查询一个自然周的数据，时间必须按照自然周的方式输入，例如，20170306（周一）和 20170312（周日）。

POST 内容示例如下：

```
{
  "begin_date" : "20170306",
  "end_date" : "20170312"
}
```

返回参数说明如表 8-212 所示。

表 8-212　周留存请求返回参数说明

参　数	说　明
ref_date	时间，如 20170306-20170312
visit_uv_new	新增用户留存
visit_uv	活跃用户留存

其中，visit_uv、visit_uv_new 的每一项包括的内容如表 8-213 所示。

表 8-213　visit_uv，visit_uv_new 说明

参　数	说　明
key	标识，0 开始，0 表示当周，1 表示 1 周后，以此类推，key 取值分别是：0，1，2，3，4
value	key 对应日期的新增用户数/活跃用户数（key = 0 时）或留存用户数（k > 0 时）

返回内容示例如下：

```
{
  "ref_date": "20170306-20170312",
  "visit_uv_new": [
    {
      "key": 0,
      "value": 0
    },
    {
      "key": 1,
      "value": 16853
    }
  ],
  "visit_uv": [
    {
      "key": 0,
      "value": 0
    },
    {
      "key": 1,
      "value": 99310
    }
  ]
}
```


3. 月留存

接口地址为 https://api.weixin.qq.com/datacube/getweanalysisappidmonthlyretaininfo? access_token=ACCESS_TOKEN。

POST 参数说明如表 8-214 所示。

表 8-214　月留存请求 POST 参数说明

参　数	必　填	说　明
begin_date	是	开始日期，为自然月第一天
end_date	是	结束日期，为自然月最后一天，限定查询一个月数据

注 意

请求 JSON 和返回 JSON 与天的一致，这里限定查询一个自然周的数据，时间必须按照自然周的方式输入，例如，20170306（周一）和 20170312（周日）。

POST 内容示例如下：

```
{
  "begin_date":"20170201",
  "end_date":"20170228"
}
```

返回参数说明如表 8-215 所示。

表 8-215　月留存请求返回参数说明

参　数	说　明
ref_date	时间，如 201702
visit_uv_new	新增用户留存
visit_uv	活跃用户留存

其中，visit_uv、visit_uv_new 包括的每一项内容如表 8-216 所示。

表 8-216　visit_uv，visit_uv_new 说明

参　数	说　明
key	标识，0 开始，0 表示当月，1 表示 1 月后，key 取值分别是：0，1
value	key 对应日期的新增用户数/活跃用户数（key = 0 时）或留存用户数（k > 0 时）

返回内容示例如下：

```
{
  "ref_date": "201702",
  "visit_uv_new": [
    {
      "key": 0,
      "value": 346249
    }
  ],
  "visit_uv": [
    {
      "key": 0,
      "value": 346249
    }
  ]
}
```

8.10.5　访问页面

分析每个页面的访问情况。

接口地址为 https://api.weixin.qq.com/datacube/getweanalysisappidvisitpage?access_token=ACCESS_TOKEN。

POST 参数说明如表 8-217 所示。

表 8-217　访问页面请求 POST 参数说明

参　数	必　填	说　明
begin_date	是	开始日期
end_date	是	结束日期，限定查询 1 天数据，end_date 允许设置的最大值为昨日

POST 内容示例如下：

```
{
  "begin_date":"20170313",
  "end_date":"20170313"
}
```

返回参数说明如表 8-218 所示。

表 8-218　访问页面请求返回参数说明

参　数	说　明
page_path	页面路径
page_visit_pv	访问次数
page_visit_uv	访问人数
page_staytime_pv	次均停留时长
entrypage_pv	进入页次数
exitpage_pv	退出页次数
page_share_pv	分享次数
page_share_uv	分享人数

注　意

目前只提供按 page_visit_pv 排序的 top200。

返回内容示例如下：

```
{
  "ref_date": "20170313",
  "list": [
    {
      "page_path": "pages/main/main.html",
      "page_visit_pv": 213429,
      "page_visit_uv": 55423,
      "page_staytime_pv": 8.139198,
      "entrypage_pv": 117922,
      "exitpage_pv": 61304,
      "page_share_pv": 180,
      "page_share_uv": 166
    },
    {
      "page_path": "pages/linedetail/linedetail.html",
      "page_visit_pv": 155030,
      "page_visit_uv": 42195,
      "page_staytime_pv": 35.462395,
```

```
      "entrypage_pv": 21101,
      "exitpage_pv": 47051,
      "page_share_pv": 47,
      "page_share_uv": 42
    },
    {
      "page_path": "pages/search/search.html",
      "page_visit_pv": 65011,
      "page_visit_uv": 24716,
      "page_staytime_pv": 6.889634,
      "entrypage_pv": 1811,
      "exitpage_pv": 3198,
      "page_share_pv": 0,
      "page_share_uv": 0
    },
    {
      "page_path": "pages/stationdetail/stationdetail.html",
      "page_visit_pv": 29953,
      "page_visit_uv": 9695,
      "page_staytime_pv": 7.558508,
      "entrypage_pv": 1386,
      "exitpage_pv": 2285,
      "page_share_pv": 0,
      "page_share_uv": 0
    },
    {
      "page_path": "pages/switch-city/switch-city.html",
      "page_visit_pv": 8928,
      "page_visit_uv": 4017,
      "page_staytime_pv": 9.22659,
      "entrypage_pv": 748,
      "exitpage_pv": 1613,
      "page_share_pv": 0,
      "page_share_uv": 0
    }
  ]
}
```

8.11 拓展接口

1. wx.arrayBufferToBase64

wx.arrayBufferToBase64(arrayBuffer)用于将 arrayBuffer 数据转成 base64 字符串，参考代码如下：

```
const arrayBuffer = new Uint8Array([11, 22, 33])
const base64 = wx.arrayBufferToBase64(arrayBuffer)
```

2. wx.base64ToArrayBuffer

wx.base64ToArrayBuffer(base64)用于将base64 字符串转成arrayBuffer 数据，参考代码如下。

```
const base64 = 'CxYh'
const arrayBuffer = wx.base64ToArrayBuffer(base64)
```

第9章 小程序和后台服务器数据交互实例

在本章中，我们将会学习如何实现小程序与后台服务器之间的数据交互，完成小程序前端与后端之间的连接。为此，我们需要事先准备好服务器，同时对服务器进行 HTTPS 认证。在硬件准备工作结束后，进行后台数据接口的相应设计，同时在小程序的前端，使用一个简单的代码和小程序平台提供的官方 API，连接服务器并实现数据和前端之间的交互演示。

9.1 服务器申请购买与配置

以前，服务器的申请和购买非常困难，很多情况下甚至需要自行进行服务器的架设和配置工作，这将会花费大量的时间和精力。同时，对私人和小规模的互联网使用者来说，可能并不需要长时间一直维持自己的服务器功能，如果为一些更小的目标而特地进行服务器的构架和配置，是非常不划算的。

而现在，云计算时代已经正式到来。云计算的通俗含义就是使计算分布在大量的分布式计算机上，而非本地计算机或远程服务器中，数据中心的运行将与互联网相似，这使得当需要计算时，能够将资源切换到需要的应用上，根据需求访问计算机和存储系统，是并行计算、分布式计算和网格计算的发展。

基于此，云服务平台也一步步架构起来，并达到一个较为完善的水平。云服务器是一种简单高效、安全可靠、处理能力可弹性伸缩的计算服务，其管理方式比物理服务器更快速、方便。用户无须提前购买和架设硬件，即可迅速创建或释放任意多台云服务器。云服务系统结构如图 9-1 所示。

云服务器能够帮助用户快速构建更稳定、安全的应用，降低开发运维的难度和整体 IT 成本，使用户能够更专注于核心业务的创新。在服务器方面，腾讯云、阿里云、百度云等各大互联网公司纷纷提出自己的私人服务器解决方案，让我们足不出户就可以实现高效、便捷的网络服务器购买和使用。在本节中，我们将会展示最简单、最直接的服务器购买部署方案，如果你已拥有自己的服务器，那么可以选择跳过接下来的部分内容。

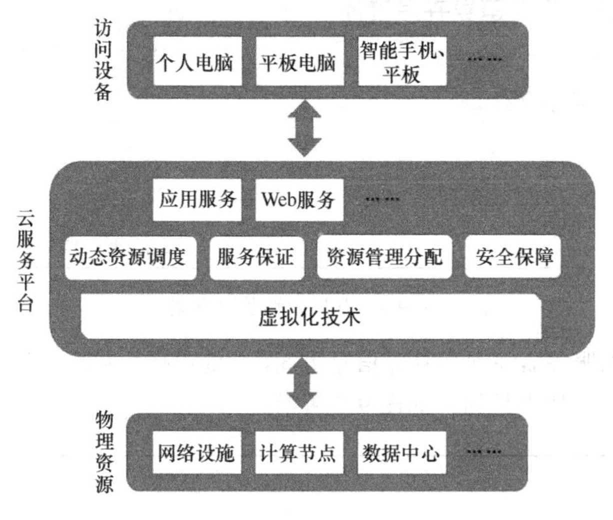

图 9-1　云服务系统结构

腾讯云在小程序服务器方面提供了官方支持，以便于每个小程序开发者都能够快速、方便地进行小程序服务器的部署。通过访问 https://www.qcloud.com/solution/la，可了解腾讯云的微信小程序解决方案，它为小程序提供了一键构建云端服务器的通道，大大提高了小程序的开发效率。同时，也解决了开发中遇到的最大的难题：HTTPS 的认证问题。腾讯云还提供 PaaS 级的 WebSocket 信道服务，降低了开发者使用 WebSocket 通信的门槛，并且在云平台上，其弹性伸缩能力支持在特定时间点或者 CPU/内存达到某个阈值后自动扩容，随后自动缩容，轻松应对高并发高访问量的问题。

下面，我们将会一步步地完成小程序的部署工作并进行讲解。

首先，访问腾讯云服务的官网网址 https://www.qcloud.com，如图 9-2 所示。

图 9-2　腾讯云

单击“登录”按钮，进入腾讯云的个人管理界面，此处需要用小程序账户所绑定的微信账号进行认证，注册腾讯云账号，腾讯云账号的认证过程这里不过多赘述。在完成腾讯云账号认证后，在小程序后台查看服务器相关信息，完成确认身份操作，然后直接单击相关链接前往腾讯云。可以单击“立即开启”按钮，即可开启小程序的云端解决方案，如图 9-3 所示。

图 9-3　开启云端解决方案

完成授权，进入服务器注册和补充信息页面，此处选择“网站→小程序开发”，如图 9-4 所示，并单击“完成注册”按钮，如图 9-5 所示。

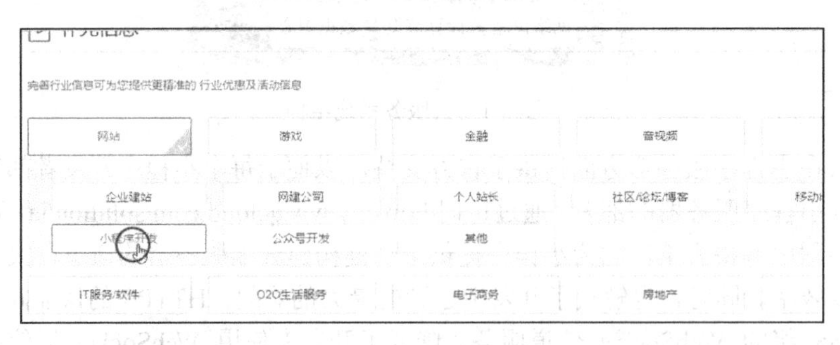

图 9-4　选择“小程序开发”

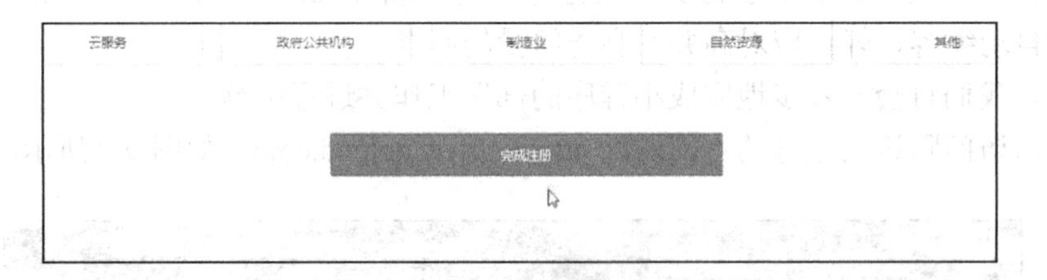

图 9-5　单击“完成注册”

之后进入腾讯云的总览页面，会出现一个微信小程序解决方案的简要介绍，单击“立即体验”按钮，如图 9-6 所示。

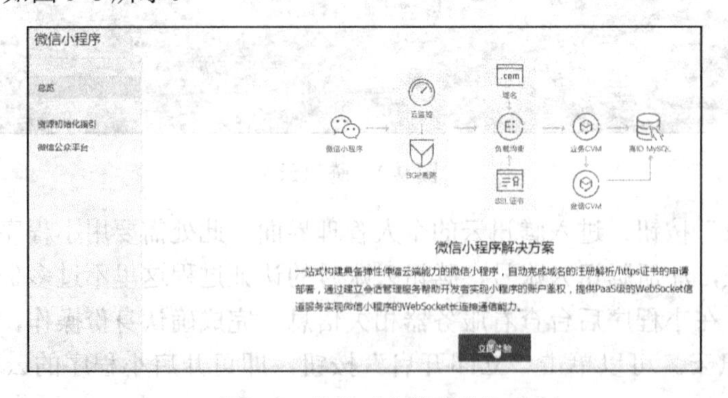

图 9-6　单击“立即体验”

接下来，进入小程序服务器的创建过程，在这里需要填入 AppID 和 AppSecret，这两个资源可在小程序后台获取到。同时需要选择服务器开发语言，包括 PHP、Java、Node.js 和.NET 四种开发模式供用户选择，读者可以选择自己熟悉的开发语言，如图 9-7 所示。

图 9-7 选择开发语言

下面，对服务器资源配置进行选择，可以选择地域、配置详情及需要的使用时长，如图 9-8、图 9-9 所示。

在界面底端，会显示经过选择后的费用明细，单击“立即创建”按钮，如图 9-10 所示。

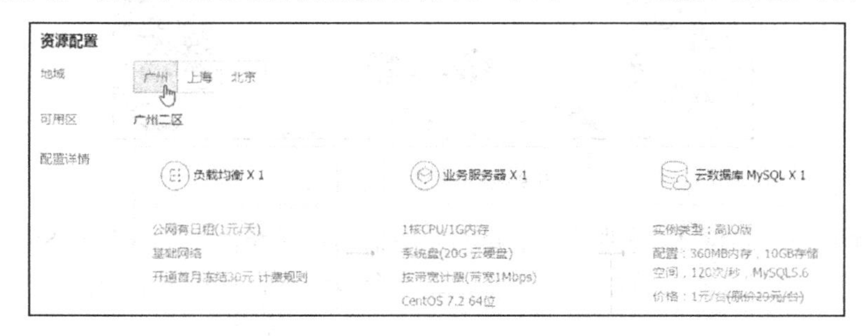

图 9-8 选择配置详情

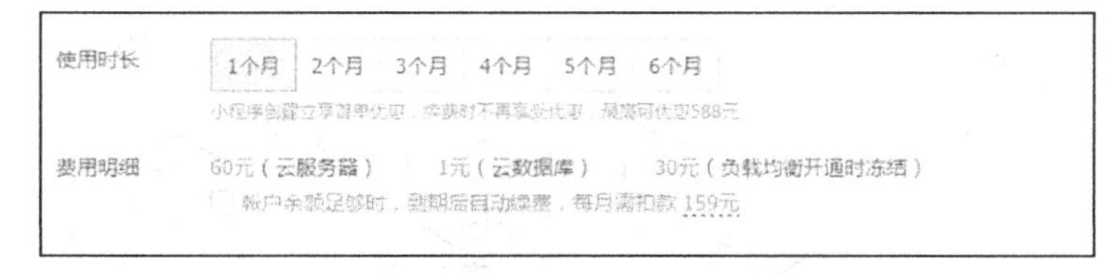

图 9-9 选择使用时长

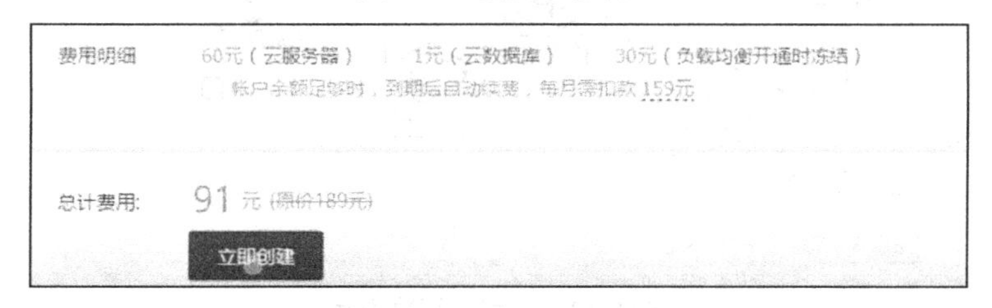

图 9-10 单击“立即创建”

如果账号费用不足，会进入支付界面，通过微信或财付通等支付手段进行支付即可。在支付完成后，腾讯云会自动进行资源的创建，如图 9-11 所示。完成后，网站将弹窗提醒“资源创建成功”，如图 9-12 所示。服务器建立后，就可以开始进行服务器的后续配置了。

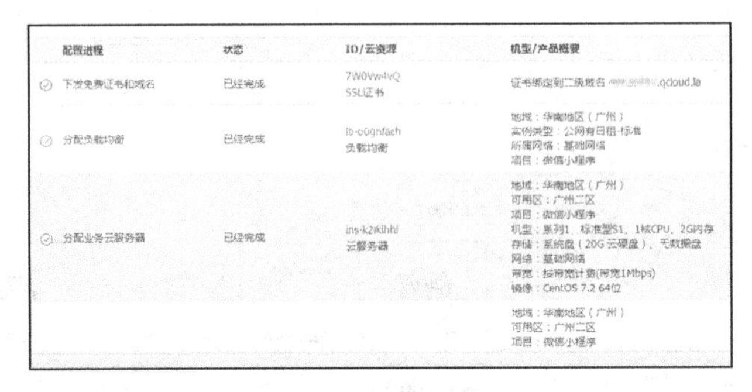

图 9-11　创建资源

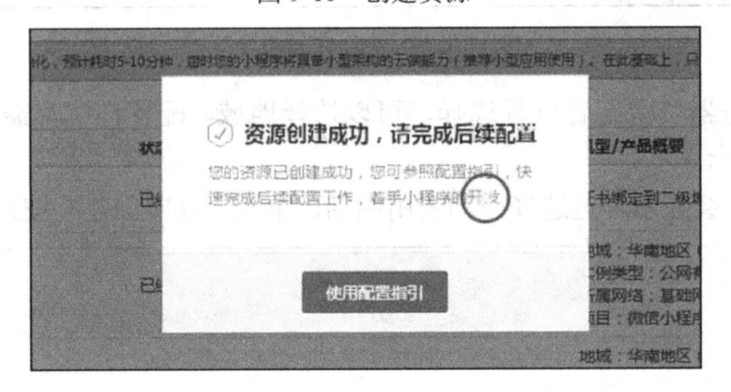

图 9-12　资源创建成功

小程序解决方案为我们提供了一整套的服务器解决系统，包括域名及 SSL 证书、业务服务器、会话管理服务器、数据库服务器，以及负载均衡，如图 9-13 所示。

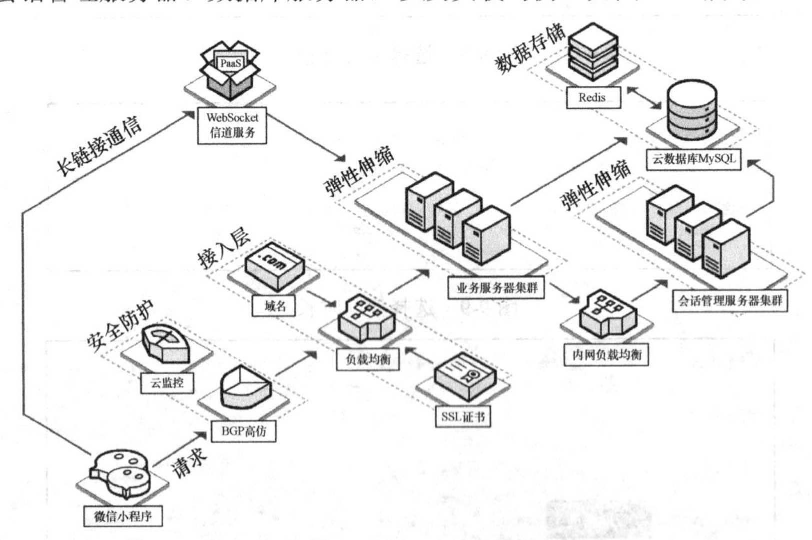

图 9-13　小程序解决方案

在完成服务器的购买后，就可以进入腾讯云后台的资源视图查看自己已有的服务器信息了，如图 9-14 所示。

图 9-14 后台资源视图

在这里，我们可以单击左侧的“资源初始化指引”选项来进行服务器资源的初始化。

首先，在资源初始化管理中，可以看到小程序需要的配置信息，如图 9-15 所示。同时，按照其指示，首先进入小程序后台的“开发→基本配置→服务器配置→修改配置”中，将获取到的服务器信息填入，之后单击“保存并提交”按钮，如图 9-16 所示。服务器配置每个月只能修改 5 次，超过 5 次后将不允许修改。

接下来，进行业务服务器的配置。根据选择的开发语言，系统已经直接进行了初始化，因此无须其他的操作，就可以使用了，如图 9-17 所示。

下一步是下载 Demo，可以前往 GitHub 下载小程序的 Demo，直接进入 Demo 的体验过程，如图 9-18 所示。如果不需要或者已有相关的开发经验，可以跳过这个步骤。

至此，腾讯云服务器的购买和基本部署就已经完成了。有了服务器，我们就能够用小程序做更多的事情了。

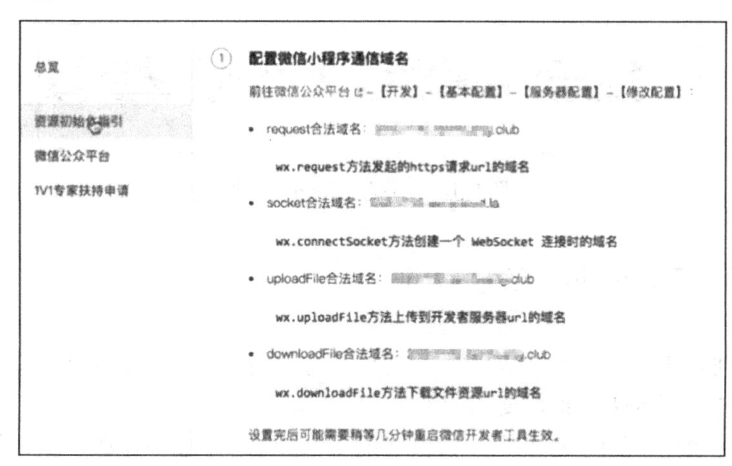

图 9-15 配置信息

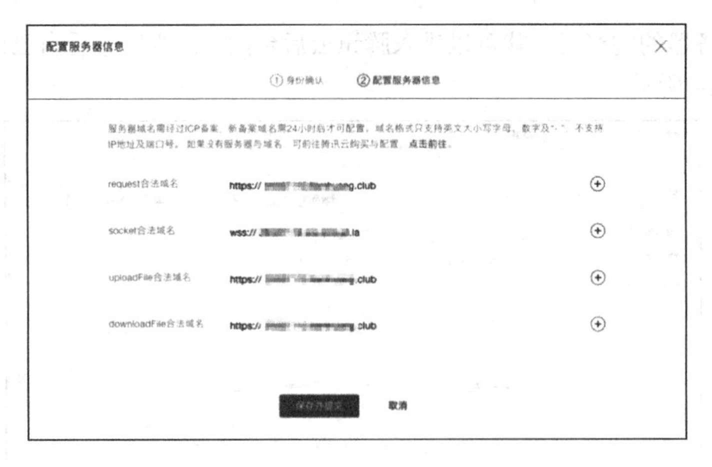

图 9-16　配置服务器信息

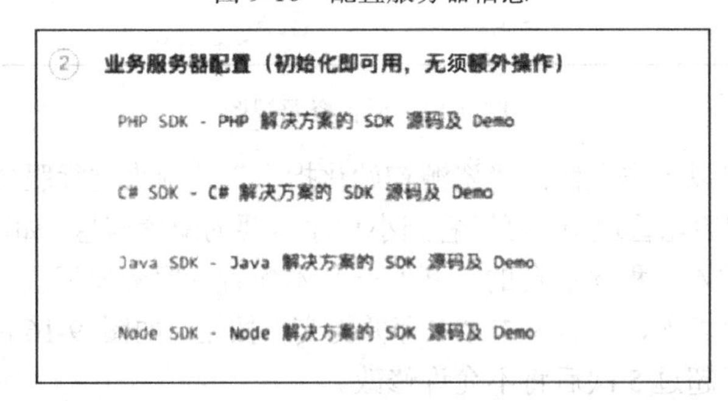

图 9-17　业务服务器配置

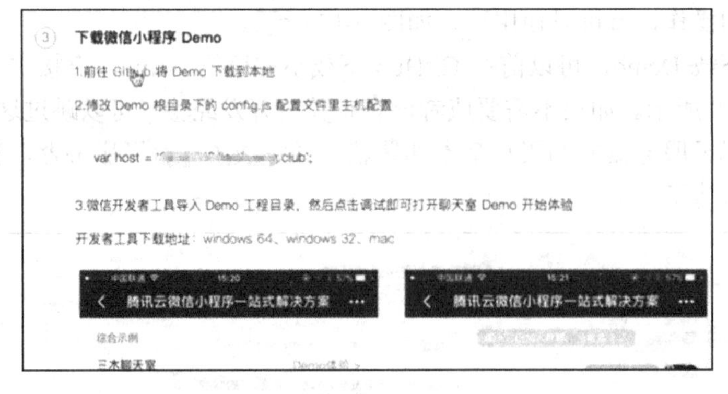

图 9-18　小程序 Demo 下载

9.2　如何取得 HTTPS 认证

如前文所述，小程序平台与服务器的交互是有严格管理的，服务器必须提供安全的链接地址，即需要使用 SSL，也需要相应的 HTTPS 认证。

在上节的内容中，我们获取到了 request 的合法域名。下面，需要进行一个初步的检查，将该合法域名前加上“https://”，然后进行访问，如图 9-19 所示。

图 9-19　访问服务器 Demo 网页

可以看到，通过域名能够直接访问服务器的网络页面，在服务器中，系统已经部署了一些基本的服务和后端接口，当然，我们在浏览器的页面中是不能直接访问这些后端接口的。在 URL 前，可以看到，网址前缀是 https，而且浏览器已经显示“安全”，服务器已经实现了 HTTPS 认证。也就是说，当我们完成腾讯云服务器的购买和部署之后，HTTPS 已经完成了认证，可以放心大胆地使用了。

如果我们使用的是其他服务器或者云服务，那么就需要其他不同的方法去申请 HTTPS 认证，为站点建立 SSL 通道验证。下面以阿里云申请认证证书为例，进行简单的讲解和分析。

在阿里云上，同样有官方提供的域名注册服务及证书申请服务。在阿里云上注册域名也很方便，可以访问 https://wanwang.aliyun.com 这个页面，通过“万网”进行域名的注册。在阿里云上，CA 证书也可以获得免费的官方申请服务，我们可以借此为自己的服务器申请 HTTPS 认证。

在阿里云控制台页面，首先单击展开左侧信息栏中的“安全”一栏，在“安全”一栏中，选择“证书服务”，如图 9-20 所示。

图 9-20　选择证书服务

进入阿里云的云盾证书服务页面，选择自己需要的证书基本配置，这里读者可以为自己的服务器域名申请免费型 DV SSL，但是这种证书只能对一个固定的域名生效。也就是说，如果你有其他的子域名，那么就需要进行另外的申请。购买完成后，可以在购买的订单列表里，单击“补全信息”，输入要绑定的这个证书的域名，以及个人详细信息等，提交给签发机构审核。审核完成后，之前填写的邮箱将会收到一封“如何设置”的邮件（这个邮件主要是给域名不是在阿里云注册的用户的设置指南，如果域名在阿里云注册，则会自动对域名添加解析记录，无须手动添加）。

证书审核后，在订单列表中单击“下载证书文件”，下载的证书文件里面包含了不同 HTTP Server 的证书，不同的服务器（如 Apache，Nginx，IIS 等）系统采用不同的证书，它们用于配置服务器上安装的 HTTP Server。以服务器常用的 CentOS 为例，访问服务器将使用以下命令：

```
yum install nginx
```

下面，将下载得到的证书文件上传到服务器中，在/etc/nginx 目录下找到 nginx.conf 配置文件，并修改它的信息，进行如下 HTTPS 访问的配置，让服务器支持对应的 URL 访问。

```
server {
        listen       443 ssl http2 default_server;
        listen       [::]:443 ssl http2 default_server;
        server_name  _;
        root         /usr/share/nginx/HTML;
        ssl on;
        ssl_certificate "xxxxxx.pem";  #证书文件中的 pem 文件
        ssl_certificate_key "xxxxxx.key"; #证书文件中的 key 文件
        ssl_session_timeout  5m;
        ssl_protocols TLSv1 TLSv1.1 TLSv1.2;
        ssl_ciphers
        AESGCM:ALL:!DH:!EXPORT:!RC4:+HIGH:!MEDIUM:!LOW:!aNULL:!eNULL;
        ssl_prefer_server_ciphers on;
        include /etc/nginx/default.d/*.conf;
        location / {
        }
    }
```


在修改完成后，我们的服务器就完成了 HTTPS 的认证配置。在阿里云的域名解析控制台中，为域名添加一条解析记录，将申请的域名指向已设置的 ECS 服务器的公网 IP 地址，则域名和服务器就设置完成了。

可以看到，现在已有的云服务器平台都为用户提供了很多获取域名及认证证书的服务，但如果没有相关的云平台服务，就需要通过一些 CA 机构来购买需要的 SSL 证书。有一般的免费证书申请，也有很多的证书申请是需要资金和审核的，这里不再赘述。

9.3 后台数据接口设计实例

在完成服务器部署后，我们利用整个小程序的架构，来完成一个小程序前端和服务器的通信实例。在此之前，先熟悉一下我们的服务器和数据库吧！

在腾讯云后端，可以查看业务服务器和会话管理服务器的相关信息，如图 9-21 所示。

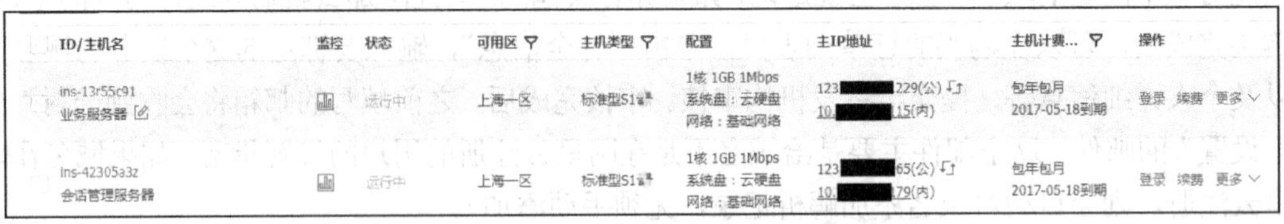

ID/主机名	监控	状态	可用区	主机类型	配置	主IP地址	主机计费...	操作
ins-13r55c91 业务服务器		运行中	上海一区	标准型S1	1核 1GB 1Mbps 系统盘：云硬盘 网络：基础网络	123█229(公) 10.█15(内)	包年包月 2017-05-18到期	登录 续费 更多
ins-42305a3z 会话管理服务器		运行中	上海一区	标准型S1	1核 1GB 1Mbps 系统盘：云硬盘 网络：基础网络	123█65(公) 10.█79(内)	包年包月 2017-05-18到期	登录 续费 更多

图 9-21　云主机信息

我们即将设计的服务器后台接口需要在业务服务器中完成编写和部署。首先，通过 IP 信息访问该业务服务器。服务器提供的登录是 root 身份登录。在申请服务器时，账号、密码就会提供给用户，同时，在腾讯云的后台我们也可以对账号和密码进行查看和更改。输入密码之后，可以看到该服务器的文件信息，图 9-22 所示为使用 putty 登录的服务器情况。

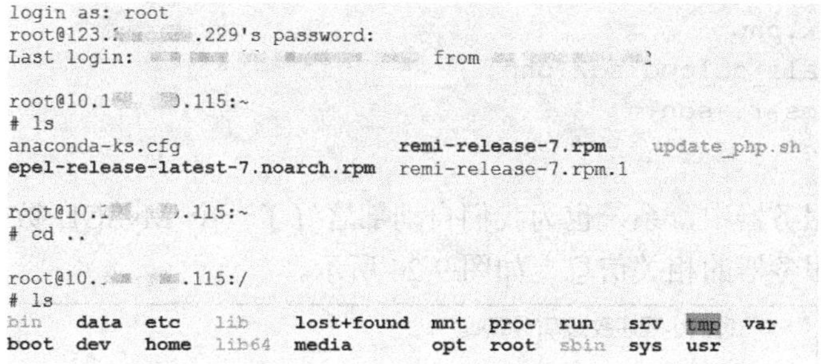

```
login as: root
root@123.1    .229's password:
Last login:                     from
root@10.1    .115:~
# ls
anaconda-ks.cfg                    remi-release-7.rpm    update_php.sh
epel-release-latest-7.noarch.rpm   remi-release-7.rpm.1

root@10.1    .115:~
# cd ..

root@10.    .115:/
# ls
bin   data  etc   lib    lost+found  mnt  proc  run   srv  tmp  var
boot  dev   home  lib64  media       opt  root  sbin  sys  usr
```

图 9-22　服务器文件

在服务器中，系统已经自动帮我们部署好了初始的一些工程文件，下面，访问根目录下的 data/release/php-weapp-demo 文件夹，如图 9-23 所示。

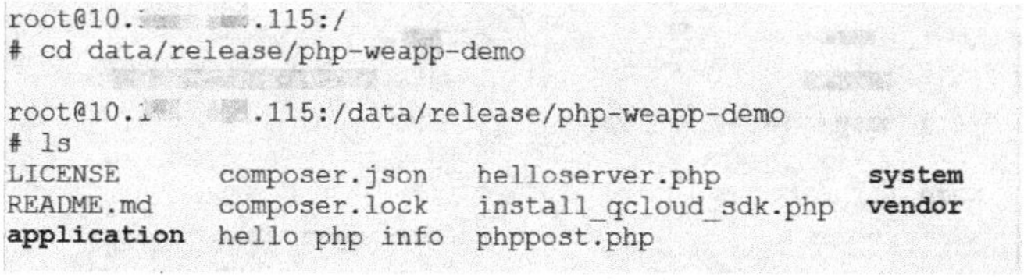

```
root@10.    .115:/
# cd data/release/php-weapp-demo

root@10.1    .115:/data/release/php-weapp-demo
# ls
LICENSE       composer.json   helloserver.php          system
README.md     composer.lock   install_qcloud_sdk.php   vendor
application   hello php info  phppost.php
```

图 9-23　访问 php-weapp-demo 文件夹

这里就是我们小程序服务器默认的网络通信文件夹，该文件夹下的文件都可以通过 URL 的方式进行访问。这里已经事先写入了一些文件，而在 README.MD 文件中，可以看到 Demo 程序的初始结构如下：

```
## 项目结构
Demo
├── application
│   ├── business
│   │   └── ChatTunnelHandler.php
│   ├── cache
│   ├── config
│   ├── controllers
│   │   ├── Welcome.php
│   │   ├── Login.php
│   │   ├── User.php
│   │   └── Tunnel.php
│   ├── core
│   ├── helpers
│   │   └── general_helper.php
│   ├── hooks
│   ├── language
│   ├── libraries
│   ├── logs
│   ├── models
│   ├── third_party
│   ├── vendor
│   └── views
│       └── welcome_message.php
```

```
├── index.php
├── install_qcloud_sdk.php
├── composer.json
└── system
```

而在数据库服务器中，系统也为我们自动部署好了一个 MySQL 数据库。在腾讯云后台，可以获取到服务器的相关信息，如图 9-24 所示。

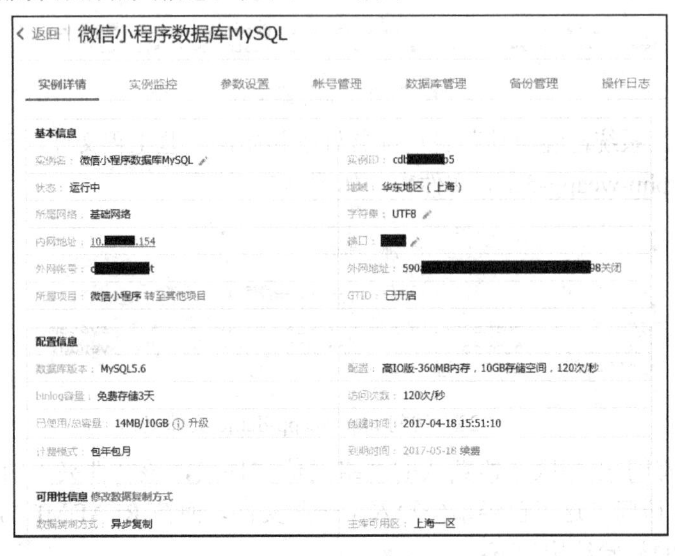

图 9-24　MySQL 数据库信息

登录该数据库服务器，我们可以尝试创建一个新的服务器，并建立一张表，以便于接下来的开发，我们也将使用这张表进行实例演示。如图 9-25 所示，是使用 MySQL workbench 进行的远程数据库的连接。

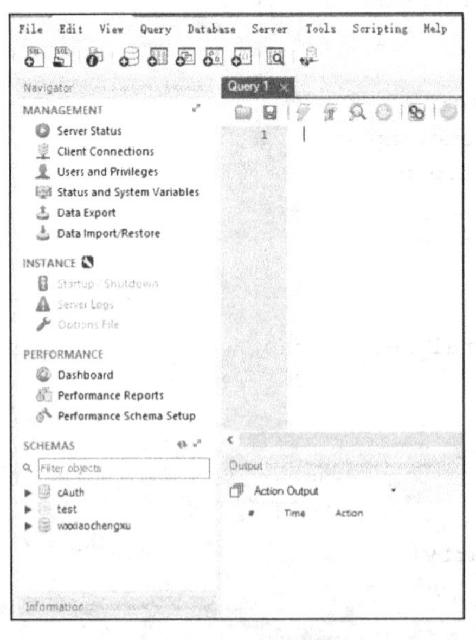

图 9-25　数据库内容

在右下角新建服务器，并新建一张表格 userinfo，如图 9-26 所示。接下来，在 php 中对该表格执行 insert 操作，存储用户的相关信息。

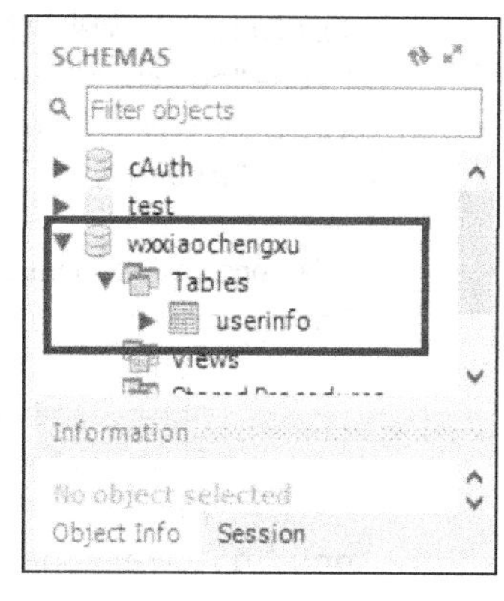

图 9-26　新建数据库和表

在本实例中，我们会编写一个简单的 php 文件，对小程序发送的 request 请求进行处理，并在数据库中存储相关数据，然后向小程序前端返回数据。在整个流程中，该 php 文件起到一个接口和脚本的作用。我们的目的是从小程序前端获取登录用户的信息，并通过将信息传递给微信官方网页接口，换取用户的 openid 和 session_key。

openid 是微信用户的唯一标识，可以将其作为登录用户的识别信息进行存储，session_key 是微信用户的会话密钥。要获取这两种信息，需要小程序的 AppID、AppSecret 及登录用户的 JSCode，获取完成后，我们将以上信息传递给微信的官方接口 https://api.weixin. qq.com/sns/jscode2session，接收到对应信息后，该网络端口就会将 openid 和 session_key 等信息以 JSON 包的方式返回给服务器。

AppID 和 AppSecret 可以在小程序的后台以管理员身份登录查看。需要注意的是，AppSecret 现在不再明文保存，它是严格保密的，忘记的话就需要重置修改，所以最好使用文本记录下来。而每位用户的 jscode 可以在小程序前端中通过 wx.login 方法获取到。jscode 会随着时间的变化而变化，所以只能即时性地通过 login 方法获取。

俗话说，“Talk is cheap，show me the code ”本实例的实现依靠我们存储于服务器网络目录下的 php 文件。代码的逻辑结构并不复杂，具体实现如下：

```
<?php
$jscode=$_POST['code'];//使用 PHP 的_POST 方法获取 request 请求中包含的 data 值并存储于 jscode 变量中
$yes="";//设置变量检测 sql 语句执行结果
$weixinurl="https://api.weixin.qq.com/sns/jscode2session?appid=sampleappid&secret=samplesecret&js_code=".$jscode."&grant_type=authorization_code";
//连接 url，将相关数据，包括 AppID，AppSecret，jscode 存储在 URL 中，通过 URL 传输的方式传递数据到官方接口
$ret=file_get_contents($weixinurl);//向官方网络接口发送数据，将返回的 json 数据存储到 ret 变量中

$obj=json_decode($ret);//将返回的 json 进行解码，并将数据存储到 obj 变量中
$seropenid=$obj->{'openid'};//取出 obj 中包含的 openid 值并存储于 seropenid 中
$sersessionkey=$obj->{'session_key'};//取出 obj 中包含的 session_key 值并存储于 sersessionkey 中

// 连接到数据库
$conn = mysql_connect("数据库内网 ip 地址","登录用户名","登录密码") or die("wrong!");  //填入相关参数并连接数据库
$sel=mysql_select_db("wxxiaochengxu",$conn); //选择数据库服务器中的数据库名
$sql="insert  into  wxxiaochengxu.userinfo  values('$seropenid' , '$sersessionkey')" ;//设置向表内写入数据的 sql 语句
$que=mysql_query($sql,$conn); //执行该 sql 语句
```

```
if($que) //如果执行成功，将 correct 写入 yes 中
$yes="correct";
else //未执行成功，写入 wrong
$yes="wrong";

//将 openid，sessionkey 和数据库执行结果打包成 json，返回给前端
$arr=array(
        'theopenid'=>$seropenid,
        'thesessionkey'=>$sersessionkey,
        'thekey'=>$yes
        );
echo json_encode($arr);//数组打包成 json 并返回给前端
?>
```

注 意

在实际开发过程中，不应将 openid 和 session_key 返回至小程序前端，这些数据应当是保密的，是不宜发布到前端的数据信息。此处只是为了确认数据被获取，证明服务器后端正常地实现了它的功能。

将该 php 文件命名为 phppost.php，然后上传到业务服务器 data/release/php-weapp-demo 文件夹目录下，我们的后端功能接口就完成了所有的部署。

9.4 小程序调用数据交互实例

在小程序前端需要进行的工作是向服务器发送 request 请求，并将数据发送到服务器，完成从前端到服务器的数据交互。所以，我们设计了一个简单的实例，以对服务器后端的代码进行检验的调用。

首先，选择或者新建一个页面，在 WXML 中，编写一个触发函数的接口，并设置 js 中的函数名为 change。

参考代码如下：

```
<!--index.wxml-->
<view class="container">
  <view>
    <text>{{motto}}</text>
  </view>
<!--设置点击触发，触发函数名为 change-->
  <view bindtap="change" class=" item"> <view class="item-inner">
连接服务器
</view>
</view>
```

前端页面的简单显示，如图 9-27 所示。

图 9-27　前端界面显示

下面，在对应的 js 文件中，完成 change 函数的实现，代码如下：

```
//获取应用实例
var app = getApp();
Page({
  data: {
    motto: '测试用例',
  },
change:function(){ //change 函数构造
  var codeinfo;    //用于存储 login 方法获取的用户 code 值
  const thepage=this;
  wx.login({ //调用 wx.login 方法
    success: function (res) {//如果成功，返回值存储在 res 中
      console.log(res);//在控制台输出 res，方便查看获取结果
      console.log("login:", res.code);//控制台输出 res 中的用户 code 信息
      codeinfo=res.code;//将 code 信息存储在 codeinfo 中
      wx.request({ //调用 wx.request 方法，该方法向指定的 url 发送 request 请求，我们将数据存储在请求的 data 中
      url:'https://xxxxx.qcloud.la/phppost.php', //此处填写 request 请求发送的地址，写入服务器的网址，并在后面添加 '/phppost.php'，指定将请求发送到 php 文件中
       data: {
         code:codeinfo
       }, //在 data 中，将 codeinfo 存入，以在后台 php 文件中获取
       method: 'POST',  //发送采用 POST 方法
         header: {'Content-Type': 'application/x-www-form-urlencoded'},
         // 设置请求的 header
         success: function(res){//发送请求如果成功并返回了值，值会包含在 res 中
           console.log('success!!', res);//在控制台输出 res，方便我们检查数据是否成功返回，后台是否工作正常
         },
         fail: function(res) {
           //fail
         },
         complete: function(res) {
           // complete
         }
       })
    }
  })
},
})
```

在上面的代码中，有两个地方值得注意。首先，在发送 request 请求时，如果我们在后

台文件中使用 php 中的_POST 方法获取 data 中的值，那么需要设置 header 为 header: {'Content-Type': 'application/x-www-form-urlencoded'}，否则_POST 方法不能正确地获取 request 请求发送过去的 data 中的值。

另外，本段代码在 wx.login 的 success 回调函数中使用了 wx.request 接口，而不是先调用完 wx.login，再调用 wx.request。因为在实际操作中，即使将 codeinfo 定义为全局变量，调用 wx.login 后将获取到的用户信息（res.code）赋值给 codeinfo，再调用 wx.request 时，codeinfo 也没有存储前面 wx.login 获取到的用户信息，而依然是原来的值。所以需要直接在 wx.login 回调函数中，执行 wx.request 请求，在 wx.login 函数生命周期内，保留返回的用户信息，并完成数据上传操作。

编写完成后，保存页面，并单击"测试服务器"按钮。在调试页面查看 Console 选项卡的提示，如图 9-28 所示。

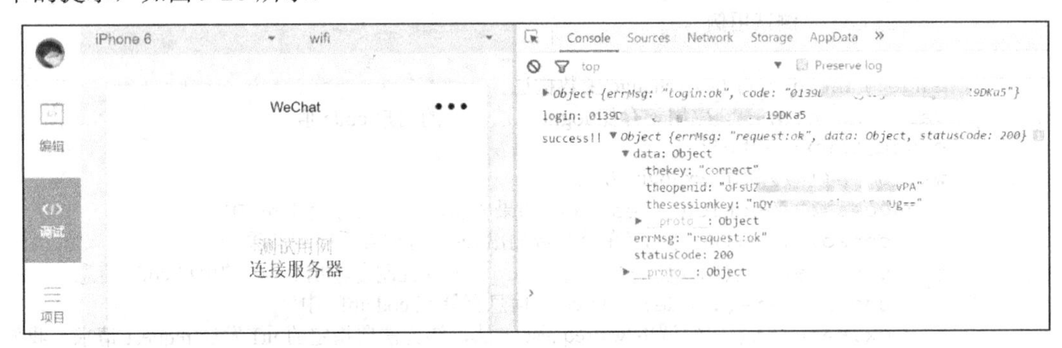

图 9-28　输出结果

下面来看一下 Console 的输出结果。

首先，是调用 wx.login 方法返回的对象，包含了用户的 code 值，如图 9-29 所示。

```
top                Preserve log
▼Object {errMsg: "login:ok", code: "0139L                DKa5"}
   code: "01                   DKa5"
   errMsg: "login:ok"
 ▶ __proto__: Object
```

图 9-29　login 返回结果

然后，控制台输出 wx.request 方法返回的对象，输出 success 后，返回对象中包含了一个 data 的 object 对象，data 中包含了 php 文件返回给前端的 JSON 包数据，如图 9-30 所示。

```
success!! ▼Object {errMsg: "request:ok", data: Object, statusCode: 200}
            ▼data: Object
               thekey: "correct"
               theopenid: "oFsU.               FkvPA"
               thesessionkey: "nQYx              =="
             ▶ __proto__: Object
             errMsg: "request:ok"
             statusCode: 200
           ▶ __proto__: Object
>
```

图 9-30　request 返回结果

the key 显示 correct，theopenid 和 thesessionkey 显示 openid 和 sessionkey 的数据，这证明服务器后端的 php 代码在正常地工作着。

下一步，登录数据库，查看数据库中执行插入操作的表格情况，如图 9-31 所示。

可以看到，数据库中也插入了刚刚获取的数据，用户的 openid 和 session_key 已经被保留在后端了，这也证明后端代码对数据库的操作也成功地完成了。

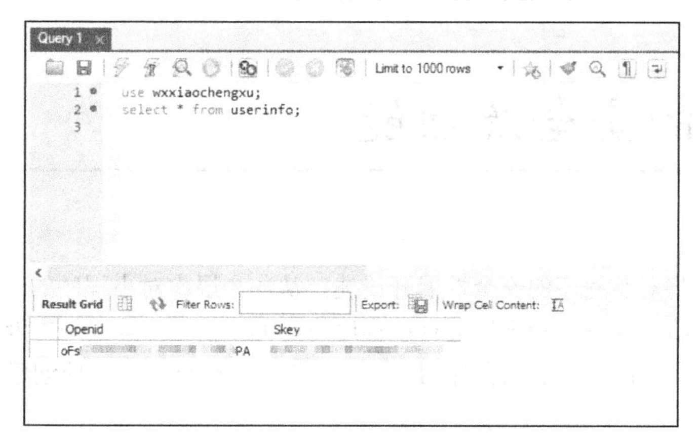

图 9-31　数据库结果显示

以上，就是一个简单的前后端交互实例，通过该实例，我们可以对服务器的前后端交互方式有一个大概的了解。当然，更多复杂、有趣、高效的功能也需要更强大、更复杂的代码去实现。更好玩、更新奇的小程序应用，还需要读者朋友们自己去体验，自己去开发。

第10章

小程序的安全及性能

在本章中，将对小程序的安全性展开论述，从各个层次对小程序的安全设置进行多方面的分析，同时给出在编写和维护运行小程序时有哪些值得注意的地方及提示性意见。另外，在小程序优化方面，我们也会介绍一些相关知识，使读者更好地创建自己的小程序。

10.1 小程序安全设置

本节会对小程序各个层次的安全性进行分析，首先，以原生 App 为例。由于各家开发商自己的原生 App 都是基于智能机操作系统（iOS、Android 等）进行搭建和开发的，所以代码实现、复杂程度、安全保障很难有一致性，在安全性上的表现也参差不齐，每个软件都可能有不同的安全防护和软件漏洞。但小程序基于微信软件生态，其使用的数据、接口大多来自微信，只需要直接调用微信官方接口使用数据就可以了，因此我们自己开发的小程序的安全性很大一部分依赖于小程序平台自身。很多针对原生 App 的攻击方法在这里都会遇到障碍，但也会导致一个结果，就是一旦小程序平台出现漏洞，那么这样的安全性漏洞可能波及所有可使用的小程序。也就是说，小程序的安全性大部分是相对统一的。

而就在小程序推出的当天，腾讯安全应急响应中心就在网站上对外界发布了英雄帖《微信小程序如约而至，安全需要你的守护》，宣布即日起到 2017 年 1 月 20 日，“重金”收集有关微信小程序的漏洞和威胁情报，如图 10-1 所示。由此可见，官方对小程序本身的安全性非常自信。所以，暂时就以腾讯公司本身的安全性技术保障来看，我们是可以放心的，即使一旦出了什么漏洞，相信官方也会在第一时间发布通知和解决问题。

那么在安全性方面，需要注意什么？或者说还能做些什么以在最大程度上保护安全呢？接下来，将会从数据安全、网络层传输、钓鱼风险等方面进行小程序安全性的讲解，同时，在相关的位置会提出一些开发者需要注意到的地方，以对开发出的小程序进行进一步的安全维护。

2017年1月9日，微信小程序如约而至，这是一种全新的连接用户与服务的方式，它可以在微信内被便捷地获取和传播，同时具有出色的使用体验。

欢迎来到拥有小程序的世界，我们从今日起开展“微信小程序安全守护”活动，携手安全社区正义的白帽子和普通用户共同改进和提升微信小程序的安全性。每个用户都可以为微信小程序的安全献出一份力量，并且会得到腾讯官方的感谢和奖励。

【活动时间】

2017/1/09~2017/1/20

【适用条件】

1. 微信小程序相关的漏洞和威胁情报
2. 漏洞未在外部公开，且需要提供可用的Exploit
3. 通过腾讯“安全漏洞反馈平台”提交

【奖励规则】

1. 所有报告的高风险及以上的安全问题均在TSRC现有评分规则基础上双倍奖励
2. 符合TSRC即时现金奖励标准的严重安全问题，将额外给予1~5万的即时现金奖励
3. 在活动中积分排名前五并且报告过高风险及以上风险等级漏洞的同学，将获得腾讯安全荣誉勋章一枚

【漏洞评级及奖励标准】

1. 严重
1) 直接获取权限的漏洞
2) 直接导致严重信息泄漏的漏洞
3) 直接导致严重影响的逻辑漏洞

2. 高危
1) 能直接盗取用户身份信息的漏洞
2) 越权访问
3) 高风险的信息泄漏漏洞
4) 本地任意代码执行
5) 直接获取客户端权限的漏洞
6) 可获取敏感信息或者执行敏感操作的重要客户端产品的XSS 漏洞

【其他说明】

在漏洞处理过程中，如果报告者对处理流程、漏洞评定、漏洞评分等具有异议的，请通过当前漏洞报告页面的评论功能或者页面中的“一键联系处理人员”、“联系值班人员”的按钮及时沟通。腾讯安全应急响应中心将根据漏洞报告者利益优先的原则进行处理，必要时可引入外部人士共同裁定。更多详情请参照“腾讯外部漏洞报告处理流程”

腾讯安全应急响应中心(tsrc_team)

图 10-1　腾讯英雄帖

10.1.1　数据安全

由于微信小程序需要满足“即用即走”的特点，其数据在本地是以缓存的形式进行存储的。它将小程序运行中产生的数据以 key/value 的形式进行存储，直接保存在 StorageDB 缓存中。如果需要对小程序进行数据保护，可自行进行加密处理。可以以自己需要的加密方式进行数据加密，比如在将数据发送到服务器端之前进行 MD5 加密等。

在获取到数据后，还需要进行一些特殊处理。小程序中，页面的脚本逻辑是在 JSCore 中运行的，JSCore 是一个没有窗口对象的环境，所以不能在脚本中使用 window，也无法在脚本中操作组件。zepto/jquery 也无法使用，因为 zepto/jquery 会用到 window 对象和 document 对象，所以在微信小程序中不能使用 jquery.md5.js 对密码进行加密。可以将一些公共的代码抽离成一个单独的 js 文件，作为一个模块，模块只有通过 module. exports 或者 exports 才能对外暴露接口，需要注意以下两点。

- exports 是 module.exports 的一个引用，因此在模块中随意更改 exports 的指向会造成未知的错误，所以更推荐开发者采用 module.exports 来暴露模块接口，除非你已经清晰知道这两者的关系。
- 小程序目前不支持直接引入 node_modules，在开发者需要使用 node_modules 时，建议复制出相关的代码到小程序的目录中，以下代码可供参考。

```
// common.js
function sayHello(name) {
  console.log('Hello ${name} !')
```

```
}
function sayGoodbye(name) {
  console.log('Goodbye ${name} !')
}
module.exports.sayHello = sayHello
exports.sayGoodbye = sayGoodbye
```

在需要使用这些模块的文件中，使用 require(path) 可将公共代码引入，代码如下：

```
var common = require('common.js')
Page({
  helloMINA: function() {
   common.sayHello('MINA')
  },
  goodbyeMINA: function() {
    common.sayGoodbye('MINA')
  }
})
```


仿照模块化方法，就可以进行各种自行编写算法的加密操作了。

10.1.2 网络安全

在网络安全方面，小程序支持发起通用请求、文件上传/下载、WebSocket 通信机制。

首先，其HTTPS校验保证了网络传输的安全。通用request网络请求仅支持采用HTTPS，处理请求的接口位于 com.tencent.mm.plugin.appbrand.g.c 中，包含 URL 校验、域名校验、发起请求和处理响应结果。小程序的校验类似于浏览器，可通过其原生接口直接调用，证书校验的策略为校验公钥证书的根证书是否在合法 CA 列表凭证中，因此，自签名证书无法使用，这在一定程度上保证了网络的安全性。需要注意的是，针对特定终端设备，也是校验公钥证书的根证书是否在受信任的凭据中，所以在设备被恶意安装代理根证书的前提下，存在被中间人攻击的风险。

在 URL 连接和服务器方面，由后台配置小程序支持的域名，仅可访问已配置域名的 URL，校验过程会将配置的域名先下载到本地，然后每次请求时，本地域名检查通过后才发起。对于其他的连接则不能访问。而对于通用 request 请求，平台会进行请求超时控制，当请求超过一定时间即会被中断（文件上传操作也有超时中断控制）。同时，使用小程序时也不可能通过外链 URL 跳转到别的网站，所以这方面存在的风险很小。

在下载文件时，小程序仅支持从含有已配置域名的 URL 中下载资源，而不是通过HTTP/HTTPS 协议，这也保证了不会从其他网络或者服务器上下载一些不必要的东西，减少了恶意软件的存在。下载成功后临时存放，通过自定义协议 wxFile 进行访问，且映射到 SD 卡上的目录位置/sdcard/tencent/MicroMsg/wxafiles/wx_id/tmp_[hash_value]。上传文件也类似于下载文件，需上传至小程序合法域名下的服务器上，并保存临时文件在 SD 卡的文件存储区域。

10.1.3 存储安全

小程序运行的文件保存在 SD 卡的/sdcard/tencent/MicroMsg/wxafiles/wx_id/目录下，通过自

定义的 wxFile 协议指向 SD 卡目录下的文件。存放 SD 卡的文件会做完整性校验，无法被窜改。

首先，最终存储的文件名是对称加密（文件流内容 Alder32 校验和|原始文件名）生成的，最终文件名和文件内容会通过自校验判断完整性；其次，本地缓存是通过 Hash 映射查找文件，所以即使能破解文件名和文件内容，绕过文件自身签名校验，改为攻击者的伪造文件，小程序 App 也无法映射到该伪造文件进行使用。

10.1.4 开放接口安全

通过微信服务器推送的 encryptData，可以获取到用户的相关信息，代码如下：

```
{
   "openId": "OPENID",
   "nickName": "NICKNAME",
   "gender": GENDER,
   "city": "CITY",
   "province": "PROVINCE",
   "country": "COUNTRY",
   "avatarUrl": "AVATARURL",
   "unionId": "UNIONID",
   "watermark":
   {
      "appid":"APPID",
      "timestamp":TIMESTAMP
   }
}
```

微信在接口方面做出了以下多种安全性保障。

首先，接口返回的明文数据会进行签名校验，需要依赖登录的 session_key；接口返回的敏感数据会在加密之后进行返回，解密算法依赖登录的 session_key，攻击者无法获知用户的 session_key，窃取用户数据。此外，分享、客服消息、模板消息中输入的内容仅会以文本形式输出；模板消息会将数据通过 HTTPS 传输到服务器，而后推送到客户微信服务通知；微信支付功能直接继承微信平台原有的功能，安全性较为可靠。

同时，开放平台大部分功能会先通过 wx.login 获得 code，然后使用该 code 换取 openid，以此 openid 进行既定的微信功能操作，比如发送模板消息推送、发起微信支付等。这样，在操作过程中，我们使用的微信接口的安全性就可以得到一定的保障。

10.1.5 钓鱼风险

微信小程序以唯一的 AppID 标识身份，不同小程序拥有不同的 AppID。但是如果恶意开发者伪造流行的小程序 App，如美团、大众点评，制作一个仿冒的微信小程序，在名称和页面等方面刻意进行模仿，但开发者使用的是不同的 AppID，有可能绕过微信的审核流程发布到市场。一般的用户如无辨识能力或者没有注意到，极可能被钓鱼受骗。所以，小程序钓鱼风险依赖于微信平台的发布审核、监管控制。同时作为开发者也应该在设计时注意，所创建的小程序在宣传、推广和展示给用户使用时应当尽量做到醒目、容易识别，同时不易让恶意开发者进行简单的复制和仿冒。

总结来说，在安全性上，小程序网络传输使用HTTPS对域名访问进行校验控制，但无法抵御攻击者在本地安装代理证书实施中间人攻击的威胁，且在防钓鱼方面有被仿冒的可能。而在其他方面，小程序的安全性还是令人放心的，开发者也可以在做好一定安全保护工作的情况下，放心地开发和使用小程序。

10.2 小程序性能优化

小程序团队对开发者工具和性能一直在进行优化升级，为小程序提供更为强大的功能和更为丰富的API。我们在编写这本书的同时就遇见了这样的问题，一次更新就让本书更新了大量的文字。所以作为小程序开发者，我们更需要密切关注官方的更新和升级。

那么，小程序官方平台对小程序有哪些值得注意的升级优化呢？而我们作为小程序开发人员还能如何进行性能的提升和优化，以使小程序更好地服务用户呢？我们将会从以下几个方面进行简单分析和介绍。

10.2.1 网络请求接口域名的限制解决

从前几章的内容可以看出，小程序对网络请求是有严格要求的。针对已有的4种服务器域名（request，socket，uploaded，downloadfile），每种只能指定一个合法域名，这对于后台业务过于复杂的小程序，并使用不同域名对业务进行划分的应用就会有限制。应对这个限制，最终可以通过统一代理方式将多个域名收敛为一个域名，由代理层请求转发的方式，解决只能指定一个合法域名的限制。

10.2.2 应用内部支持HTTPS请求

微信小程序官方文档要求request网络请求发起的是HTTPS请求，在保证安全性和简洁性的同时，这对有各种接口的应用和程序也带来了一定影响。处理时可以通过在统一代理层部署证书，支持HTTPS请求，这样在后台无须进行大量改动，成功解决了小程序的request请求必须是HTTPS请求的问题。iOS规则自2017年1月开始，服务器仅支持HTTPS协议的网络接口，所以，现在开始的HTTPS认证的统一是有必要的。

10.2.3 并发的网络请求

在同时打开页面数量方面，小程序有最多支持5个页面的限制。一方面限制小程序的性能，另一方面也保证其运行流畅。这决定了小程序不适合做太深层页面的交互应用。在后台数据处理中，可以使用动态接口将页面需要的数据进行合并，通过一个接口获取页面所需要的数据。

10.2.4 多个页面的代码合用

小程序页面与页面之间代码复用性差。当多个页面共用一个js或者json文件时，需要打包和构建工具的支持（如 Webpack）。如果没有工具只能自己手工复制，一旦涉及修改，多个页面的修改就会变成一件十分复杂的事情。

10.2.5 小程序登录问题

小程序在多次登录时不支持 cookie，而是采用前端提供的接口获取登录凭证 code，服务器端再用 code 获取 session_key 的方式对用户数据完成加密、解密。整个过程需要服务器对已有的登录体系进行再次封装，而本地的登录态可以利用微信提供的本地存储进行保存。图 10-2 为小程序登录实现架构。

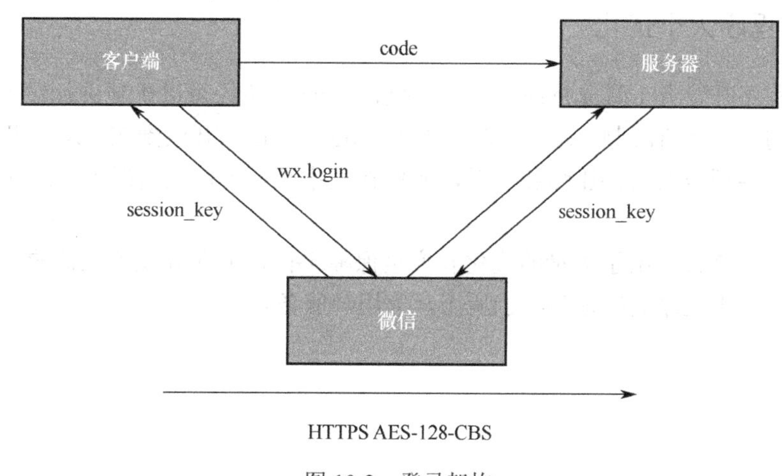

图 10-2　登录架构

10.2.6 开发目录与发布目录分开管理

可以使用 Webpack 将开发目录与发布目录区分开。通过 Webpack 的引用，可以用更加灵活的模块化体系，将开发目录和发布目录进行分开管理。Webpack 是一个前端资源的加载打包工具，可以将各种文件资源等作为模块来使用和处理，如 js 文件、coffee、样式（含 less/sass）、图片等。

注　意

> 由于 document、window 对象的限制，babel runtime、commonchunk、code splitting、imports-loader 等插件不可使用。

开发目录和发布目录分开进行管理，这样，针对每次开发目录代码变更后，都需要打包文件才能看到代码效果的问题，就需要编写自动更新模块，保证发布目录与开发目录效果同步一致。在使用 Webpack 的过程中，会出现一个问题，就是在调试时会自动生成很多不必要的文件，占用一定的空间。为了解决这个问题，还需要编写一个自动清理发布文件夹的脚本，在每次进行打包并打包完成之后触发脚本自动运行，清理最终发布的非必需文件，参考代码如下：

```
var fs = require('fs');
var files=fs.readdirSync('./pub');
console.log('clean files:');
files.forEach(function(file)){
  if (file.indexOf('app')===-1 && (file.indexOf('.wxss')!==-1 || file.
  indexOf('.js') !== -1 || file.indexOf('.map') !==-1)){
  fs.unlink('./pub/'+file);
 console.log(file);
}
};
```

10.2.7 小程序大小优化

微信小程序开发者工具支持简单的模块化，其page路径可以单独进行设置，但是对提交的代码包的大小有所限制，最初限制大小为1MB，现在已开放到2MB，但仍需注意。小程序自身不提供相应的文件压缩和合并，所以在大小超过限制的情况下，应先进行压缩再提交。

虽然小程序官方做出了大量的优化和安全保障工作，但在开发和维护的过程中，读者仍需多注意，让小程序更好地为我们所用，为用户服务。

Part 3

第三部分

小程序实例

第 11 章　电商类小程序：在线商城

第 12 章　工具类小程序：番茄时钟

第 13 章　多媒体类小程序：小相册

第 14 章　内容类小程序：新闻阅读

第11章 电商类小程序：在线商城

电商类小程序是最具有竞争力的一类微信小程序。能够方便地接入微信小程序提供的个人信息查询接口和支付接口，是电商类小程序相对于原生应用和Web应用最大的优势。

电商类小程序不仅能在线上场景中使用，在小程序重点布局的线下场景中也能大显身手。在线下支付环境中可通过扫码进入电商应用进行付款、点单等操作，相对于传统的菜单和网页版点单应用，用户能够获得更好的体验。

本章将以一个在线商城小程序为例，介绍电商类小程序的设计和开发过程。

11.1 整体思路设计

11.1.1 页面设置

大部分微信电商小程序采用了传统的三栏式布局方案，分别为商品展示页面，购物车/订单页面和个人中心页面。

其中，商品展示页面对应于通常App中的入口页面，是小程序的主要部分，内容较为复杂多变，主要包括展示页面和商品详情页面。展示页面在复杂的电商应用中通常采用搜索、轮播、分类展示等表现手法，简单的分类单一的电商应用通常采用卡片式的展示方法。商品详情页面则需要面对富文本信息（包括图片、视频、表格等）展示的问题。

购物车/订单页面需要完成订单查看和结算的功能，通常根据业务的复杂度设计完成。

在个人中心中，主要包括注册、登录、查看个人信息等功能，需根据程序复杂度进行页面的安排和服务器端API的调用。此部分和具体的用户结构联系比较紧密，这里不做介绍。

本实例的页面安排如下：

```
// App.json
"pages":[
    "pages/index/index",
    "pages/show_product/show_product",
    "pages/address/address",
```

```
    "pages/cart/cart",
    "pages/mine/mine",
    "pages/category/category"
  ],
```

按照上述的布局方式，共设计了主页、购物车页面和个人页面三个页面，代码如下：

```
// App.json
"tabBar": {
    "color": "black",
    "backgroundColor": "rgba(0,0,0,0.90)",
    "borderStyle": "black",
    "list": [{
        "pagePath": "pages/index/index",
        "iconPath": "images/bar_home.png",
        "selectedIconPath": "images/bar_homeHL.png"
      }, {
        "pagePath": "pages/cart/cart",
        "iconPath": "images/bar_cart.png",
        "selectedIconPath": "images/bar_cartHL.png"
    }, {
        "pagePath": "pages/setting/setting",
        "iconPath": "images/bar_mine.png",
        "selectedIconPath": "images/bar_mineHL.png"
    }]
},
```

运行后，页面显示效果如图 11-1 所示。

图 11-1　布局效果

11.1.2　首页排版布局

对于微信小程序来说，商品的展示页面不宜太过复杂，需要去繁就简，删去多余的功能和导航层级结构，直接展示重点信息。一般来说，在首页的展示方式有搜索、轮播、分类导航和卡片式布局等形式。

如果希望在首页展示多种不同布局的商品，可以使用多标签的布局方式来模拟，参考代码如下：

```
<view class="navbar">
  <view  class="navbar-item"  wx:for="{{navbar}}"  wx:for-index="idx"
  data-idx="{{idx}}" bindtap="swichNav">
    <text class="navbar-text {{currentNavbar==idx ? 'active' : ''}}">
    {{item}}</text>
  </view>
```

```
</view>
<!—一个栏目 -->
<scroll-view
  class="hot-item-container {{currentNavbar==0 ? '' : 'hidden'}}"
  style="height: {{systemInfo.windowHeight}}px;"
  scroll-y="true"
  bindscrolltolower="pullUpLoad"
>
```

多标签布局的整体要点为：在整体上，布局由导航栏和容纳标签的容器组成，其中，导航栏通过点击来切换标签，因此需要对导航栏的项目绑定点击事件。其参考代码如下：

```
swichNav (e) {
  this.setData({
    currentNavbar: e.currentTarget.dataset.idx
   })
}
```


注 意

ES6 语法中，可以在对象中使用函数声明类似的语法构建对象。

在代码中，我们使用标志变量代替 DOM 来响应操作，这里要同时改变导航栏的状态和切换对应的容器实现的标签切换效果，如图 11-2 所示。

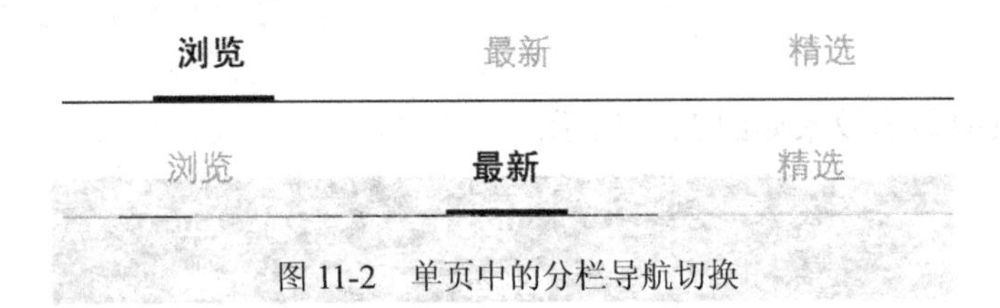

图 11-2　单页中的分栏导航切换

在具体的展示商品内容中，常用的展示方法有轮播、分类导航和卡片式的商品展示。

轮播通常放置在页面的最顶端，用于展示重要或者推荐的内容，最能吸引用户的注意力。在微信小程序中，轮播使用微信提供的组件实现。轮播图片在设置时，需要设置每张图片的停留时间和切换时间，且需要对图片的高度进行设置，可以使用图片的长宽比例或者以 rpx 为单位进行设置。参考代码如下：

```
<swiper indicator-dots="true" autoplay="true" interval="4000" duration=
  "600" style="height:{{systemInfo.windowWidth/2}}px">
  <block wx:for="{{swipers}}">
    <swiper-item>
     <image src="{{item.pic}}" class="slide-image" width="750"/>
    </swiper-item>
  </block>
</swiper>
```

分类导航可实现将商品根据类别进行分类。在布局上，使用 Flex 进行分割，并采用圆形图标为导航的图标。参考代码如下：

```
<view class="navs">
  <block wx:for-items="{{navs}}" wx:key="name">
    <view  class="nav-item"  catchtap="catchTapCategory"  data-type=
    "{{item.name}}" data-typeid="{{item.typeId}}">
      <image src="{{item.icon}}" class="nav-image"/>
      <text>{{item.name}}</text>
    </view>
  </block>
</view>

/* 在 index.wxss 中，对应的图标的设置为：*/
.navs {
  display: flex;
}

.nav-item {
  width: 25%;
  display: flex;
  align-items: center;
  flex-direction: column;
  padding: 20rpx;
}

.nav-item .nav-image {
  width: 100rpx;
  height: 100rpx;
  border-radius: 50%;
}

.nav-item text {
  padding-top: 20rpx;
  font-size: 25rpx;
}
```

需要注意，在 Flex 排版时，图片容器和图片不同大小的设置。在 Flex 布局中，一般采用其元素的容器之间，在主轴之间是无间隔的排版方式，其是通过对元素容器内部的元素或者内边距进行设置来实现元素间间隔，如本实例中通过设置元素的内边距进行排版，最终显示效果如图 11-3 所示。

图 11-3　分类导航菜单

对于商品的详情展示，一般采用卡片式的处理方法。对于商品在页面中的排版，采取与上文分类布局类似的处理方式，这里不再赘述。对于卡片本身，一般以图片为主，展示重要的商品信息，这里使用了 navigator 元素代替 view 元素作为顶层元素，实现跳转的功能，本实例中的商品卡片为如下形式：

```
<view class="product-card" >
  <navigator url=".../detail/detail?id={{ id }}">
     <view style="background-image: url({{ cover_image }})" class=
     "product-cover">
     </view>
     <view>
       <text class="product-title">{{ title }}</text>
       <text class="product-price">￥{{ price }}</text>
     </view>
  </navigator>
</view>
```

11.1.3 商品详情页面排版布局

在原生应用和 Web 应用中，商品详情页面通常采用内嵌 HTML 的方式显示富文本信息。但是由于微信小程序没有对渲染 HTML 进行支持，从逻辑层向视图层传递数据只能通过数据绑定的方式，所以需要使用 JSON 从服务器传递数据并动态解析数据，实现图文排版。

在排版较为复杂、要求排版效果较高的电商类的应用中，通常使用图片代替 HTML 文档的方式处理商品详情页面。具体来讲，需要在服务器端将富文本数据预先渲染为图片，直接向小程序端返回图片的链接和尺寸信息。小程序端仅需要将图片缩放到合适的大小即可，参考代码如下：

```
<view class="desc-container">
  <block wx:for="{{product.desc}}" wx:for-item="desc" wx:key="id">
     <image class="desc-image" src="{{desc[0]}}" style="height: {{desc
     [2] / desc[1] * windowWidth}}px;" mode="aspectFit"/>
     <!-- src, width, height -->
  </block>
  </view>
</view>
```

在代码中，整个商品的介绍分为两部分，一是商品图片的展示，二是商品详情的展示。其中，商品详情的展示可以直接对应于一个包含了图片 URL 和存储数据结构化的 JSON 返回值。通过这种图片渲染方法，可以提供精美的商品页面，商品详情页面的显示效果如图 11-4 所示。

图 11-4　商品详情示例

11.1.4 购物车页面排版布局

购物车页面是电商类应用进行结算的页面，需要支持对商品的添加、删除、结算等操作。本实例的购物车页面采用了传统的列表式布局，如图 11-5 所示。

在购物车页面中，在填写收货地址时还实现了表单验证的功能。电商类应用不可避免地会涉及大量的表单处理，而在小程序端对表单进行验证则可以大大增加安全性，减少服务器端的工作量。在小程序端实现表单验证的原理同通常的 Web 应用相同，即通过 JavaScript 验证传入的数据并做出相应的反馈。

而小程序实现表单验证操作的不同之处在于，其依赖时间传递模型，通过传递到逻辑层的时间对象而非 DOM 操作传递数据。在本例中，输入地址的表单验证，若表单格式正确，则通过调用导航相关函数 navigateBack 返回购物车页面；若表单格式错误，则通过我们选择的使用模态框弹出进行提示，参考代码如下：

```
formSubmit: function(e) {
   // this.setData({'detailAddress': e.detail.value.
  inputDetail})
    wx.setStorage({key:'detailAddress', data: e.detail.
    value.inputDetail. trim()})
    var receiverName = e.detail.value.inputName. trim()
    var receiverMobile = e.detail.value.inputMobile.
   trim()
    if (!(receiverName && receiverMobile)) {
      this.errorModal('收货人姓名和手机号不能为空')
      return
    }
    if (!receiverMobile.match(/^1[3-9][0-9]\d{8}$/)) {
      this.errorModal('手机号格式不正确，仅支持国内手机号码')
      return
    }
    wx.setStorage({key:'receiverName', data: receiverName})
    wx.setStorage({key:'receiverMobile', data: rece-iveeerMobile})
    wx.setStorageSync('currentDistrict', [this.data.
    indexProvince, this. data.indexCity, this.data.
    indexCounty])
    var pages = getCurrentPages()
    var cartPage = pages[pages.length - 2]
    cartPage.setData({refreshAddress: true})
    wx.navigateBack()
}

errorModal: function(content) {
  wx.showModal({
    title: '出现错误',
    content: content
  })
}
```

表单验证页面效果如图 11-6 所示。

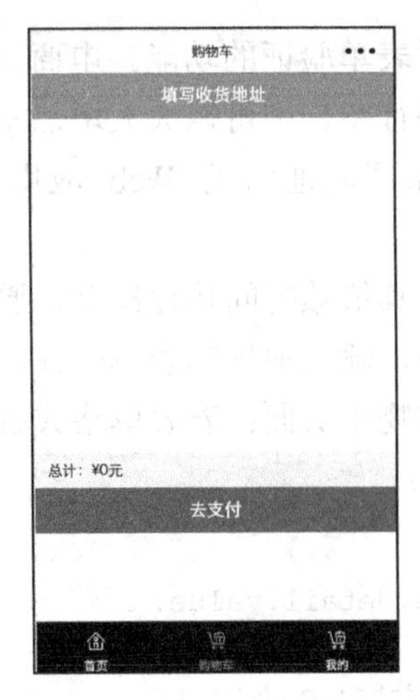

图 11-5 购物车页面示例

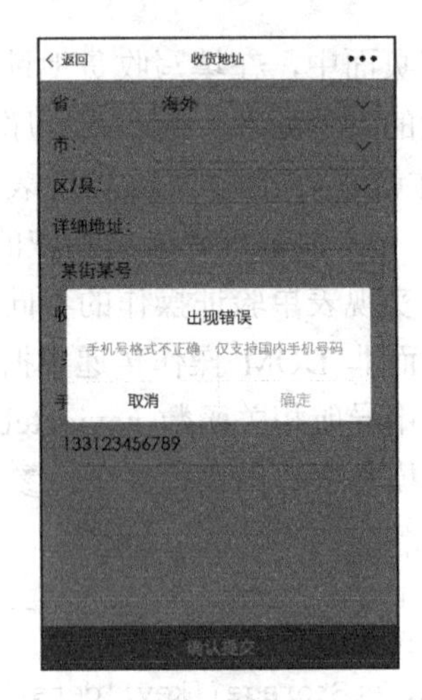

图 11-6 表单验证页面

11.1.5 其他页面元素和相关 API 的使用

在除主页之外的标签中也可以直接使用其他的商品介绍页面。使用模板功能，将商品展示的卡片做成模板，就可以进行重复使用。例如，页面中还需要一些页面分隔元素区分页面中不同的区域，如各个部分的标题元素，下面的代码给出了一种简单的实现方式：

```
<view class="line-text">
    编辑推荐
</view>
/*wxss 文件*/
.line-text {
font-size: 14px;
border-left: 2px solid #000;
padding-left: 5px;
margin: 10px 10px;
}
```

运行后，页面显示效果如图 11-7 所示。

| 编辑推荐

图 11-7 分隔元素

在加载商品的过程中不能立即加载全部的商品，需要采用惰性加载的方式。这里需要利用微信提供的几个内容加载 API。本实例使用的分别是上拉和下拉刷新 API，参考代码如下：

```
onPullDownRefresh () {
  switch (this.data.currentNavbar) {
    case '0':
      this.setData({
        list: [],
```

```
          hot_last_id: 0
        })
        this.pullUpLoad()
        break
      case '1':
        this.setData({
        latest_list: [],
        latest_list_id: 0
        })
        this.pullUpLoadLatest()
        break
      case '2':
        wx.stopPullDownRefresh()
        break
    }
  },
  pullUpLoad () {
    wx.showNavigationBarLoading()
    api.get(api.DATA_SOURCE)
      .then(res => {
      this.setData({
        list: this.data.list.concat(res.data.list),
        hot_last_id: res.data.last_id
       })
       wx.hideNavigationBarLoading()
       wx.stopPullDownRefresh()
     })
  },
```

代码中的回调函数使用的是 ES6 的 Promise API，后文将详细介绍，在小程序中已经提供了官方支持，在较早期的小程序版本中可以使用开发者工具提供的“编译到 ES5 的功能”提高兼容性。需要注意的是，在有多个 Tab 的页面中，针对不同的 Tab，应实现不同的下拉刷新的数据选择。对于返回的数据，一定要使用 setData 方法更新数据绑定，才能实现返回的数据同步传递给视图层。

在数据刷新的过程中，需要进行数据的载入提示。对于下拉刷新应用，使用微信提供的 showNavigationBarLoading() 显示刷新中的载入符号，并在回调函数中调用 hideNavigationBarLoading()消除载入符号。

对于上拉刷新的应用，可以使用微信提供的 Toast 组件和 API 显示一个 Toast 提示，其中 duration 表示允许加载的最大时间，超过这个时间就会自动隐藏 Toast，可以将 Toast 作为加载时的提示和加载成功的提示，参考代码如下：

```
<!--在文件 index.wxml 中-->
<toast hidden="{{hiddenToast}}" duration="3000" bindchange="toastHidden"
>OK!</toast>


// 在文件 index.js 中
wx.showToast({
  title: '成功',
  icon: 'success',
```

```
    duration: 2000,
    success: function() {},
    faile: function() {},
    complete: function() {}
  })
```

电商类应用中，另一个重要的接口是微信支付接口。使用微信支付接口需要先在服务器上获取支付信息等，再在微信小程序中完成支付。具体服务器端的操作可参考本书服务器应用部分。假设服务器端返回的数据装载到 res 对象中后，在微信端发起支付的参考代码如下：

```
function pay(hash, successCallback) {
  wx.requestPayment({
    'appId':    hash.appId,
    'timeStamp': hash.timeStamp,
    'nonceStr':  hash.nonceStr,
    'package':   hash.package,
    'signType':  hash.signType,
    'paySign':   hash.signature,
    'success': successCallback,
    'fail': function(res){
    }
  })
}
```


11.2 完整代码实现

本实例完整的代码可通过扫描下方二维码或者访问网址 https://github.com/xcxdwl/miniapp_demo_mall 获取。

第12章

工具类小程序：番茄时钟

工具类小程序是最符合微信小程序“用完即走”理念的一类小程序，也是微信小程序上线以来在开发者和用户中最为流行的一类小程序。相对于原生应用，工具类小程序有着获取和使用方便、用完即走的特性；相对于网页应用，微信小程序有着运行效率高，方便调用设备的拍照、位置等功能的优势。

工具类小程序往往涉及多人协作（如投票应用、问卷应用）。在微信开放小程序分享到朋友圈的权限之后，记录和分享也成为工具类小程序的一大优势。

本章将以一个番茄时钟小程序为例，展示工具类小程序的设计和开发。番茄工作法是简单易行的时间管理方法，由弗朗西斯科•西里洛于1992年创立。其方法为：选择一个待完成的任务，将番茄时间设为25分钟，专注工作，中途不允许做任何与该任务无关的事，直到时间结束，短暂休息5分钟后继续进行工作。本实例中的番茄时钟则能够对休息和工作的时间进行记录和提醒。

12.1 整体思路设计

12.1.1 页面设置

工具类小程序的页面设置一般简单直接，以方便用户使用为目标，首页一般直接设置为工具中最核心的功能页面，如图像识别小程序将首页设置为图片上传页面，天气查询小程序将首页设置为本地天气等。

除此之外，工具类小程序还需要根据小程序功能的不同而设置。在用户会长期使用的小程序中，需要设置个人页面和使用历史记录页面，依赖于社交关系的工具类小程序则需要添加分享页面。

本实例中，番茄时钟小程序的定位是用户在工作时需要频繁使用的小程序。因此在计时功能外增加了历史记录页面，页面设置的代码如下：

```
// app.json
"pages": [
```

```
    "pages/index/index",
    "pages/logs/logs"
  ],
```

在标签布局设计上，主页和历史记录页面在导航层次上处于同级。本实例在主页面安排了时钟的启停、计时动画等主要的逻辑，同时，在历史记录页面可进行数据的跟踪统计，布局代码如下：

```
// app.json
"tabBar": {
  "color": "#dddddd",
  "selectedColor": "#3cc51f",
  "borderStyle": "black",
  "backgroundColor": "#ffffff",
  "list": [{
    "pagePath": "pages/index/index",
    "iconPath": "image/wechat.png",
    "selectedIconPath": "image/wechatHL.png",
    "text": "主页"
  },{
    "pagePath": "pages/logs/logs",
    "iconPath": "image/wechat.png",
    "selectedIconPath": "image/wechatHL.png",
    "text": "记录"
  }]
}
```


12.1.2 主页排版布局

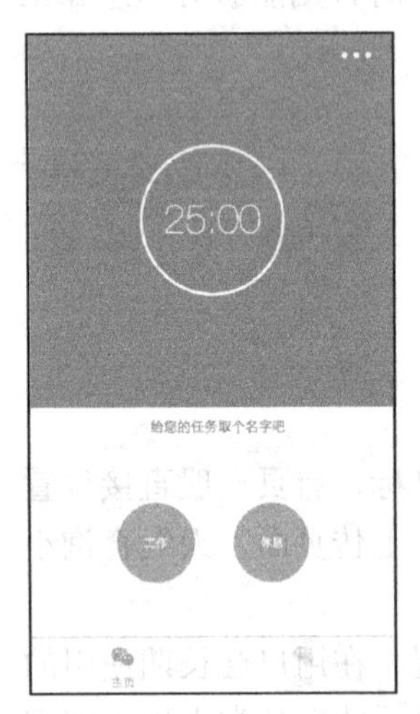

图 12-1 首页排版效果

在主页（同时也是功能页面）中，本实例仿照秒表设计了一个包含计时器主体和两个不同的计时器按键的主页，分别能够开始一次时长为 25 分钟的工作和 5 分钟的休息的倒计时，首页的背景样式随着运行状态的变化而变化。在布局上，使用页面顶层元素 page 作为布局的容器时，需要将该元素的页面高度设置为 100%以保证显示效果，主页最终排版效果如图 12-1 所示。

对工具类小程序来说，首页是最重要的一个页面，大多数小程序将主要功能放置在这个页面中，其在执行的过程中，需要进行许多逻辑层上的操作。工具类小程序的主页中通常有复杂的页面交互关系和逻辑结构，需要认真安排主页内容，避免进一步造成使用上的困难。其主页重点应该放在保证页面的主要功能和简单易用。

本实例使用标题栏和页面顶层元素背景设置的统一背景颜色来达到统一的视觉效果。

12.1.3 动画效果

工具类小程序往往因为复杂的交互逻辑而需要使用复杂的交互动画，在微信小程序中，动画可以通过控制元素位置、官方提供的动画 API 或使用 CSS3 提供的动画功能来实现。

微信小程序提供的接口可以方便地完成成组的、顺序的二维动画效果，适用于较为复杂的动画使用场景，而 CSS3 动画适用于简单的过渡场景。在微信小程序中，可以使用 transition 的动画效果而不能使用 CSS animation 的动画效果。本实例同时展示了微信小程序中的三种典型动画效果的实现方式，分别是基于数据绑定的动画效果（即通过改变对象的属性实现动画效果），基于 CSS transition 动画的动画效果，以及基于微信小程序提供的动画 API 的动画效果。整体动画效果如图 12-2 所示。

图 12-2 整体动画效果

在计时器的显示中，本实例基于数据绑定实现了环形进度条。这种思路对应于传统 Web 应用中，通过 DOM 操作获取目标对象属性进行更改实现动画效果的思路，其在 Web 应用中广泛在进度条动画、颜色渐变动画中使用。在实现圆环计时器的过程中，使用了旋转角度模拟时间的前进，计时器由两个半圆形进度条组成。使用时，通过将计时转换为进度条的旋转角度和 leftDeg、rightDeg 两个绑定变量实现旋转效果，参考代码如下：

```
<view class="timer_progress_mask"></view>
<view class="timer_progress timer_left">
  <view   class="timer_circle   timer_circle--left"   style="transform:
  rotate({{leftDeg}}deg);"></view>
</view>
<view class="timer_progress timer_right">
  <view   class="timer_circle   timer_circle--right"   style="transform:
  rotate({{rightDeg}}deg);"></view>
</view>
```

本实例还使用微信提供的动画 API 实现了较为复杂的、需要重复播放的组合动画效果。这个动画效果通过调节透明度使计时文字产生明暗交替的闪烁效果，使用 step 方法为动画定义了顺序循环播放的文字明暗闪烁效果。相对于直接使用 CSS 动画，使用微信小程序提供的动画 API，定义更加简单清晰，参考代码如下：

```
// 在 index.js 文件中
startNameAnimation() {
  let animation = wx.createAnimation({
    duration: 1000
})
// 定义顺序播放的动画
  animation.opacity(0.2).step()
  animation.opacity(1).step()
  this.setData({
    nameAnimation: animation.export()
  })
}

// 在 index.wxml 文件中
<text wx:if="{{isRuning}}" animation="{{nameAnimation}}" class="timer_
taskName">
```

```
{{taskName}}{{completed ? '已完成！' : '中'}}
</text>
```

对于启停切换时按钮切换的动画，本实例使用 CSS transition 实现。这种动画效果会在元素的属性发生变化时自动执行。在实际应用中可结合 Flex 布局的伸缩特征和使用同一套布局代码实现多种布局的特性，在布局发生变化时，实现简易的、自动添加的过渡动画效果，参考代码如下：

```
/* 在 index.wxss 文件中*/
.timer_footer {
  display: flex;
  justify-content: center;
  align-items: center;
  flex: 1;
  transition: all .3s;
}

<!-- 在 index.wxml 文件中-->
<view class="timer_footer">
   <view
     bindtap="startTimer"
     data-type="work"
     class="timer_ctrl {{isRuning && timerType == 'rest' ? 'hide' : ''}}"
   >
      {{isRuning ? '完成': '工作'}}
   </view>

    <view
      bindtap="startTimer"
      data-type="rest"
      class="timer_ctrl {{isRuning && timerType == 'work' ? 'hide' : ''}}"
   >
      {{isRuning ? '完成': '休息'}}
   </view>
</view>
```


12.1.4 历史记录页面排版布局

历史记录页面展示了用户使用小程序的历史记录，供用户进行数据的利用、统计和分析，这在需要存储数据的应用中尤为重要。本实例中，历史记录页以列表的排版形式提供用户番茄工作法每个任务开始、结束时间的历史记录，在小程序的功能更加完善深入的情况下，可以提供按日期的数据统计等功能，方便用户对自己的使用行为进行检查和分析。

参考代码如下：

```
<view class="log panel">
<view class="log_item" wx:for="{{logs}}" wx:for-index="$index" wx:for-
item="log">
<text class="log_start">{{log.startTime}}</text>
  <text class="log_action">{{log.action}}</text>
  <text class="log_action">{{log.name}}</text>
  </view>
  </view>
```

运行后，页面显示效果如图 12-3 所示。

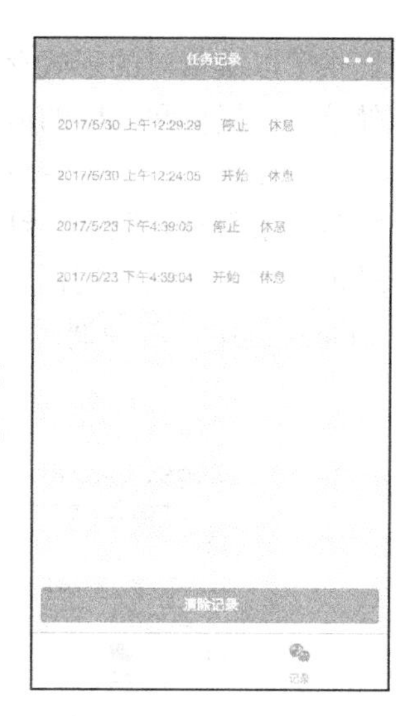

图 12-3　历史记录页面示例

12.1.5　相关 API

本实例使用了微信后台播放接口播放简短的提示音乐作为计时结束时的标志，在倒计时结束时，不是用户主动结束计时，而是通过播放提示音乐的方式。需要注意的是，微信小程序只能在前台或固定在聊天顶部的情况下实现播放背景音乐功能，因此在使用中需要提醒用户不要离开微信小程序或将本小程序顶置，以保证小程序能够在后台播放音频。

对于使用后台播放接口播放简短的提示音乐的情形，调用 API 时仅需要提供提示音的 URL，参考代码如下：

```
wx.playBackgroundAudio({
dataUrl: '.../.../audio/alart.mp3',
})
```

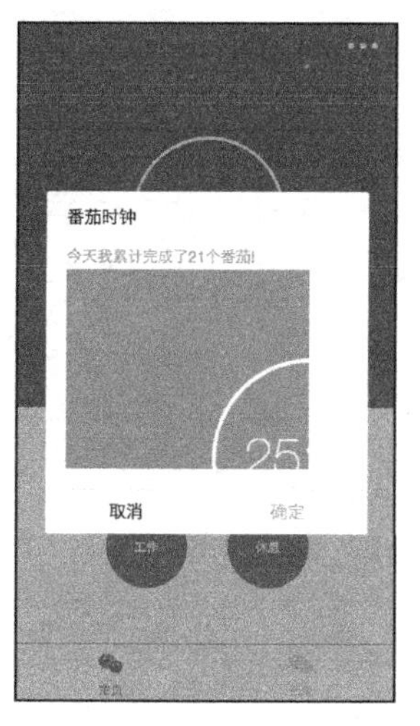

图 12-4　分享页面示例

本实例还使用了小程序的分享接口添加分享功能。社交属性是微信的核心，也是微信小程序相对于传统应用和 Web 应用最大的优势，小程序往往带有分享的性质，借助在微信群和朋友圈的分享，小程序能够获得更为广泛的传播。

相比于网页和公众号的分享，小程序的分享优势是分享更加具体化和个性化。在分享接口时，可以使用小程序能获取到的所有信息生成分享信息，包括个人信息、用户记录等。这里我们使用用户当天完成番茄的块数来生成分享信息，如图 12-4 所示。类比于微信运动等功能，在增加用户黏性的同时，吸引更多用户运行小程序。

调用微信分享接口，只需在 Page 的初始化对象中定义 onShareAppMessage 函数。分享的图像会使用目标当前页面的图像，并使用给出的标题和描述进行分享，分享接口的参考代码如下：

```
onShareAppMessage() {
// 仅仅选出记录工作结束的信息
let finishs = wx.getStorageSync('logs').filter(
(log) => log.name != '休息' && log.action != actionName['stop']
  )
  return {
    title: "番茄时钟",
    desc: "今天我累计完成了" + finishs.length + "个番茄!",
    path: "pages/index/index"
  }
}
```

在工具类小程序中，可以使用微信小程序的存储功能存储用户的使用历史和设置，其提供了以键值对的形式存储结构化数据的功能。所谓结构化存储，是指调用微信的本地存储接口，提供和读取的值可以是数组和对象。

在使用时，需要注意，小程序的本地存储功能提供的存储空间有限，因此需要对存储信息的条数进行限制。针对大容量的存储，通常使用异步的方式进行，以保证程序运行的性能。这里我们使用同步方式替代异步方式，以键值对的形式将存储历史记录的数组存储到 logs 键中，两种调用方式的参考代码如下：

```
getLogs: function() {
  let logs = wx.getStorageSync('logs')
  logs.forEach(function(item, index, arry) {
    item.startTime = new Date(item.startTime).toLocaleString()
  })
  this.setData({
    logs: logs
  })
}
clearLog: function(e) {
  wx.setStorageSync('logs', [])
  this.switchModal()
  this.setData({
    toastHidden: false
  })
  this.getLogs()
}

// 实现同样的功能，使用异步的方法进行存取
getLogs: function(e) {
  let that = this
  wx.getStorage({
    key: "logs",
    success: function(logs) {
      logs.forEach(function(item, index, arry) {
        item.startTime = new Date(item.startTime).toLocaleString()
      })
      that.setData("logs");
    }
  })
}
```


12.2 完整代码实现

本实例完整的代码可通过扫描下方二维码或者访问网址 https://github.com/xcxdwl/miniapp_demo_timer 获取。

第 13 章

多媒体类小程序：小相册

多媒体小程序即以图片、视频等多媒体信息为中心的小程序，如视频播放小程序，图片分享小程序等。使用多媒体小程序时，往往需要后端服务器提供多媒体信息的存储和获取功能。因此，在小程序端和服务器端的多媒体信息交互，以及对多媒体信息的处理是多媒体小程序编写的重点。

除多媒体小程序之外，其他类型小程序的开发往往也需要使用到多媒体内容，如工具类小程序中使用图片和视频的上传功能，电商类小程序中嵌入视频和图片介绍等。掌握多媒体类的小程序的开发可以为开发其他类型的小程序提供更丰富的功能。

随着多媒体接口的支持越来越完善，多媒体类小程序的功能也越来越强大。随着微信对于小程序分享到朋友圈权限的开放，多媒体小程序能够充分发挥多媒体信息易于传播的特点，利用群聊、朋友圈等途径进行爆炸式的传播。

本章将以腾讯云官方提供的实例中的小相册为例，展示多媒体类小程序的设计和开发。

13.1 整体思路设计

13.1.1 布局方案

多媒体小程序的页面布局灵活多变，需要随着程序实现功能的变化而变化。偏向内容展示的多媒体可以参照内容类小程序分层次分类的布局模式，偏向工具类的多媒体则可参考工具类小程序简单直接的布局方式。

在布局上，一般的多媒体类小程序首页用来展示重点的多媒体信息，如针对用户的推荐和热门内容等，需要为浏览多媒体信息的详情单独设置页面，其他页面或者标签可根据应用的类型不同进行设置。

编写多媒体小程序时，重点往往在多媒体信息的获取、存储和展示上。通常，多媒体信息的数据存储在远程服务器上，而在小程序端主要完成的任务是多媒体信息的获取和展示，具体来说，就是针对不同种类的多媒体信息，灵活使用小程序提供的 API 接口。

小相册是一个简单的、偏向工具类小程序的多媒体小程序，可提供图片的上传、存储、展示、下载等功能。在页面设计上，本实例使用较为简单的单页式布局，即在一个页面内放入图片的列表展示和大图预览。页面布局的代码如下：

```
"pages": [
  "pages/album/album"
],
```

13.1.2 单页式布局

在微信小程序的单页式布局中，需要将多个不同的功能视图集中于一个页面。不同的页面布局元素都预先编写在 WXML 视图文档中，在运行时，通过控制各项元素的显示与否控制页面的切换。与 Web 开发不同的是，在微信小程序中，开发者无法通过 JavaScript 直接操纵文档对象（DOM 操作）来控制文档中元素的显示与否，需要通过设计对应的标志变量，控制相应元素的显示切换。如下面代码中的 preview 变量，就用于在控制页面中显示列表浏览的布局或大图预览的布局。除此之外，页面中还设置了弹出提示，弹出菜单这类布局元素。


```
<scroll-view  class="container"  scroll-y="true"  style="display:
{{!preview ? 'block' : 'none'}};">
<!-- 主视图 -->
</scroll-view>
<swiper class="swiper-container" duration="400" current="{{previewIndex}}
" bindtap="leavePreviewMode" style="display: {{previewMode ? 'block' :
'none'}};">
<!--预览视图 -->
</swiper>
<action-sheet hidden="{{!showActionsSheet}}" bindchange="hideActionSheet">
<!--弹出菜单 -->
</action-sheet>

<!-- 弹出提示 -->
<loading hidden="{{!showLoading}}" bindchange="hideLoading">{{loadingMessage}}
</loading>
<toast hidden="{{!showToast}}" duration="1000" bindchange="hideToast">
{{toastMessage}}</toast>
```

13.1.3 与服务器的数据交互

在多媒体类小程序中，从服务器中获取和向服务器上传多媒体数据是最重要的操作。对本实例需要使用到的图片数据来说，图片数据的获取需要使用小程序框架提供的 request API，通过 HTTP 请求同服务器端进行交互；对于图片的上传和下载则需要使用小程序框架提供的多媒体 API。

13.1.4 使用 Promise 对象编写异步计算

在本实例的请求过程中，使用了 Promise 对象包装与服务器的数据交互。Promise 是一种在 JavaScript 中广泛采用的编写异步操作的模式。Promise 表示了一种未来某时刻可能会完成的计算，能够在避免频繁地使用回调函数的情况下完成异步操作，使用这种方法可以方便地处理异步操作。

创建一个 Promise 的代码如下：

```
Promise.new((resolve, reject) => {
  // 正确执行
  resolve(result)
  // 不正确执行
  reject(error)
}).then((result) => {
  // 处理成功执行的情况
}).catch((error) => {
  // 处理失败执行的情况
```

其中，resolve 和 reject 两个参数没有实际意义，仅代表了计算成功和失败的两个函数的名称，用于表达操作的状态和向外传递参数。调用 resolve 代表该计算成功，而调用 reject 代表该计算失败。

Promise 对象主要有两种方法，一是使用 then 表示成功，其参数是一个回调函数，可以接收到 resolve 函数的参数作为传入数据；二是 catch 方法，其参数也是一个回调函数，可以接收到 error 函数的参数作为传入的数据，其中重要的一点是错误可以沿 Promise 链式传播，能通过一个 catch 统一进行处理。

利用 Promise 的链式调用特性，可以避免函数中回调函数写法中的复杂的嵌套情况，以一种接近顺序式编程的思维和语法完成。例如，使用 Promise API 进行新的排版设计，可以简单地进行错误处理。在以上代码中，相对于使用回调函数造成的层层嵌套的“回调金字塔”和每层中重复的错误处理来说，使用 Promise 编写的代码更加直观、清晰。

下面给出了实例中用于和服务器端通信的代码。其中，使用 Promise 界面包装了微信小程序提供的 request 方法，添加了自定义的错误处理的功能（判断返回值编码），在使用中很好地利用了 Promise 对象提供的功能，简化了编码。

```
module.exports = (options) => {
  return new Promise((resolve, reject) => {
    options = Object.assign(options, {
      success(result) {
        if (result.statusCode === 200) {
            resolve(result.data)
              } else {
                  reject(result)
              }
          },
          fail: reject,
      })
      wx.request(optaions)
    })
}
```

在主页的逻辑部分，通过该包装过的方法实现了获取图片列表之后进行异步渲染的过程，参考代码如下：

```
getAlbumList() {
  this.showLoading('加载列表中…');
  setTimeout(() => this.hideLoading(), 1000);
  return request({ method: 'GET', url: api.getUrl('/list') });
},

// 在函数 onLoad() 中
this.getAlbumList().then((resp) => {
  if (resp.code !== 0) {
    return;
   }
  console.log(resp);
  this.setData({ 'albumList': this.data.albumList.concat(resp. data) });
  this.renderAlbumList();
});
```

图 13-1 网格布局

13.1.5 首页排版布局

多媒体类小程序在首页的布局上，往往采用列表、网格等布局形式展示推荐信息、用户信息等重点多媒体信息。本实例采用网格布局，来展示用户上传到相册的照片，如图 13-1 所示。

本实例的网格排版对排版有两个特殊需求。一是首张图片的位置永远是上传图片的按钮；二是在剩余图片无法排满一行时，要求图片向左对齐。在实际的开发过程中，排版过程分为两个不同的部分，使用 JavaScript 进行的排版和使用 Flex 布局进行的排版。小相册实例中，先将图片由返回的一维数组排版为二维矩阵的形式，而后完全依赖于 Flex 提供灵活的排版机制进行排版。

参考代码如下：

```
<view class="album-container">
  <view class="item-group" wx:for="{{layoutList}}" wx:for-item="group">
    <block wx:for="{{group}}" wx:for-item="item">
      <block wx:if="{{item}}">
        <image  bindtap="enterPreviewMode"  bindlongtap="showActions"
        data-src="{{item}}"  class="album-item"  src="{{item}}"  mode=
        "aspectFill"></image>
        </block>
          <block wx:else>
             <view class="album-item empty"></view>
          </block>
       </block>
    </view>
</view>

.item-group {
  display: flex;
}
```

```
.album-item {
  flex: 1;
  margin: 0.1rem;
  background: #333;
  text-align: center;
  height: 6.66rem;
  line-height: 6.66rem;
}
```

在上面的代码中，首先，视图文件中使用了 js 排版后的二维数据结构，逐行进行排版。其中，每行都是一个 Flex 容器，在利用 Flex 布局的伸缩特性固定高度的同时，使同一行图片沿横向延伸，占满整个空间，使同一套代码自动适应不同数量行的图片。其次，针对第一行和最后一行的特殊要求，在使用 Flex 布局时，利用了一个小技巧，即使用空白的占位符元素 album-item empty 进行占位，保证所有行中元素的个数相同，进而保证了正确的排版效果。图 13-2 所示是不使用占位符元素时的排版效果。

图 13-2　未使用占位符排版

对应地，后台需要将返回的图片数组转换为视图中可以识别的图片矩阵，参考代码如下：

```
/* 关于展开运算符，以下的表达式运行结果相同：
arr = [1,2,3]
b = []

b.push(...arr)
b.push.apply(b, arr)
b.push(1,2,3)
*/

renderAlbumList() {
  let layoutColumnSize = this.data.layoutColumnSize;
  let layoutList = [];

  if (this.data.albumList.length) {
    layoutList = listToMatrix([0].concat(this.data.albumList), layoutCo-
    lumnSize);

    let lastRow = layoutList[layoutList.length - 1];
      if (lastRow.length < layoutColumnSize) {
            let supplement = Array(layoutColumnSize - lastRow. length).
            fill(0);
            lastRow.push(...supplement);
          }
     } else {
          layoutList = [Array(layoutColumnSize). fill(0)];
     }
```

```
        console.log(layoutList);
        this.setData({ layoutList });
    }
```

其中，push 函数中使用了 ES6 中的展开运算符，可以将可迭代对象（Array、Set 等，不包括 Object）展开成函数的参数。这种视图属性和逻辑属性分离的方法能够带来巨大的灵活性，使一套代码适应于不同的排版需求。我们在逻辑层改变每行图片数量的设定后，整套排版系统仍然能够运行良好，如图 13-3 所示。

13.1.6 底部菜单设计

本实例中，底部菜单采用原生组件的设计，通过长按图片可弹出菜单，效果如图 13-4 所示。

图 13-3　更改每行图片数量后的排版

图 13-4　底部菜单设计

在处理弹出菜单对应事件的过程中，除了更改设置显示状态，也需要同时设置目标图片变量 imageInAction。这里的目标图片的信息并不作为绑定的变量传递到视图层中，而是作为一个作用域为整个页面的局部变量存储，并使用在后面的图片下载和删除步骤中。将 data 对象作为传递页面内的数据也是微信小程序中常见的技巧，参考代码如下：

```
<action-sheet hidden="{{!showActionsSheet}}" bind- change= hideActionSheet">
  <action-sheet-item bindtap="downloadImage">保存到本地</action- sheet-
  item>
  <action-sheet-item class="warn" bindtap="delete- Image"> 删 除 图 片
  </action- sheet-item>
  <action-sheet-cancel class="cancel">取消</action- sheet-cancel>
  </action-sheet>

// 在 album.js 文件中
showActions(event) {
  this.setData({ showActionsSheet: true, imageInAction: event. target.
  dataset. src });
    }
```

13.1.7 预览模式页面布局

在单页中集成的，除列表视图之外，还有预览视图。列表视图在点击图片时显示，是一个能左右翻动的大图预览模式，如图 13-5 所示。设计中使用了原生的滑动组件，而非绑定触摸操作进行处理，更加简易，同时避免了可能产生的诸多异常情况。

在设计预览布局时，要充分利用原生组件的特性。在这里，我们通过设置该组件的 current 属性进入对应的图片预览模式，参考代码如下：

图 13-5 大图预览模式

```
<!--在 album.wxml 中-->
<swiper class="swiper-container" duration="400" current=
"{{previewIndex}}" bindtap="leavePreviewMode" style=
"display: {{previewMode ? 'block' : 'none'}};">
  <block wx:for="{{albumList}}" wx:for-item="item">
    <swiper-item>
      <image src="{{item}}" mode="aspectFit"></image>
    </swiper-item>
  </block>
</swiper>

// 在 album.js 中
// 进入预览模式
enterPreviewMode(event) {
  if (this.data.showActionsSheet) {
     return;
  }
  let imageUrl = event.target.dataset.src;
  let previewIndex = this.data.albumList.indexOf(imageUrl);
  this.setData({ previewMode: true, previewIndex: previewIndex });
},
// 退出预览模式
leavePreviewMode() {
  this.setData({ previewMode: false, previewIndex: 0 });
}
```

13.1.8 多媒体信息的管理

多媒体应用的重点在于合理应用微信提供的多媒体 API。而在多媒体信息的采集和获取上，微信小程序包装了所有需要同设备进行交互的操作（如从设备中选择或新建照片上传的操作），提供了针对多媒体信息的、使用方便的接口，这些接口包装的设备使用了同远程服务器通过 HTTP 进行的网络请求。

在调用这些接口对信息进行处理时，重要的一点是保持本地信息和远程信息的同步，即在判断完成了对应操作的同时，也要在视图层上更新数据，反映更改的结果。

参考代码如下：

```
// 获取列表
getAlbumList() {
  this.showLoading('加载列表中…');
  setTimeout(() => this.hideLoading(), 1000);
  return request({ method: 'GET', url: api.getUrl('/list') });
}
// 上传图片
chooseImage() {
  wx.chooseImage({
        count: 9,
          sizeType: ['original', 'compressed'],
          sourceType: ['album', 'camera'],

          success: (res) => {
            this.showLoading('正在上传图片…');

            console.log(api.getUrl('/upload'));
            wx.uploadFile({
              url: api.getUrl('/upload'),
              filePath: res.tempFilePaths[0],
              name: 'image',

              success: (res) => {
                let response = JSON.parse(res.data);

                if (response.code === 0) {
                  console.log(response);

                  let albumList = this.data.albumList;
                  albumList.unshift(response.data.imgUrl);

                  this.setData({ albumList });
                  this.renderAlbumList();

                  this.showToast('图片上传成功');
                     } else {
                         console.log(response);
                     }
                 },

                 fail: (res) => {
                   console.log('fail', res);
                 },

                 complete: () => {
                   this.hideLoading();
                 },
               });

           },
       });
  }
      // 下载图片
      downloadImage() {
```

```
        this.showLoading('正在保存图片...');
        console.log('download_image_url', this.data.imageInAction);

        wx.downloadFile({
          url: this.data.imageInAction,
          type: 'image',
          success: (resp) => {
              wx.saveFile({
                tempFilePath: resp.tempFilePath,
                success: (resp) => {
                  this.showToast('图片保存成功');
                },

                fail: (resp) => {
                  console.log('fail', resp);
                },

                complete: (resp) => {
                  console.log('complete', resp);
                  this.hideLoading();
                },
             });
          },
          fail: (resp) => {
            console.log('fail', resp);
          },
        });
        this.setData({ showActionsSheet: false, imageInAction: '' });
}
```

13.2 完整代码实现

本实例的完整代码可通过扫描二维码或者访问网址 https://github.com/xcxdwl/miniapp_demo_album 获取。

第14章 内容类小程序：新闻阅读

内容类小程序是以展示内容为主的小程序，这里的内容往往是以文字和图片为核心的富文本信息。随着 App 时代的到来，内容信息的传播越来越依赖于应用提供的独特的阅读形式，自媒体时代的来临让内容类应用的需求变得更加巨大。常见的内容类小程序包括自媒体小程序、新闻小程序、内容聚合小程序和论坛小程序等。

内容类应用的核心是富文本内容的展示。相对于传统的原生应用、公众号和 Web 应用，小程序能够丰富内容展示的形式，提供方便独特的内容阅读体验，同时也对应着更高的开发难度。小程序能够利用微信提供的 API 和个人信息相结合，构建针对用户的精确服务。同时，在评论和创作等功能模块中，也可以依赖微信提供的用户关系，提高用户之间的交流和用户产生内容的数量和质量。

本章将以一个新闻阅读小程序为例，介绍内容类小程序的设计与开发。

14.1 整体思路设计

14.1.1 页面设置

内容类小程序通常以内容为中心构建。而内容的索引页面是设计内容类小程序的重点。内容类小程序通常采用的布局方法有：单页式的信息流布局、多栏式的分类展示布局、多栏式的订阅布局、推荐信息布局等。通常在索引类页面中使用列表、分类导航、轮播等方式进行内容展示。

新闻类小程序的页面通常包括索引页面、详情页面和个人中心页面。索引页面较为多样化，包括不同信息分类展示的方式；详情页面是展示内容详细信息的页面，通常较为通用，展示复杂的富文本信息，具有用户评论等功能。在个人中心中包括注册、登录、查看个人信息等功能，需要根据程序复杂度，进行页面的安排和 API 的调用，此部分和具体的用户结构联系紧密，这里不做展示。

本实例页面布局的代码如下：

```
"pages": [
"pages/news/index",
```

```
  "pages/news/detail",
    "pages/news/manage",
    "pages/subscibe/index",
    "pages/subscibe/article",
    "pages/user/index"
  ],
```

其中，news 和 subscribe 是两种不同的索引页面，代表信息流索引方式和订阅索引方式，detail 则是新闻的详情页面。

标签布局代码如下：

```
"tabBar": {
  "color": "#333",
  "selectedColor": "#d81e06",
  "borderStyle": "white",
  "backgroundColor": "#ffffff",
  "list": [{
    "pagePath": "pages/news/index",
    "iconPath": "image/icon-news.png",
    "selectedIconPath": "image/icon-news-a.png",
    "text": "新闻"
  }, {
    "pagePath": "pages/subscibe/index",
    "iconPath": "image/icon-like.png",
    "selectedIconPath": "image/icon-like-a.png",
    "text": "订阅"
  }, {
    "pagePath": "pages/user/index",
    "iconPath": "image/icon-user.png",
    "selectedIconPath": "image/icon-user-a.png",
    "text": "我的"
  }]
}
```

实例中设计了三个顶层标签："新闻"订阅""我的"，如图 14-1 所示，分别代表了三种不同的信息索引方式。

图 14-1　标签页布局

14.1.2　富文本信息的处理

内容类小程序中核心的部分是富文本内容信息的展示。在传统的内容类应用的展示中，往往会采用嵌入 Webview，通过 HTML 格式的富文本内容进行展示的方法。但是，在微信小程序中，无法直接解析 HTML 格式的数据，视图的组成较为固定，无法直接使用富文本信息的方法，展示富文本信息时，需要在服务器端和小程序端进行特殊的处理。

在富文本的展示上存在两种不同的思路。

第一种，将富文本信息转化为图片的处理方式，适合于版式复杂精美，难以转化为小程序数据的富文本信息，适合在电商类应用中的商品简介中使用。

第二种，预先定义几种可能的排版布局方案，再根据内容需要，选择这些不同的解决方式。这种方式适合于处理格式较为固定的富文本信息，同时需要服务器端的配合。

本实例在对排版格式要求较为固定的菜单中使用了预定义模板的（第二种）方式进行

处理。先是针对菜单中的新闻项定义了从无图到显示 5 张图片的不同的显示模板，再根据新闻中附带的图片个数选择模板，进行渲染，参考代码如下：

```
<template name="newsStyle1">
  <navigator url="/pages/news/detail?id={{ id }}&chid={{ chid }}&style=
  {{ style }}&tag={{ tag }}">
  <view class="article__item article__item__cover">
      <view class="article__cover">
         <view class="article__title">{{ title }}</view>
         <image class="article__ad" mode="aspectFill" src="{{ icons[0] }}">
         </image>
      </view>
    <view class="article__desc">
      <text class="article__source" wx:if="{{ tag }}">{{ tag }}</text>
         <view class="article__count">
           <image  class="article__icon"  src="/image/icon-comt.png">
           </image>
           <text>{{ commont }}</text>
           <image   class="article__icon"   src="/image/icon-priaze.
           png"></image>
           <text>{{ parise }}</text>
         </view>
      </view>
    </view>
   </navigator>
</template>
<template name="newsStyle3">
   <navigator url="/pages/news/detail?id={{ id }}&chid={{ chid }}&style=
   {{ style }}&tag={{ tag }}">
   <view class="article__item">
      <view class="article__info">
        <view class="article__title">{{ title }}</view>
          <view class="article__images">
             <image class="article__imgview" src="{{ icons[0] }}"></image>
             <image class="article__imgview" src="{{ icons[1] }}"></image>
             <image class="article__imgview" src="{{ icons[2] }}"></image>
        </view>
<!-- 省略重复的内容 -->
      </view>
   </view>
   </navigator>
</template>

<!--在 index.wxml 文件中-->
<view class="articles">
  <block wx:for="{{ articles }}" wx:key="id">
    <template is="{{ 'newsStyle' + item.style }}" data="{{ ...item }}"/>
  </block>
</view>
```

另一种是实现本地的富文本处理引擎，即动态地处理富文本数据，生成对应的视图页面。下面的代码给出了一种简单的包含图像和文字的富文本信息处理的方式：

```
<view class="container">
<block wx:for="{{article}}" wx:key="item">
  <text class="content-text" wx:if="{{item.content}}">{{item.content}}
  </text>
  <image src="{{item.url}}" wx:if="{{item.url}}"></image>
</block>
</view>
```

这里利用了循环渲染和条件渲染，每个循环中的元素选择生成一个图片元素或者一个文字元素，实现了图文排版的效果。

这种方案需要服务器端生成或者对应地解析出如下的数据格式：

```
data:{
  article: [
    {content: "This is a paragraph"},
    {url: url_to_image},
    {content: "This is another paragraph."}
  ]
}
```


实例效果如图 14-2、图 14-3 所示。

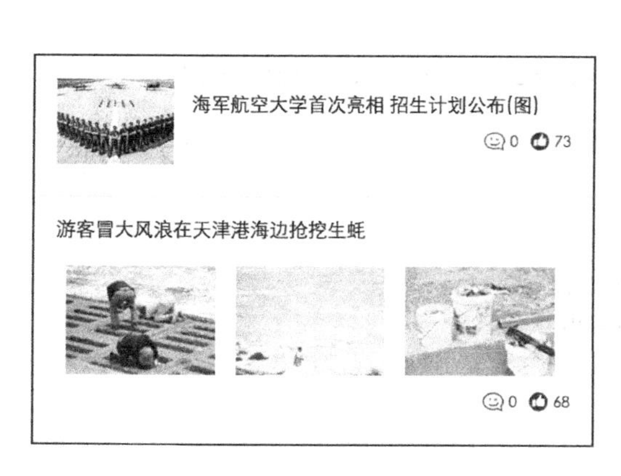

图 14-2　不同图片数量的显示模板

图 14-3　动态处理富文本内容

这样的方式可以完成简单的图文排版效果。在实际应用中，需要在富文本解析和排版格式上设置诸多的细节，本实例使用了开源的 wxParse 图文排版引擎进行新闻详情页面的图文排版。

14.1.3　详情页面

详情页面不同于目录页面，富文本的格式（文字的格式、图片的数量等）灵活多变，位置比较灵活。

这里使用 JavaScript 解析富文本数据。wxParse 是一个开源的、适用于微信小程序的富文本解析组件，能够将 HTML 页面解析为 JavaScript 数据结构，再配合 wxParse 提供的富文本容器模板，即可显示富文本页面。

一个具体的使用实例如下：

```
const WxParse = require('.../.../utils/wxParse/wxParse.js')
WxParse.wxParse('html',data.news_content,this)
this.setData({
  article:{ title,date,praise,comment,tag}
})
```

14.1.4 使用 Query 参数在页面间传递数据

微信小程序可以通过在 URL 中使用 GET 参数在页面间传递数据。例如，本例中就是通过参数打开对应的新闻详情页面。在显示具体页面时，GET 参数会作为 onLoad 函数的参数传入到小程序中。

相比于使用全局对象传递数据，通过 GET 参数传递数据有以下优势：

- 模块化；
- 避免同时传递多种参数时产生混淆；
- 能够在分享页面中使用 GET 参数指定要分享页面。

参考代码如下：

```
<!-- 在 index.wxml 中-->
<navigator url="/pages/news/detail?id={{ id }}&chid={{ chid }}&style=
{{ style }}&tag={{ tag }}">
<!-- content -->

// 在 detail.js 中
onLoad:function(options){
  this.setData({style:options.style})
  this.getArticleDetail(options)
  this.options = options
}
```

14.1.5 分享接口的调用

由于内容类信息天然的分享属性，分享接口是内容类小程序不可或缺的部分。在分享接口中，可以通过向页面传递 GET 参数的方法分享指定页面。

参考代码如下：

```
onShareAppMessage() {
  let that = this
  return {
    title: 'News Reader',
    desc: that.data.article.title,
    path: '/pages/news/detail?id='+that.options.id+'&chid='+that.options.
    chid + '&style=' + that.options.style
  }
}
```

14.1.6 订阅页面

相对于浏览页面，订阅页面应用另一种信息的组织方式。在这里，内容按照发布者进行分类，用户可以选择自己感兴趣的内容进行订阅，如图 14-4 所示。

图 14-4　按照内容发布者的订阅分类

本例中，介绍页面引入了新的结构来描述订阅的信息来源，复用了新闻目录模板等通用页面。订阅、推荐等入口往往是内容信息的重新归类，可以复用已有的详情页面等通用页面模板。

参考代码如下：

```
<view class="subscibes">
 <view class="subs" wx:for="{{ goodDingList }}" wx:key="id">
   <navigator class="subs__hd" url="/pages/ subscibe/ article? chid= {{ item.
   Id }}">
     <image class="subs__head" src="{{ item. headimg }}"> </image>
     <text>{{ item.name }}</text>
     <image class="subs__icon" src="/image/icon-more.png"></image>
    </navigator>
    <block wx:for="{{ item.news }}" wx:for-item="$item" wx:key="id">
      <template is="{{ 'newsStyle' + $item.style }}" data="{{ ...$item }}"/>
   </block>
  </view>
</view>
```

14.2 完整代码实现

本实例的完整代码可通过扫描二维码或者访问网址 https://github.com/xcxdwl/ miniapp_demo_news 获取。

参考文献

[1] 高洪涛. 从零开始学微信小程序开发. 北京：电子工业出版社，2017.

[2] 张翔. 微信小程序：分享微信创业 2.0 时代千亿红利. 北京：清华大学出版社，2017.

[3] 熊普江，谢宇华. 小程序，巧应用：微信小程序开发实战. 北京：机械工业出版社，2017.

[4] 王延平. 21 天精通微信小程序开发. 北京：电子工业出版社，2017.